TRAITÉ

DE

ZOOLOGIE

PUBLIÉ SOUS LA DIRECTION

DE

RAPHAËL BLANCHARD

Membre de l'Académie de Médecine
Professeur agrégé à l'Université de Paris
Secrétaire général de la Société Zoologique de France

FASCICULE XVI

MOLLUSQUES

PAR

PAUL PELSENEER

Docteur agrégé à la Faculté des sciences de Bruxelles
Professeur à l'École normale de Gand

AVEC 157 FIGURES DANS LE TEXTE, DONT 22 EN COULEURS

PARIS

RUEFF ET Cⁱᵉ, ÉDITEURS

106, BOULEVARD SAINT-GERMAIN, 106

—

1897

TRAITÉ

DE

ZOOLOGIE

FASCICULE XVI

MOLLUSQUES

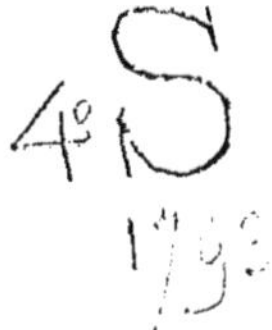

54100. — PARIS, IMPRIMERIE LAHURE
9, rue de Fleurus, 9

TRAITÉ

DE

ZOOLOGIE

PUBLIÉ SOUS LA DIRECTION

DE

RAPHAËL BLANCHARD

Membre de l'Académie de médecine
Professeur agrégé à l'Université de Paris
Secrétaire général de la Société Zoologique de France

FASCICULE XVI

MOLLUSQUES

PAR

PAUL PELSENEER

Docteur agrégé à la Faculté des sciences de Bruxelles
Professeur à l'École normale de Gand

AVEC 157 FIGURES DANS LE TEXTE, DONT 22 EN COULEURS

PARIS

RUEFF ET Cie, ÉDITEURS

106, BOULEVARD SAINT-GERMAIN, 106

1897

TRAITÉ DE ZOOLOGIE

MOLLUSQUES — MOLLUSCA

(MALACOZOA)

PAR

PAUL PELSENEER

Le groupe des Mollusques est formé par les cinq classes d'animaux dont on peut prendre respectivement comme types : le Chiton (*Chiton squamosus* L.) parmi les Amphineures, l'Escargot (*Helix pomatia* L.) parmi les Gastropodes, le Dentale (*Dentalium entalis* L.) parmi les Scaphopodes, la Moule (*Mytilus edulis* L.) parmi les Lamellibranches et le Poulpe (*Octopus vulgaris* Lam.) parmi les Céphalopodes.

Bien que l'aspect extérieur puisse varier excessivement, dans les diverses formes aberrantes, l'organisation intérieure garde, pour ses traits principaux, une uniformité toujours reconnaissable, notamment par la réduction du cœlome à l'état de cavité péricardique, et par l'anneau nerveux œsophagien pourvu d'une paire de nerfs pédieux et d'une paire de nerfs palléaux. L'aspect extérieur lui-même, si variable qu'il puisse être, laisse presque toujours reconnaître un organe tégumentaire ventral, le *pied*, et une expansion tégumentaire dorsale, le *manteau*, recouverte d'une *coquille*.

Morphologie. — *Conformation extérieure et téguments.* — Le corps des Mollusques présente extérieurement trois régions : la plus antérieure, portant l'ouverture buccale et la plupart des organes de la sensibilité spéciale avec des appendices de diverse nature, constitue la *tête* (fig. 1, *f*). A la partie ventrale, une saillie tégumentaire très développée, mais de forme variable, constitue l'organe locomoteur ou *pied* (fig. 1, *b*). Enfin, la plus grande partie du corps est recouverte, sur sa face dorsale, par une expansion tégumentaire dont la cuticule calcifiée forme une coquille protectrice, de conformation différente suivant les groupes : c'est le *manteau* ou enveloppe palléale (fig. 1, *e*).

La tête et le pied sont rattachés à la coquille par des faisceaux musculaires, pairs et symétriques chez les Placophores, Scaphopodes, Lamellibranches (rétracteurs du pied), Céphalopodes (rétracteurs de la tête et de l'entonnoir) ; dans les Gastropodes, il n'y a qu'un muscle impair (columellaire). Les fibres de ces muscles s'attachent à l'épithélium sous-coquillier.

La surface du corps des Mollusques est formée par un épithélium fréquemment cilié ; il y existe, en très grand nombre, des cellules glandulaires : celles-ci produisent la mucosité si abondante qui rend souples et visqueux les téguments de ces animaux. Dans certains cas, il y a des cellules dont la substance est phosphorescente par exemple chez *Phyllirhoe*, *Pholas*, etc. L'épithélium renferme en outre de nombreuses terminaisons nerveuses de la sensibilité générale. Certaines cellules épithéliales des téguments palléaux peuvent sécréter des spicules chitineux ou calcaires, qui y restent attachés (Amphineures). Outre les téguments palléaux, les téguments pédieux donnent aussi naissance, dans quelques rares cas, à une « coquille » calcifiée, qui y est attachée (*Hipponyx*) ou non (*Argonauta*).

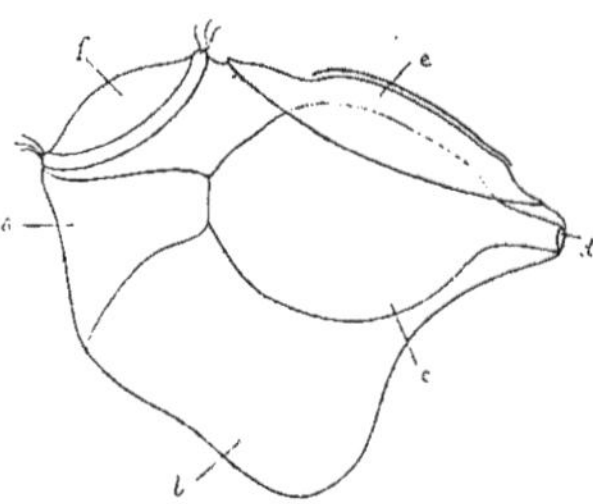

Fig. 1. — Embryon de *Paludina*, vu du côté gauche et grossi, d'après Bütschli. — *a*, bouche ; *b*, pied ; *c*, estomac ; *d*, anus ; *e*, manteau et coquille ; *f*, tête, constituée par la plaque apicale ou aire vélaire, entourée de sa couronne ciliée.

La *coquille*, ou cuticule calcifiée du manteau, est constituée par une substance chitineuse, la conchyoline, et peut renfermer jusqu'à 95 pour 100 de matière inorganique ; celle-ci est en presque totalité du carbonate de calcium. Elle est composée essentiellement de l'*ostracum*, qui comprend deux couches : une couche extérieure, généralement colorée et formée de prismes (calcite) et une couche intérieure généralement feuilletée (aragonite), constituant la nacre, dans diverses formes.

La coquille croît par apposition. La croissance de la première couche (ou croissance en étendue) se fait exclusivement par le bord extérieur du manteau ; la croissance de la seconde couche (ou croissance en épaisseur) se fait par la surface entière du manteau. Outre ces deux couches, il existe encore une partie différente, *hypostracum*, aux points d'attache des muscles. Enfin, le *périostracum*, ou « épiderme coquillier », qui recouvre extérieurement certaines coquilles, est produit par le bord du manteau, dans le repli palléal, et croît par la face interne de ce repli. Dans certains cas, les bords libres du manteau se réfléchissent au-dessus de la coquille et en recouvrent une portion plus ou moins grande ; et chez diverses formes où cette spécialisation est poussée à l'extrême, ils arrivent même à former un sac entièrement clos autour de la coquille, de sorte que celle-ci est alors tout à fait cachée et interne.

Sous l'épithélium tégumentaire, se trouve le tissu conjonctif, d'origine mésodermique ; il atteint un très grand développement dans tout l'embranchement et peut se présenter sous des formes très diverses : cellules plasmatiques ou vésiculeuses, qui, parfois produisent et conservent dans leur intérieur des concrétions calcaires et même de véritables et volumineux spicules sous-épithéliaux (Pleurobranchiens et divers Nudibranches); cellules étoilées; cellules fibrillaires. Ce tissu renferme très fréquemment des espaces sanguins, dont l'extension cause la turgescence de diverses parties des téguments. Dans certains cas, il devient compact et constitue des parties solides de soutien, telles que le « squelette » des filaments branchiaux (fig. 104, 1), la « coquille » sous-épithéliale des *Cymbuliidæ* (fig. 74, 11), les diverses pièces cartilagineuses des Céphalopodes (fig. 129), etc.

Sous le tissu conjonctif sous-cutané et dans son intérieur, sont des fibres musculaires formant des couches de faisceaux rectilignes ou annulaires, parmi lesquelles on ne peut distinguer qu'un petit nombre de masses bien définies. Ces fibres musculaires sont généralement lisses; dans divers cas, des granulations qui y sont disposées en rangées transversales perpendiculaires au grand axe de la fibre, lui donnent une apparence de fausse striation : il en est ainsi dans la masse buccale (divers Gastropodes), le cœur, les muscles adducteurs (divers Lamellibranches), le septum branchial (*Cuspidaria*), le columellaire des larves de certains Nudibranches. Une striation transversale plus nette existe dans des muscles à contraction encore plus rapide : dans une partie de l'adducteur des *Pectinidæ* (fig. 116, x), elle paraît même identique à la striation régulière des fibres musculaires des Arthropodes et des Vertébrés.

La couche tégumentaire, ainsi formée d'épithélium, de tissu conjonctif et de muscles, atteint souvent une épaisseur considérable; en outre, elle est excessivement polymorphe quant à son aspect extérieur. Elle donne naissance à des saillies de diverse nature : appendices, expansions, etc.; et ces différentes saillies sont alors susceptibles de concrescence entre elles ou avec d'autres parties du corps (bords du manteau, bords et lobes du pied, branchies, etc.). De là provient qu'avec un plan d'organisation assez uniforme, la configuration du corps des Mollusques présente une telle diversité.

Certaines portions des téguments sont susceptibles de se détacher spontanément du corps, par la volonté de l'animal (phénomènes de l'*autotomie*, le plus souvent défensive) : parties du pied ou de ses appendices, siphons de quelques Lamellibranches, papilles dorsales et autres parties des téguments dorsaux de certains Nudibranches ; tentacules céphaliques des Scaphopodes, etc. Ces parties se régénèrent d'ailleurs, tout comme les parties tégumentaires enlevées accidentellement (tentacules céphaliques, nageoires; bras des Céphalopodes, etc.), avec les organes souvent très différenciés qu'elles portent : œil, ventouses, etc. Le plus remarquable exemple d'autotomie physiologique et régulière est, chez les Céphalopodes, l'hectocotyle des *Philonexidæ* et *Argonautidæ*.

Système nerveux et organes des sens. — Étant en rapport avec tous les autres organes, le système nerveux constitue un appareil des plus importants, d'autant plus qu'il est le dernier qui soit influencé par les modifications de l'organisme.

Il est essentiellement constitué par un collier œsophagien. Ce collier comprend deux paires de centres, dont l'une est supra-œsophagienne ou sensorielle et l'autre infra-œsophagienne ou tégumentaire, cette dernière correspondant à la chaîne ganglionnaire ventrale des Arthropodes et des Annélides. Outre ces centres de l'anneau œsophagien, il y a des centres viscéraux spécialisés; de sorte que le système nerveux central présente trois groupes de ganglions :

1° Centres sensoriels. — Les ganglions supra-œsophagiens innervent la région céphalique et, d'une façon générale, les organes de la sensibilité spéciale : ce sont les *ganglions cérébraux* (fig. 2, *a*).

2° Centres tégumentaires. — Les ganglions infra-œsophagiens du collier nnervent les téguments; mais, par suite de la différenciation de ceux-ci en *manteau* dorsal et en *pied* ventral, chacun des deux centres infra-œsophagiens primitifs s'est subdivisé en deux ganglions, correspondant respectivement à ces deux régions tégumentaires : ce sont les *ganglions pleuraux* (fig. 2, *g*) et les *ganglions pédieux* (fig. 2, *r*). Chacune de ces deux paires reste reliée à la cérébrale; les centres pédieux conservent la position ventrale de la paire tégumentaire unique primitive; les pleuraux s'en écartent plus ou moins, sur les côtés de l'œsophage. Chacun de ces quatre centres infra-œsophagiens du collier se prolonge en un gros tronc nerveux : palléal pour les pleuraux (fig. 2, *f*), pédieux pour les autres (fig. 2, *c*). Le système nerveux des Mollusques est ainsi caractérisé par son anneau œsophagien pourvu de quatre cordons nerveux tégumentaires, originairement parallèles (fig. 16, *d* et *e*).

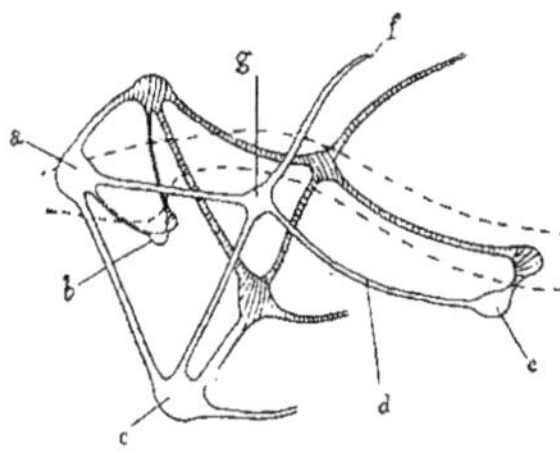

Fig. 2. — Schème du système nerveux des Mollusques, vu du côté gauche. La moitié droite est ombrée; la partie antérieure du tube digestif est représentée en trait interrompu. — *a*, ganglion cérébral; *b*, commissure stomato-gastrique avec ses ganglions; *c*, ganglion pédieux avec le cordon pédieux; *d*, commissure cérébrale; *e*, ganglion viscéral; *f*, nerf palléal; *g*, ganglion pleural.

3° Centres viscéraux. — Les viscères sont innervés par des troncs sortant des ganglions cérébraux et des cordons palléaux (pleuraux). Les nerfs viscéraux naissant des centres cérébraux s'unissent sous l'œsophage, en formant une première anse nerveuse viscérale. De même, dans la généralité des Mollusques, à l'exception des Aplacophores, les deux principaux des nerfs viscéraux issus des cordons palléaux (pleuraux) s'unissent sous le tube digestif, en formant une seconde anse nerveuse. Il y a ainsi deux anses viscérales infra-intestinales; ces deux anses sont généralement anastomosées entre elles (Céphalopodes, fig. 154, *i*; Gastropodes).

L'anse antérieure porte en son milieu deux ganglions, ordinairement voisins du bulbe buccal, qu'ils innervent partiellement, ainsi que tout l'œsophage et l'estomac; sur ce dernier, elle donne, dans certains cas, des ganglions « stomacaux » (Céphalopodes, fig. 154, *j*; certains Tectibranches, etc.) : cette anse est la *commissure stomato-gastrique* (fig. 2, *b*).

L'anse postérieure est la *commissure viscérale* proprement dite, plus ou moins longue, sur laquelle se trouve un nombre variable de ganglions (fig. 2, *e*) innervant les autres viscères : les systèmes circulatoire, excréteur et reproducteur.

Des ganglions accessoires peuvent prendre naissance en différents points du système nerveux : soit à la base d'organes sensoriels, soit à la naissance de troncs importants (fig. 71, *a*, *e*; fig. 97, viii; fig. 134, *c*, *f*, *g*, *h*). Les centres ganglionnaires peuvent se déplacer le long des cordons sur lesquels ils se trouvent, comme aussi les troncs nerveux qui partent de ces cordons : ces troncs ont ainsi l'*apparence* de changer d'origine.

Les centres nerveux sont constitués d'une partie superficielle formée de cellules nerveuses (fig. 135, *l*) et d'une partie centrale, fibreuse; celle-ci est surtout composée des prolongements des fibres centripètes ; quant aux prolongements des cellules superficielles, ils se continuent par les fibres centrifuges.

Organes des sens. — La *sensibilité générale* a son siège sur toute la surface libre de l'enveloppe du corps et sur les surfaces en continuité avec elle, y compris la face interne du manteau et surtout ses régions glandulaires, y compris aussi toutes les invaginations de l'ectoderme : glandes pédieuses, portion terminale de l'intestin rectal, des reins, etc. Parmi les cellules épithéliales, il y a, sur ces diverses surfaces, des éléments sensoriels : cellules neuro-épithéliales ou terminaisons nerveuses, traversant parfois une épaisse cuticule calcifiée (æsthètes des Chitons, fig. 15, viii). Ces éléments sont particulièrement nombreux dans les parties les plus exposées : tentacules céphaliques des Gastropodes, épipodiaux des Rhipidoglosses, palléaux des Lamellibranches, etc., jouant alors plus spécialement le rôle d'organes tactiles.

Goût. — Dans la cavité buccale de diverses formes, ou même autour de la bouche, on a constaté l'existence de terminaisons gustatives : boutons ou corps cyathiformes.

Organes olfactifs ou de fonction analogue. — Il en existe plusieurs, morphologiquement distincts : les *rhinophores*, céphaliques, et les *osphradies*, palléaux. Les rhinophores sont situés sur la tête, généralement sur un appendice plus ou moins saillant, tel qu'un tentacule (fig. 71, *a*); ou dans certains cas, ils constituent une fossette, comme chez les Céphalopodes (fig. 146, *d*). Le nerf de chaque rhinophore provient d'un ganglion cérébral; il est parfois partiellement uni au nerf optique. Les osphradies sont placés vers l'entrée de la cavité palléale (fig. 42, xvi; fig. 68, xiv, etc.), sur le trajet du nerf branchial (parfois même, par spécialisation, ils siègent sur un ganglion séparé); chacun d'eux forme une saillie ou fossette épithéliale sensorielle (fig. 52). Ces organes servent à l'épreuve du fluide respiratoire; dans les Lamellibranches, au moins, ils sont innervés par le ganglion cérébral.

Otocystes. — Ce sont des invaginations des téguments du pied. Celles-ci sont des *otocryptes*, c'est-à-dire des invaginations encore *ouvertes*, dans les *Nuculidæ* (fig. 97, x); partout ailleurs, elles sont fermées et contiennent des pierres auditives dans l'humeur sécrétée par la paroi; sur cette dernière se trouvent des cellules sensorielles et ciliées. L'otocyste reçoit son nerf du ganglion cérébral, alors même qu'il est accolé au ganglion pédieux (fig. 72, 97, 135). Cet appareil manque à l'état adulte dans les formes fixées, sans organe de déplacement; il perçoit les ébranlements du milieu et la résistance qu'il exerce sur l'appareil locomoteur : il sert à l'orientation des Mollusques rampeurs et à la conservation de l'équilibre chez les nageurs.

Yeux. — Ils sont normalement céphaliques, au nombre d'une paire, symétriques, situés sur les tentacules ou à leur base ; ils manquent chez les Amphineures, Scaphopodes et Lamellibranches adultes. Chez ceux-ci, il se développe parfois des organes visuels sur le manteau : sur toute la surface, chez des Chitons parmi les Amphineures; sur les bords, chez les *Arcidæ* et de nombreux *Pectinidæ*, parmi les Lamellibranches; un Gastropode, *Oncidium*, possède aussi, outre ses deux yeux céphaliques normaux, de nombreux yeux palléaux sur toute la face dorsale. Les *yeux céphaliques* sont des invaginations tégumentaires pigmentées; ouverts, sans corps réfringent (*Patella*, *Nautilus*) ou avec cristallin (*Trochus*, fig. 35, etc.), ils sont fermés, à cornée et à cristallin intérieur chez la plupart des Gastropodes et des Céphalopodes (fig. 156). Les *yeux palléaux* peuvent être composés, sans cristallin intérieur (*Arcidæ*); simples, à cristallin intérieur et à rétine profonde (*Chiton*, fig. 47); simples, à cristallin intérieur et à rétine superficielle (*Pecten*, fig. 98); simples, à cristallin intérieur, à cellules rétiniennes renversées, et à nerf traversant la rétine (*Oncidium*, fig. 54). A part les Céphalopodes et peut-être les Hétéropodes, la vision chez les Mollusques est assez bornée. Chez les formes anophthalmes, il existe néanmoins, comme dans les autres groupes, des perceptions lumineuses par les téguments.

Système digestif. — La cavité alimentaire a toujours deux orifices : bouche et anus, généralement situés aux deux extrémités du corps; mais l'anus peut cependant être ramené en avant par une torsion ventrale ou latérale. Ce système ne fait défaut que dans deux formes parasites intérieures : *Entoconcha* (fig. 67) et *Entocolax* (fig. 66).

Le tube digestif est composé de trois parties : 1° l'intestin antérieur ou buccal (ectodermique), qui comprend le premier renflement principal, ou cavité buccale, et l'œsophage; 2° l'intestin moyen (endodermique), constitué par le second renflement principal, ou estomac; 3° l'intestin postérieur ou proprement dit. Le premier renflement (cavité buccale) manque dans la généralité des Lamellibranches. L'œsophage peut présenter diverses formes de renflements accessoires (jabots, glandes, etc.).

La paroi intérieure du tube digestif porte, en différents endroits, des formations cuticulaires. Celles-ci sont particulièrement développées à la partie antérieure : autour de la bouche (collier préhensile des *Doris*) et surtout dans la cavité buccale où il s'en trouve de deux ordres : *mandibules* et *radule*. Les mandibules sont antérieures : impaire et dorsale chez les *Patella*, *Succinea* (fig. 55), etc.; paires et latérales chez la plupart des Gastropodes; paires, dorsale et ventrale chez les Céphalopodes (fig. 157).

La radule est caractéristique du groupe des Mollusques; elle y existe depuis les formes les plus archaïques et ne manque guère que dans des formes plus spécialisées, qui l'ont évidemment perdue, comme quelques Néoméniens, les Lamellibranches, divers types isolés de Gastropodes et *Cirroteuthis* parmi les Céphalopodes. Cet appareil est formé de dents chitineuses disposées par rangées transversales, en nombre variable, mais symétriquement de part et d'autre d'une dent centrale : 8 (latérales), 1 (centrale), 8 (latérales), dans les Placophores; 2, 1, 2, chez les Scaphopodes; 5, 1, 5, dans la généralité des Céphalopodes. Pour les Gastropodes, le nombre varie de l'un à l'autre sous-groupe. Le ruban radulaire sort d'un cæcum, dans lequel il est sécrété (fig. 56, viii; fig. 71, *h*), et s'appuie sur des pièces cartilagineuses paires, situées sur le plancher de la cavité buccale et dont la structure vésiculaire est différente de celle du cartilage ordinaire (des Céphalopodes, par exemple). Appuyée sur ces pièces cartilagineuses, la radule exécute des mouvements de râpe postéro-antérieurs et antéro-postérieurs, sous l'action de muscles propres (fig. 56, ii, iv).

Le revêtement cuticulaire de l'estomac est surtout développé dans les Lamellibranches (fig. 99, v) et dans certains Gastropodes, où il est parfois différencié en plaques masticatrices (fig. 75, *g*).

La cavité buccale ou premier renflement principal du tube digestif reçoit, chez les Amphineures, Gastropodes et Céphalopodes, la sécrétion de glandes dites salivaires. Dans le second renflement ou estomac, ou tout au commencement de l'intestin, est déversée celle d'une glande digestive importante et volumineuse, le *foie*, dont le nom n'implique pas l'identité physiologique avec le foie des Vertébrés; c'est un organe acineux, dont les cellules épithéliales, encore toutes très semblables dans les Placophores, se différencient généralement ailleurs en cellules à ferment et cellules excrétrices. L'action de la sécrétion de cette glande rend assimilables les albuminoïdes qu'elle peptonise, les fécules qu'elle saccharifie et les graisses qu'elle saponifie. L'estomac possède souvent un cæcum pylorique (divers Gastropodes, Lamellibranches et Céphalopodes). L'intestin, ou au moins sa partie terminale, présente, dans presque tous les groupes, une saillie longitudinale dite typhlosolis, ou un sillon limité par deux lèvres. Une glande anale existe dans divers Gastropodes et presque tous les Céphalopodes.

Système circulatoire. — Outre la cavité constituée par le tube digestif, il existe dans le corps des Mollusques deux autres cavités tout à fait séparées l'une de l'autre. L'une d'elles, dite cavité cœlomique, communique librement avec le dehors, et est ordinairement réduite au péricarde (fig. 15, xiii; fig. 14, *g*). L'autre cavité est le reste du blastocèle ou cavité de segmentation (fig. 10, *a*); elle est *entièrement close*, rétrécie entre les organes et se continuant avec des espaces situés dans le mésenchyme conjonctif des téguments; elle est remplie par le liquide sanguin ou hémolymphe, à la fois nutritif et respiratoire, et constitue l'appareil circulatoire.

Le *sang* est un liquide très souvent incolore, renfermant des amibocytes et parfois des hématies. Il peut être légèrement bleuâtre, ce qui est dû à l'hémocyanine, albuminoïde renfermant du cuivre; parfois il est rouge, ce qui résulte de la présence d'hémoglobine, soit dans des hématies (Aplacophores, quelques Lamellibranches), soit dans le plasma (*Planorbis*). Il peut aussi être coloré par des granulations pigmentaires d'origine étrangère, mangées par les corpuscules (phagocytes) : par exemple chez les Huîtres vertes,

Fasciolaria, etc. La densité du sang est supérieure à celle de l'eau (même à celle de l'eau de mer chez les Mollusques marins) : pour le Poulpe, elle est 1 047. La pression du sang dans les artères peut atteindre jusqu'à 8 centimètres de mercure chez ce même Céphalopode.

Le sang forme à peu près la moitié du poids du corps dans les Lamellibranches (Naïades), moins d'un sixième dans les Pulmonés terrestres, un vingtième seulement chez le Poulpe.

Circulation. — L'appareil circulatoire possède des parois propres, endothéliales sur une étendue plus ou moins grande, conjonctives pour le reste, les organes ne baignant jamais directement dans le sang.

La cavité circulatoire est plus ou moins spécialisée en canaux bien définis, artères ou veines à structure vasculaire ; mais il existe rarement des ramifications artérielles capillaires, sauf dans les téguments des Céphalopodes ; le plus souvent, il n'y a que des capillaires lacunaires, sans endothélium véritable. Le reste du système circulatoire est formé de sinus, prédominant surtout dans les téguments : ils constituent des espaces irrégulièrement définis dans le tissu conjonctif.

Le volume énorme du sang dans certains groupes (Lamellibranches et Gastropodes) lui permet, par son afflux dans les sinus tégumentaires, de jouer un rôle important dans la turgescence des diverses parties des téguments, surtout chez les Lamellibranches. Il arrive alors que les divers espaces sanguins correspondant aux différents organes turgescibles, sont séparés par des valvules (Lamellibranches : valvule de Keber ; Gastropodes) permettant d'enfermer une masse considérable de sang dans une portion déterminée du corps.

La portion centrale et pulsatile du système vasculaire, c'est-à-dire le cœur, est située au côté dorsal (fig. 15, xiv ; fig. 14, *h*), dans le péricarde (sauf chez *Anomia* et les Octopodes) et originairement en arrière.

Ce cœur, entièrement artériel, comprend, dans les Mollusques actuels :

1° Un ventricule médian à parois musculaires et à piliers charnus intérieurs (fig. 40, vii) ; il est spongieux, par conséquent sans vaisseaux nourriciers ;

2° Deux ou quatre (*Nautilus*) oreillettes disposées par paires, symétriquement par rapport au ventricule. La communication de chaque oreillette avec le ventricule est simple ou multiple (*Chiton*, fig. 4), et pourvue d'une valvule s'ouvrant dans l'intérieur de ce dernier. Au cas d'une seule paire d'oreillettes, il arrive souvent que l'un de ces organes soit très réduit ou nul (la plupart des Gastropodes).

Du ventricule sort originairement une seule aorte, morphologiquement antérieure (Amphineures, Lamellibranches archaïques) ; celle-ci forme, avec le ventricule, un vaisseau dorsal comparable à celui des Annélides, (fig. 4, viii ; fig. 15, xiv). Secondairement, une deuxième aorte, morphologiquement postérieure (Gastropodes, majorité des Lamellibranches, etc.), et même une troisième (aorte génitale de certains Céphalopodes) peuvent se constituer aux dépens de la première.

Les ramifications des aortes portent le sang artériel dans tout l'organisme.

Les reins cependant sont presque entièrement irrigués par du sang veineux, dont ses cellules extraient les produits d'excrétion ; de sorte que l'appareil circulatoire de ces organes constitue un système porte.

Respiration. — Le sang veineux va respirer dans des sinus tégumentaires superficiels, presque exclusivement dans le manteau (celui-ci ne reçoit qu'une assez faible quantité de sang artériel). Une portion de la surface libre (ventrale) du manteau se spécialise en organe respiratoire différencié, par lequel passera la presque totalité du sang qui revient à l'oreillette du cœur.

Des organes tégumentaires renfermant une partie de l'appareil circulatoire font donc saillie dans le milieu ambiant ; ils forment des expansions palléales normalement paires : c'est là que le sang s'artérialise. Cette partie du système circulatoire est souvent considérée comme un appareil spécial, sous le nom d'appareil respiratoire. Elle est constituée par les *cténidies*, ou branchies proprement dites, au nombre d'une ou plusieurs paires (deux chez *Nautilus* ; six à quatre-vingts chez les Placophores), la paire unique pouvant, dans bien des cas (avec la paire d'oreillettes habituellement), être réduite à un organe impair.

Chaque cténidie est composée d'une axe dans lequel existent deux troncs vasculaires : le premier, afférent, où le courant est centrifuge, communique avec un sinus veineux ; le second, efférent, à courant centripète, dont l'oreillette n'est que la partie terminale, spécialisée (l'oreillette a, comme la branchie, l'innervation d'un organe palléal, le ventricule, celle d'un organe viscéral proprement dit). Chaque côté de l'axe porte une rangée de filaments respiratoires, généralement aplatis (fig. 3 ; fig. 147, *k*), de forme variable, dont la cavité communique avec les deux troncs vasculaires (conduits branchiaux afférent et efférent) de l'axe. Dans la cavité de ces filaments, le sang absorbe l'oxygène dissous dans l'eau. Le renouvellement continu de l'eau à la surface de la branchie est assuré par le revêtement cilié de celle-ci, qui ne manque que chez les Céphalopodes : pour ces derniers, la puissante musculature du manteau et de l'entonnoir suffit seule à cette fin.

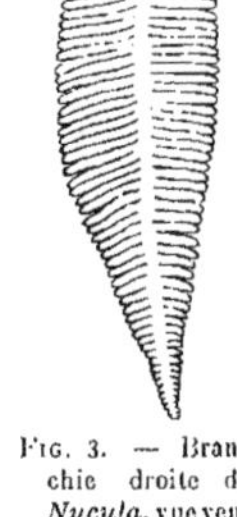

Fig. 3. — Branchie droite de *Nucula*, vue ventralement et grossie 15 fois. L'extrémité antérieure est en haut.

La masse entière du sang ne se rend pas aux branchies dans tous les cas ; une partie plus ou moins grande peut passer dans le manteau, d'où elle se rend directement au cœur. Cette disposition s'observe chez un assez grand nombre de Gastropodes (fig. 40. ix) : Hétéropodes, Pleurobranches, Nudibranches (fig. 41, v) et chez la plupart des Lamellibranches.

Enfin l'appareil respiratoire typique peut être spécialisé par complication ou réduction, et finalement disparaître, comme dans certains *Neomeniidæ*, les *Dentaliidæ*, les Septibranches et un grand nombre de Gastropodes. Le soin d'oxygéner le sang, soit dans l'eau, soit dans l'air, est alors entièrement laissé à la surface libre des téguments palléaux ; il se constitue souvent, dans ce cas, surtout chez les Gastropodes, un organe respiratoire secondaire :

« branchies palléales », non homologues aux cténidiales (fig. 41, vi ; fig. 61, ii, etc.) ou un poumon (fig. 44).

Glandes sanguines ou lymphatiques. — Il existe dans certains cas une « glande » localisée ayant physiologiquement, par la fonction phagocytaire et par la formation d'amibocytes, le caractère de la rate des Vertébrés. C'est sur le trajet de l'aorte que se trouve généralement cet organe, par exemple chez beaucoup d'Opisthobranches (fig. 41, xvii) et chez les Céphalopodes :

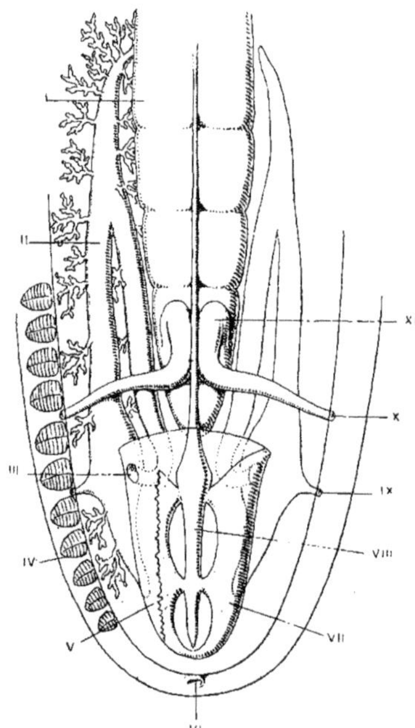

Fig. 4. — Partie postérieure d'un *Chiton* femelle, vu de dos, le manteau, la coquille et une partie de l'oreillette gauche enlevés, grossi. — I, glande génitale ; II, tube néphridien rénal ; III, orifice réno-péricardique ; IV, branchie ; V, péricarde ; VI, anus ; VII, oreillette droite ; VIII, ventricule ; IX, orifice rénal extérieur ; X, orifice génital ; XI, conduit génital.

(« corps blancs ») : il est composé d'un substratum conjonctif, dans lequel des corpuscules sanguins se forment aux dépens de cellules conjonctives. Ailleurs, la « glande » est diffuse, c'est-à-dire répartie d'une façon plus ou moins irrégulière dans tout le tissu conjonctif, sous forme de cellules plasmatiques.

Système excréteur. — La cavité cœlomique est revêtue d'un épithélium continu. Une partie de sa paroi se spécialise en glandes génitales (généralement séparées du cœlome dans les Mollusques actuels), et une autre, en organes excréteurs : reins et glandes péricardiques ; les premiers sont des néphridies, c'est-à-dire des conduits faisant communiquer le cœlome (péricarde) avec l'extérieur, sauf chez *Nautilus*, où cette cavité s'ouvre directement.

Les néphridies rénales sont des canaux pairs (quatre chez *Nautilus*, deux dans les autres Mollusques), plus ou moins modifiés (fig. 4, ii), s'ouvrant au dehors à la surface de l'enveloppe du corps, et intérieurement dans le péricarde, sauf pour le cas du Nautile et pour l'un des reins de certains Gastropodes Aspidobranches. L'orifice interne ou péricardique est un entonnoir cilié. Chez *Elysia* seul, le rein possède de multiples orifices péricardiques.

Mais outre les néphridies rénales, il y a, dans les Amphineures Polyplacophores (fig. 4, xi) et dans les Céphalopodes (fig. 159, iii), une seconde paire de néphridies, faisant communiquer avec l'extérieur la portion génitale du cœlome, c'est-à-dire la glande génitale, et constituant ainsi les conduits génitaux.

Dans le cas d'une seule paire de reins, il arrive souvent que l'un d'eux est rudimentaire ou nul : c'est ce qui s'observe chez la plupart des Gastropodes, dont la branchie et l'oreillette du même côté sont aussi atrophiées ou disparues.

Presque tout le sang veineux qui se rend aux branchies cténidiales baigne les reins, constituant ainsi un système porte rénal : ceux-ci sont, en effet, irrigués par les conduits qui arrivent aux vaisseaux branchiaux afférents, et ces conduits peuvent traverser les reins (branches de la veine cave des Céphalopodes, fig. 138, xvi) ou les entourer (Septibranches, fig. 103, xiv). Il en résulte que le sang des branchies ne renferme plus de produits d'excrétion.

La surface du canal excréteur que constitue le rein peut se multiplier beaucoup par plissement, formation de cæcums, etc. Les parois en sont glandulaires sur une étendue plus ou moins grande, formées alors d'épithélium sécréteur dans les cellules duquel s'élaborent les produits azotés de désassimilation. Ces produits sont alors rejetés à l'état solide ou liquide ; ils varient d'un groupe à l'autre, au point de vue chimique : ils se composent essentiellement de guanine (ni urée ni acide urique) chez les Céphalopodes ; d'acide urique chez la plupart des Gastropodes, sauf chez *Cyclostoma* (urée) et les Pulmonés terrestres (xanthine?) ; d'urée dans les Lamellibranches (pas d'acide urique à l'état normal).

L'eau extérieure ne pénètre ni dans le rein ni, *a fortiori*, dans le péricarde. On a seulement constaté que cette eau peut entrer occasionnellement dans le rein de certains Hétéropodes et *Hermæidæ* (*Stiliger*).

La paroi glandulaire du rein n'est pas la seule partie de l'organisme qui puisse présenter un épithélium excréteur. Dans la cavité péricardique, sur les oreillettes ou dans des expansions du cœlome, il se produit chez divers groupes (Gastropodes, Lamellibranches, Céphalopodes, fig. 138, iv) une spécialisation de l'épithélium, constituant la *glande péricardique*, à sécrétion plus acide que celle du rein proprement dit. Cette région glandulaire a une irrigation sanguine analogue à celle du néphridium ; on peut même voir, dans *Nautilus*, l'épithélium rénal et celui de la glande péricardique développés au même niveau, sur le même conduit branchial afférent, l'un d'un côté, l'autre de l'autre (fig. 140). La glande péricardique élimine les produits qui sont excrétés par les glomérules de Malpighi du rein des Vertébrés ; le rein néphridial s'empare des mêmes produits d'excrétion que les tubuli contorti.

Enfin, le foie, par certaines de ses cellules, constitue aussi un important organe excréteur, surtout chez les Gastropodes Euthyneures.

Système reproducteur. — Les sexes sont séparés dans la généralité des Mollusques. L'hermaphroditisme y est toujours une spécialisation ; il n'existe normalement que dans une famille d'Amphineures (*Neomeniidæ*), une sous-classe de Gastropodes (Euthyneures), quelques genres de Streptoneures, un ordre (*Anatinacea*) et quelques genres et espèces isolés de Lamellibranches. Cet hermaphroditisme n'est pas suffisant, les œufs d'un individu devant être normalement fécondés par un autre individu.

Dans les formes à sexes séparés, il y a souvent un dimorphisme sexuel sensible, qui ne porte pas seulement sur la présence d'un organe d'accouplement (Céphalopodes et la plupart des Gastropodes), mais sur la largeur plus grande des femelles. Chez les Céphalopodes, on a constaté qu'il y a hyperpolygynie : chez certains *Atlanta*, hyperpolyandrie.

Les glandes génitales sont originairement développées aux dépens de la paroi du cœlome (fig. 15, xv); mais elles ne sont plus en communication avec cette cavité que dans les Aplacophores (fig. 21, *k*) et les Céphalopodes (fig. 158 et 159). Dans ce cas, ce sont des tubes conduisant du cœlome au dehors (néphridies rénales chez les Aplacophores) qui servent de conduits vecteurs aux produits génitaux. Ailleurs, ces produits tombent directement à l'extrémité intérieure (péricardique) des reins (*Nuculidæ*, fig. 106), ou plus ou moins près de leur orifice extérieur (divers Lamellibranches archaïques, la plupart des Rhipidoglosses). Partout ailleurs, les glandes génitales s'ouvrent extérieurement, par un pore qui leur est propre, mais presque toujours voisin de l'orifice rénal. Et dans ce cas d'un orifice génital distinct, le conduit génital provient d'une partie du rein. Chez *Entocolax* (fig. 66), les œufs sortent de l'ovaire par rupture de la paroi de celui-ci.

Les éléments mâles et femelles se développent aux dépens de l'épithélium de la glande génitale, chaque oogonie donnant une seule cellule ovulaire, tandis que chaque spermatogonie donne plusieurs spermatocystes, chacun de ceux-ci produisant enfin plusieurs spermatozoïdes. Les œufs des Céphalopodes sont seuls entourés d'un follicule cellulaire (fig. 141). Chez les Mollusques hermaphrodites, les éléments mâles sont mûrs avant les éléments femelles : l'hermaphroditisme est donc protandrique. On n'a guère observé de « proge-nèse » apparente que dans un Gymnosome (*Clione*), où les caractères larvaires sont conservés longtemps. Quant à la parthénogénèse constatée chez des Pulmonés (hermaphrodites), elle est peut-être due à une autofécondation anormale.

Un accouplement n'a lieu que chez les Gastropodes pourvus d'un pénis (fig. 51) et chez les Céphalopodes (fig. 152); dans plusieurs de ces derniers, l'organe d'accouplement (hectocotyle) est caduc et va seul trouver la femelle.

Les œufs sont pondus isolés dans les Amphineures, les Scaphopodes, la généralité des Lamellibranches et les formes les plus archaïques de Gastropodes. Mais dans la généralité des Gastropodes aquatiques et chez les Céphalopodes, les œufs pondus sont réunis, en une ponte fixée, ou flottante (formes pélagiques). Il existe divers Lamellibranches, Gastropodes et Céphalopodes incubateurs; mais il n'y a qu'un petit nombre de formes vivipares, et seulement parmi les Gastropodes.

Développement. — *Segmentation.* — L'œuf fécondé des Mollusques se seg-mente d'une façon *inégale*. La première division produit généralement deux sphères égales; mais dans les stades suivants, ou au moins après le deuxième (fig. 5) ou le troisième (ces premiers stades étant encore réguliers chez des formes comme *Chiton* et *Patella*), la sphère de segmentation est composée de deux groupes de cellules : *a*) petites cellules « formatrices » ou micromères, et *b*) grandes cellules « nutritives », plus volumineuses ou macromères. Ces derniers renferment des granulations vitellines (fig. 8, iii) et sont d'autant plus grosses que le vitellus nutritif est plus abondant : ce qui concorde généralement avec une plus grande spécialisation. C'est tout à fait par exception que la segmentation est régulière (*Paludina*), ce qui est alors une disposition secondaire due à la diminution du vitellus nutritif.

Le nombre des micromères augmente plus rapidement que celui des macromères; il y a même des cas (*Dentalium*, fig. 6; Naïades, *Cyclas*, etc.) où il n'y a pendant un certain temps qu'un seul de ces derniers. Les nouvelles cellules formatrices prennent naissance aux dépens des micromères préexistants et, au moins

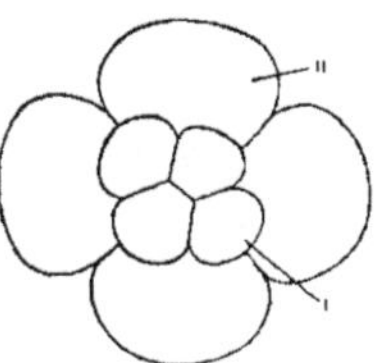

Fig. 5. — Œuf segmenté de *Bithynia*, vu par le pôle formatif et grossi; d'après Rabl. — I, micromères; II, macromères.

pendant les premières segmentations, de la partie des macromères non chargée de vitellus. Leur nombre, après les premiers stades, augmente généralement en progression arithmétique (Gastropodes, etc.).

Dans la grande majorité des cas, la segmentation de l'œuf est *complète* ou holoblastique. Les Céphalopodes font seuls exception : chez eux, la segmentation est incomplète ou méroblastique (fig. 144), une très grande partie de l'œuf étant formée de vitellus nutritif qui ne prend pas part à la division. Il y a cependant divers types, tels que les Gastropodes spécialisés, Rhachiglosses (*Nassa*, *Purpura*, *Fusus*, fig. 8, etc.) et Tectibranches (*Acera*, *Aplysia*, *Cavolinia*, etc.), où il existe déjà aussi une sorte de vitellus distinct, constitué par la partie granuleuse des macromères.

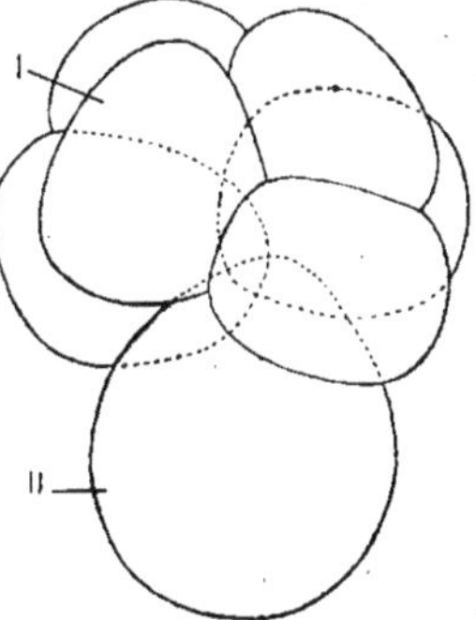

Les deux moitiés, formatrice et nutritive, de la sphère de segmentation (blastula ou blastosphère) sont plus ou moins inégales : elles laissent à l'intérieur de l'œuf une cavité de segmentation (blastocèle), le plus souvent très réduite (fig. 7, *d*), sauf dans certains Lamellibranches (*Cyclas*, Naïades).

Fig. 6. Œuf segmenté de *Dentalium*, avec six micromères (I) et un macromère (II), grossi 200 fois; d'après Kovalevsky.

Le pôle formatif de l'œuf est indiqué par le point de sortie des globules polaires et par la production des premiers micromères; le pôle nutritif lui est opposé : c'est là que se formera le blastopore ou orifice de la cavité d'invagination.

Gastrulation ou formation de la cavité digestive. — Le résultat final de la segmentation est que les micromères forment entièrement ou à peu près l'enveloppe extérieure ou ectoderme de l'œuf segmenté, et que les macromères en occupent l'intérieur (endoderme). La gastrula peut se produire de deux façons en apparence assez différentes, par invagination ou par épibolie.

L'invagination ou embolie (fig. 7) est le mode le plus primitif : la partie nutritive de la blastosphère s'enfonce alors dans la moitié formatrice, comme il arriverait d'une balle de caoutchouc dégonflée sur laquelle on appuierait le doigt. Ces deux moitiés laissent entre elles une cavité de segmentation très réduite : *Chiton* (fig. 7), Nudibranches, Ptéropodes Gymnosomes et *Limacinidæ*, Pulmonés, *Dentalium*, *Ostrea*, *Pisidium*, Naïades (fig. 110). Cette invagination donne naissance à une cavité digestive (archenteron), tapissée par l'endoderme et communiquant avec le dehors par le blastopore.

Dans le cas d'épibolie, les cellules nutritives ou macromères sont devenues, à cause de leur distension par le vitellus qu'elles renferment, trop grosses pour permettre leur invagination dans la couche des micromères. Ceux-ci s'étendent alors tout autour de l'endoderme et l'enveloppent peu à peu, en laissant au pôle nutritif une ouverture qui est le blastopore, *Vermetus*, *Janthina*, la plupart des Rhachiglosses, *Astyris* (*Columbella*), *Fusus* (fig. 8), *Nassa*, *Purpura*, *Urosalpinx*; *Accra*, *Aplysia*, Thécosomes (sauf *Limacinidæ*), beaucoup de Lamellibranches (*Modiolaria*, *Pecten*, etc.).

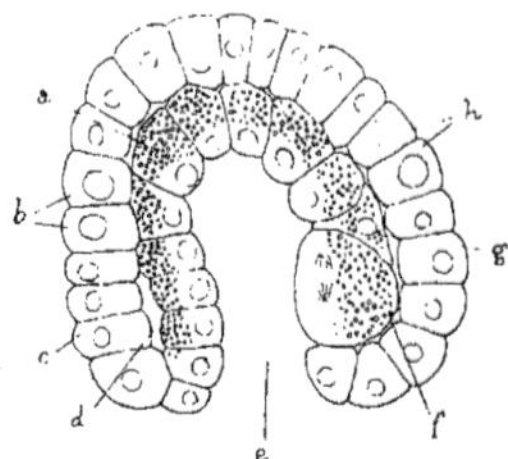

Fig. 7. — Coupe sagittale médiane d'une gastrula de *Chiton*, la partie antérieure à gauche, grossie 140 fois; d'après Kovalevsky — *a*, macromères; *b*, cellules ectodermiques du velum; *c*, micromères (ectoderme); *d*, blastocèle; *e*, blastopore; *f*, cellule mésodermique originelle (en division); *g*, cellule mésodermique s'enfonçant entre l'ectoderme et l'endoderme; *h*, cellules du velum.

Ces deux processus ne diffèrent cependant qu'en apparence et montrent des intermédiaires qui font le passage insensible de l'un à l'autre. En effet, l'invagination parfaite ne se produit que dans des cas de segmentation régulière ou à peu près (*Paludina*, *Chiton*, etc.). Mais, par suite de l'accroissement successif de la quantité de vitellus renfermé dans les sphères nutritives, celles-ci deviennent de plus en plus grosses et ne peuvent s'invaginer que plus tard dans l'ectoderme; de sorte qu'il y a alors, dans certaines gastrulas par embolie, un commencement d'épibolie, suivi ultérieurement d'invagination des macromères (*Firoloida*, *Clione*).

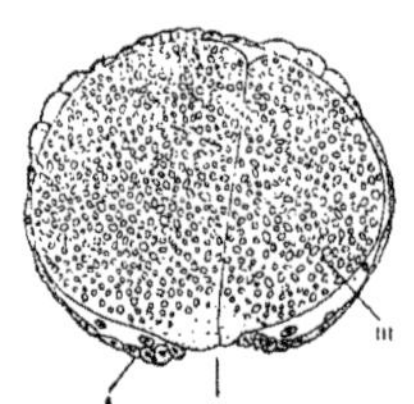

Fig. 8. — Coupe sagittale médiane d'une gastrula de *Fusus*, grossie 120 fois; d'après Bobretzky. — I, micromères; II, blastopore; III, macromères.

Enfin, la segmentation méroblastique ou incomplète (discoïdale) des œufs de Céphalopodes (fig. 144) n'est pas non plus absolument différente de la segmentation totale observée chez les autres Mollusques : elle n'est que l'exagération de l'épibolie; en effet, le vitellus constituant la masse principale de l'œuf, et le protoplasma étant resté concentré à un pôle de celui-ci (pôle formatif), l'ectoderme s'est formé en un point limité (disque germinatif ou aire embryonnaire) de la surface du vitellus et ne peut parvenir à envelopper totalement ce dernier.

Aux dépens de la paroi de l'entéron se forme le foie, très généralement par deux diverticules pairs (fig. 24 B, n), composés de cellules graisseuses seulement, tant que la nutrition se fait par l'absorption du vitellus.

Formation des ouvertures du tube digestif. — L'ouverture de la gastrula (blastopore ou bouche primitive) est fort souvent en forme de fente allongée :

Patella (fig. 9, iii), *Bithynia*, Pulmonés Basommatophores (*Limnæa*, *Planorbis*), Opisthobranches divers (*Aplysia*, *Doris*, *Tergipes*, *Elysia*), *Cyclas*, etc.

Cette fente se ferme peu à peu d'arrière en avant, ses deux côtés formant par leur union la saillie ventrale pédieuse. Ou bien cette ouverture peut être ovale, plus ou moins allongée, avec un sillon antérieur allant jusque vers le velum, comme chez *Paludina* (fig. 10, c); ou bien encore elle est circulaire, et se déplace alors peu à peu *d'arrière en avant*, spécialisation de la fente qui se fermait dans ce sens.

Ce blastopore circulaire ou linéaire se ferme totalement (*Patella*, *Neritina*, *Bithynia*, *Nassa*, *Natica*, *Lamellaria*, *Crepidula*, *Aplysia*, divers Ptéropodes, Nudibranches, *Cyrenidæ*, Naïades, *Teredo*); ou bien, quoique se rétrécissant au point de devenir parfois peu visible, il reste ouvert (à sa partie antérieure lorsqu'il est linéaire) : *Chiton*, divers Streptoneures marins (*Vermetus*, *Fusus*, Hétéropodes), Pulmonés, *Dentalium*, *Ostrea*.

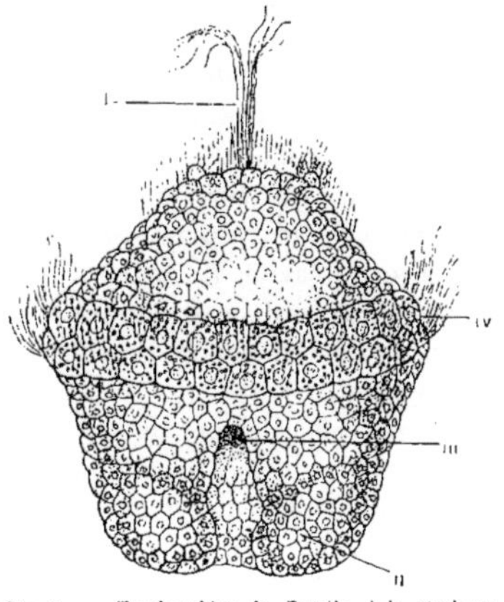

Fig. 9. — Trochosphère de *Patella*, à la 34ᵉ heure, grossi; d'après Patten. — I, flagellum, houppe apicale; II, lobe latéral du blastopore, future moitié du pied; III, blastopore; IV, cercle cilié ou velum.

Au point où le blastopore s'est fermé, ou tout autour, s'il est resté ouvert, se produit une invagination de l'ectoderme qui met la cavité digestive (enteron) de la gastrula en communication avec l'extérieur et constitue le *stomodæum* ou œsophage ; de sorte que si le blastopore reste ouvert, il devient le cardia de l'adulte. *Paludina* seul fait exception ; la partie du blastopore qui reste ouverte y devient l'anus (fig. 10, e) et le stomodæum prend naissance à la partie antérieure du sillon blastoporique.

Ultérieurement, le *proctodæum* se produit par une invagination anale, toujours très courte, au point le plus postérieur du sillon blastoporique originel, généralement indiqué par deux cellules ectodermiques saillantes; elle perce la partie postérieure de l'archentéron et fait ainsi communiquer l'intestin avec l'extérieur.

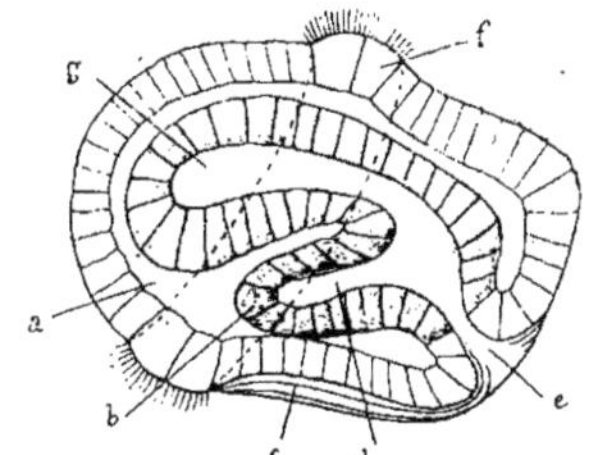

Fig. 10. — Coupe sagittale médiane d'un embryon de *Paludina*, vu du côté gauche et grossi; d'après Erlanger. — a, cavité de segmentation (blastocèle); b, mésoderme; c, sillon blastoporique; d, cœlome; e, partie restée ouverte du blastopore (= anus); f, velum; g, entéron.

Formation du mésoderme. — L'embryon a donc une cavité digestive endodermique et une enveloppe générale ectodermique d'où dérivent aussi l'œsophage et l'invagination anale. Une troisième assise cellulaire intermédiaire se forme entre ces deux premières, souvent de très bonne heure : c'est le *mésoderme*, dont proviendront les organes situés entre le tube digestif et les téguments. L'origine en est souvent difficile à déterminer, surtout dans les formes très spécialisées; mais dans les cas les plus nombreux et dans ceux où il a une origine bien nette, *le mésoderme provient de l'endoderme* : Placophores, Aspidobranches (*Patella*, *Neritina*), Pectinibranches (*Paludina*, *Bithynia*, *Crepidula*, *Fulgur*, et probablement les Hétéropodes), Opisthobranches (*Clione*, *Chromodoris*), Pulmonés (*Planorbis*, *Limnæa*), *Dentalium*, Lamellibranches (*Pisidium*, Naïades, *Teredo*).

Le développement du mésoderme a pour résultat principal la formation d'une seconde cavité, le cœlome. Dans le mode le plus primitif, cette cavité se forme par deux diverticules qui se séparent de l'entéron ou cavité digestive, au voisinage du blastopore : ces deux diverticules sont donc des entérocèles (*Paludina*, fig. 10, *d*).

Mais, par spécialisation et condensation embryogénique, ce procédé ne réapparaît plus; le mésoderme prend alors naissance d'éléments endodermiques (macromères) voisins du blastopore, qui s'enfoncent entre les cellules adjacentes, ou se divisent en donnant d'autres éléments qui se glissent entre l'endoderme et l'ectoderme (fig. 7, *g*). Dans la règle, au stade à quatre macromères, c'est le plus *postérieur* de ceux-ci qui, par divisions successives,

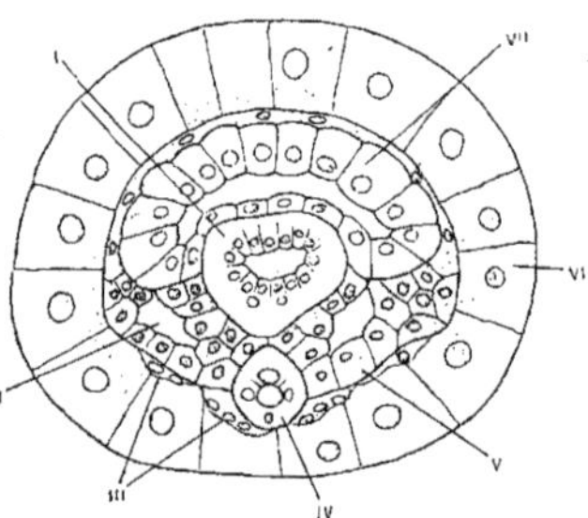

FIG. 11. — Coupe transversale d'un embryon de Chiton, passant par le velum et grossie 200 fois; d'après KOVALEVSKY. — I, œsophage; II, cœlome; III, cordons nerveux; IV, partie antérieure de la cavité buccale; V, mésoderme; VI, cellules ectodermiques du velum; VII, endoderme (estomac).

donne deux cellules mésodermiques originelles : de celles-ci proviennent les deux traînées mésodermiques symétriques qui constituent le troisième feuillet. La masse de cellules ainsi formées se délamine elle-même en deux couches ou sous-feuillets, somatique et splanchnique : *Chiton* (fig. 11), *Bithynia*, *Vermetus*, *Dentalium*, etc. Il en résulte une ou deux cavités symétriques qui s'unissent bientôt (*Cyclas*) : c'est la cavité cœlomique, qui est alors un schizocèle.

L'extension du cœlome restreint évidemment la cavité de segmentation primitive ou blastocèle, qui deviendra la cavité du système circulatoire (fig. 10, *a*; fig. 14, *h*). Des éléments mésodermiques s'étendent en effet entre l'endoderme et l'ectoderme pour former le revêtement intérieur de cette cavité circulatoire; et, par spécialisation, ces éléments peuvent remplir presque complètement le reste du blastocèle, sous forme d'un faux mésenchyme (mésenchyme secondaire ou cénogénétique), qui constitue le tissu conjonctif (fig. 14, *f*). Par balancement organique, celui-ci restreint alors le développement du cœlome, qui est généralement réduit au péricarde (fig. 15, XIII; fig. 14, *g*).

Il y a donc à distinguer d'une part dans l'évolution du mésoderme, la formation du cœlome et des organes qui en proviennent (excréteurs et reproducteurs) et d'autre part la formation de l'appareil circulatoire (cœur).

Formation des organes ectodermiques. — *Velum.* — Outre les organes tégumentaires proprement dits, persistants (pied, manteau, branchies) et ceux qui, quoique profonds, dérivent de l'ectoderme (système nerveux et appareils sensoriels), les téguments produisent aussi un organe locomoteur embryonnaire, résultant d'une adaptation spéciale à la vie larvaire : c'est le *velum*. A l'origine, il constitue un seul cercle cilié, préoral, caractéristique de la Trochosphère (fig. 9, iv), et limite un champ qui est la *plaque* apicale, ou céphalique, ou encore *aire vélaire* (fig. 1, *f*).

Ce cercle cilié s'étend en faisant saillie sur tout son pourtour : la Trochosphère est ainsi transformée en *Veliger*, larve caractéristique des Mollusques (fig. 108); le velum peut alors se diviser en deux lobes latéraux (fig. 12, *f*), divisibles à leur tour en deux (fig. 53, *a*) ou trois lobes secondaires.

Le *pied* n'est autre chose que la saillie des téguments entre la bouche et l'anus. A l'origine, son ébauche est évidemment paire, puisqu'il se forme par la soudure des bords du blastopore allongé (fig. 9, ii). Ce n'est que tardivement qu'il atteint son complet développement : pendant les premiers temps, il est fort petit et non fonctionnel (fig. 57, v; fig. 108, *c*); c'est alors le velum, seul, qui sert d'organe locomoteur.

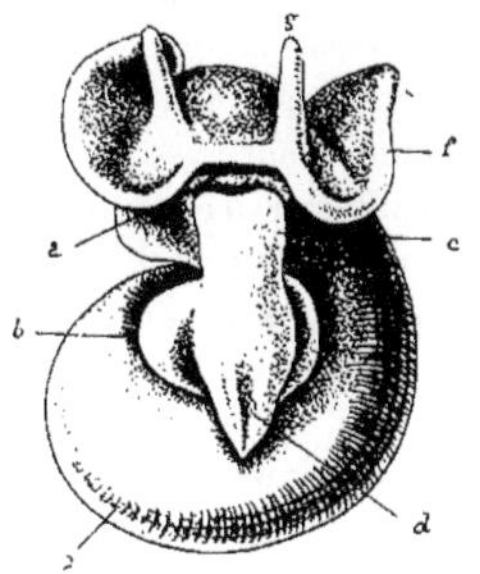

Fig. 12. — Véliger de *Vermetus*, vu ventralement et grossi; d'après SALENSKY. — *a*, bouche; *b*, lobe latéral du pied; *c*, masse viscérale; *d*, glande pédieuse postérieure; *e*, pied; *f*, velum; *g*, tentacule.

Manteau. — A la face dorsale, vers le pôle formatif, se produit de bonne heure une invagination ectodermique, limitée par un bourrelet; on l'appelle glande coquillière ou, mieux, *invagination préconchylienne*. Cette invagination est l'origine du manteau, dont le bord est constitué par le bourrelet susdit. Ce dernier, en s'étendant, détermine la croissance de la coquille sécrétée par le manteau (fig. 1, *e*; fig. 55, ix).

L'invagination s'étale dès l'origine sous forme d'un épaississement palléal, légèrement concave seulement, ou bien s'enfonce, puis s'étale en se retournant; l'enfoncement est alors causé par la prolifération trop rapide du tissu épithélial, au point où commence la formation du bourrelet palléal, et l'invagination se retourne pour commencer à produire la coquille.

Les branchies (cténidies) prennent naissance sur la face interne du manteau, par des saillies tégumentaires, sous forme de papilles ou filaments disposés en série (fig. 109, *e*; fig. 113, *b*).

Système nerveux et organes des sens. — Les centres nerveux naissent séparément, et en général par épaississement de l'ectoderme. Dans certains cas, il y en a qui se forment encore par le procédé primitif de l'invagination : il en est ainsi pour les ganglions cérébraux (dans l'aire vélaire) chez *Vermetus*, les Ptéropodes, les Pulmonés Stylommatophores, *Dentalium*, et pour les ganglions cérébraux, pédieux et viscéraux des Naïades.

De même, les yeux et les otocystes se développent par épaississement (délamination) ectodermique y compris les yeux palléaux de *Pecten*. Mais dans bien des cas, ces organes naissent encore par invagination, comme cela s'observe chez divers Céphalopodes et Gastropodes (*Paludina*, *Bithynia*, *Calyptræa*, *Nossa*, Hétéropodes, *Limnæa*, *Planorbis*). Il en est de même pour les otocystes seuls de certains Gastropodes (*Fusus*), des Scaphopodes et des Lamellibranches (*Cyclas*, Naïades, *Teredo*); ces organes restent ouverts chez les *Nuculidæ*.

Formation des organes mésodermiques. — Le tissu mésodermique donne naissance, d'une part, à la paroi épithéliale de la cavité cœlomique, d'autre part, au revêtement de la cavité circulatoire et au tissu conjonctif de remplissage interorganique.

Le cœlome, dont la formation a été indiquée plus haut, est une cavité communiquant avec l'extérieur, à paroi épithéliale différenciée en deux points : *a*) sous forme d'éléments excréteurs (reins); *b*) sous forme d'éléments reproducteurs, caducs par conséquent (organes génitaux).

Les *reins* sont produits aux dépens d'une partie du cœlome (péricarde), dans le procédé le plus primitif, ou bien par creusement dans le mésoderme (*Paludina*, *Bithynia*, *Limax*, etc.) en contact avec le péricarde. Chacun d'eux est en communication avec ce dernier et se met en rapport avec l'extérieur par une invagination ectodermique. Outre ces reins proprement dits, définitifs, une seconde paire d'organes excréteurs mésodermiques, *larvaires*, a été observée dans divers Gastropodes et quelques Lamellibranches.

Les *glandes génitales* proprement dites (gonades) naissent aussi de la paroi du cœlome ou péricarde, chez les Gastropodes : *Paludina*), Lamellibranches (*Cyclas*) et Céphalopodes. Cette disposition est conservée chez l'adulte par les Aplacophores (fig. 21, *k*) et par les Céphalopodes (fig. 158, viii); mais ailleurs, les glandes génitales se séparent de la cavité péricardique, pour se mettre en rapport soit avec les reins, soit directement avec l'extérieur. Dans ce dernier cas, la partie terminale du conduit, avec les glandes accessoires qui s'y forment, a une origine ectodermique.

Appareil circulatoire (cœur). — Le cœur tire son origine d'une partie du blastocèle qui s'enfonce dans le péricarde et en soulève la paroi, dont une partie devient ainsi celle du cœur (fig. 14, *h*; fig. 145, ix).

Éthologie ou bionomie. -- On observe parmi les Mollusques, souvent dans une même classe, les différents modes d'existence. Ce sont essentiellement des animaux aquatiques : la plupart habitent la mer, un petit nombre vit dans l'eau douce; un ordre seulement de Gastropodes et quelques autres formes isolées de ce groupe se sont adaptés à la vie terrestre.

Généralement, les Mollusques sont libres, rampeurs ou nageurs; un certain nombre sont sédentaires, très peu sont fixés (quelques Gastropodes et Lamellibranches). Ils sont représentés dans les trois grands groupes d'organismes aquatiques : *Benthos*, animaux rampeurs ou fixés au sol, ne quittant pas le fond; *Nekton*, ceux qui nagent activement et peuvent lutter contre les courants; *Plankton*, ceux qui flottent sans mouvements propres ou sans pouvoir résister aux courants. Le premier groupe comprend les Mollusques littoraux et abyssaux, parmi lesquels cependant le Nekton est aussi représenté. Les deux autres groupes renferment surtout les Mollusques pélagiques : au Nekton appartiennent les Céphalopodes seulement; au Plankton, les Gastropodes nageurs ou habitant les Algues pélagiques, de rares Lamellibranches (*Planktomya*) et des larves de divers groupes.

Les Mollusques sont répandus sur toute la surface de la terre, sous toutes les latitudes. Les Mollusques terrestres s'observent jusque sur les plus hautes montagnes. Les formes pélagiques ne sont pas cantonnées seulement à la surface, au loin des côtes, mais peuvent descendre, sans aller près du fond, jusqu'aux environs de mille mètres de profondeur et même davantage (Céphalopodes). Quant aux Mollusques abyssaux, ils habitent le fond jusqu'à cinq mille mètres au-dessous du niveau de la mer.

On observe chez les Mollusques les différents genres de régime alimentaire. Quelques formes seulement sont parasites internes, toutes dans des Échinodermes : *Entoconcha* (fig. 67), plusieurs *Eulima*, *Entocolax* (fig. 66), *Entovalva* (fig. 118). Quelques autres sont parasites externes, également sur des Échinodermes : *Stylifer* (fig. 65), *Thyca*; d'autres encore sont commensales des Ascidies, comme *Modiolaria discors*, ou des Échinodermes, comme divers *Montacuta* et *Scioberetia* (fig. 94).

De très nombreux cas d'adaptation protectrice et de mimétisme existent dans les divers groupes. Les formes pélagiques sont incolores ou bleutées supérieurement, et généralement transparentes; mais les plus remarquables exemples de mimétisme sont présentés par les formes nues et colorées (Nudibranches, *Lamellaria*, etc.), dont chacune prend la couleur et l'aspect de son support. Les Mollusques abyssaux sont incolores, caractérisés par la minceur de leur coquille, l'atrophie des organes visuels et le développement des organes tactiles.

L'existence individuelle des Mollusques est ordinairement assez courte. Les Streptoneures marins peuvent vivre plusieurs années : *Littorina littorea*, en captivité, il est vrai, a atteint près d'une vingtaine d'années; ceux d'eau douce vivent trois ou quatre ans (*Paludina*); les Pulmonés sont généralement bisannuels; la plupart des Nudibranches vivent également deux ans ou un peu plus. Beaucoup de Lamellibranches sont adultes au bout d'un an (*Mytilus*, *Teredo*), de deux ans (*Avicula*); *Ostrea edulis* est adulte vers cinq ans, mais vit jusqu'à dix ans dans

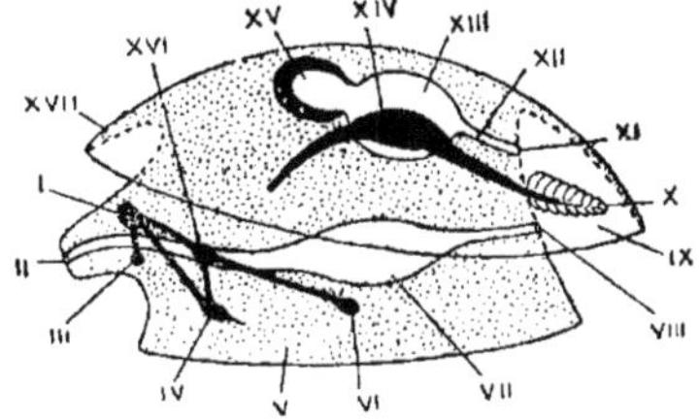

Fig. 13. — Schème d'un Mollusque vu du côté gauche. — I, ganglion cérébral; II, bouche; III, ganglion stomatogastrique; IV, ganglion pédieux; V, pied; VI, ganglion viscéral; VII, estomac; VIII, anus; IX, cavité palléale; X, branchie; XI, orifice rénal; XII, néphridie; XIII, péricarde; XIV, cœur; XV, glande génitale; XVI, ganglion pleural; XVII, manteau.

les huîtrières. Les grands *Tridacna* paraissent atteindre au moins un âge analogue (huit ans); les *Cyrenidæ* ne vivent que deux ans, mais les Anodontes sont remarquables par leur longévité : la maturité sexuelle n'arrive pas chez eux avant cinq ans, et la croissance continue jusqu'à vingt ou trente ans.

Les zoologistes descripteurs ont fait connaître environ 25 000 espèces de Mollusques actuellement vivants. Des représentants de ce groupe existent depuis les terrains paléozoïques les plus anciens.

CLASSIFICATION OU TAXONOMIE.— *Définition générale*. Les Mollusques sont, au moins originairement, des animaux à symétrie bilatérale, n'ayant plus de segmentation apparente. Ils possèdent trois cavités, digestive, cœlomique et circulatoire entièrement séparées les unes des autres : la première ouverte au dehors par deux orifices, la seconde communiquant avec l'extérieur par les reins ou néphridies (ou directement chez *Nautilus*), la troisième tout à fait close.

Ils sont caractérisés :

1° Par leur enveloppe générale du corps, différenciée en trois régions : *a*) antéro-dorsale ou céphalique, réunissant la plupart des organes de la sensibilité spéciale; *b*) postéro-dorsale ou palléale, formant un repli saillant autour du corps, sur la face extérieure de laquelle se sécrète une cuticule calcifiée (coquille protectrice) et sur la face ventrale de laquelle se développent des proliférations respiratoires (cténidies); *c*) ventrale ou pédieuse, constituée par l'organe locomoteur;

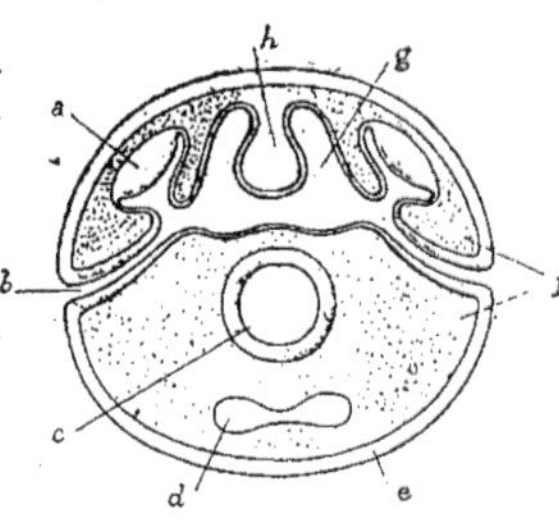

Fig. 14. — Coupe schématique transversale d'un Mollusque, passant par les orifices rénaux — *a*, glande génitale ; *b*, rein ou néphridie; *c*, tube digestif ; *d*, ganglions pédieux ; *e*, épithélium tégumentaire; *f*, tissu conjonctif sous-cutané, parcouru par des sinus sanguins; *g*, cœlome ou péricarde; *h*, cœur.

2° Par le fait qu'ils possèdent ou ont possédé une radule ;

5° Par leur système nerveux formé essentiellement d'un anneau œsophagien avec deux cordons pédieux et deux cordons palléaux;

4° Par leur développement, présentant presque toujours le stade *Veliger*, qui est une Trochosphère dont le cercle cilié préoral est devenu saillant, de façon à constituer un velum natatoire, et par la production, au pôle formatif, d'une invagination préconchylienne, spéciale au groupe.

L'embranchement des Mollusques se divise en cinq classes, elles-mêmes plus ou moins subdivisées, comme l'indique le tableau ci-contre.

Classification des Mollusques

1. Amphineura.
- Polyplacophora.
- Aplacophora. . .
  - Neomenioida.
  - Chætodermoida.

2. Gastropoda.
- Streptoneura . .
  - Aspidobranchia . .
    - Rhipidoglossa.
    - Docoglossa.
  - Pectinibranchia .
    - Tænioglossa . . .
      - Platypoda.
      - Heteropoda.
    - Stenoglossa . . .
      - Rhachiglossa.
      - Toxiglossa.
- Euthyneura . . .
  - Opisthobranchia.
    - Tectibranchia.
    - Nudibranchia.
  - Pulmonata . . .
    - Basommatophora.
    - Stylommatophor

3. Scaphopoda.

4. Lamellibranchia . . . .
- Protobranchia.
- Filibranchia. . .
  - Anomiacea.
  - Arcacea.
  - Mytilacea.
- Pseudolamellibranchia.
- Eulamellibranchia.
  - Submytilacea.
  - Tellinacea.
  - Veneracea.
  - Cardiacea.
  - Myacea.
  - Pholadacea.
  - Anatinacea.
- Septibranchia.

5. Cephalopoda. . . . .
- Tetrabranchia.
- Dibranchia . . .
  - Decapoda.
  - Octopoda.

AMPHINEURES — AMPHINEURA

(ACULIFERA)

Ces animaux sont reconnaissables extérieurement à leur corps plus ou moins allongé, complètement symétrique, à bouche et anus situés aux deux extrémités, à téguments palléaux portant toujours des spicules plus ou moins nombreux. — Type : *Chiton* (fig. 18).

Le manteau, très développé, recouvre toujours au moins la face dorsale et les côtés latéraux du corps ; la cuticule des téguments palléaux renferme toujours des *spicules*. La symétrie extérieure complète se retrouve dans l'organisation intérieure. Le système nerveux est caractérisé par la présence, de chaque côté, de deux cordons nerveux (palléal et pédieux) anastomosés et par la commissure postérieure, supra-rectale, des deux cordons palléaux. La cavité buccale ne possède pas de mâchoires, mais présente dans la règle un cæcum radulaire. L'anus et les orifices rénaux sont postérieurs. Le cœur est également postérieur, à ventricule encore plus ou moins accolé à la paroi dorsale du péricarde.

Les Amphineures sont des Mollusques marins, répandus dans toutes les mers et dans les différentes profondeurs. Leur existence remonte à une époque géologique très ancienne, puisqu'ils se montrent déjà dans le Silurien inférieur. Il en existe deux ordres bien différents : *Polyplacophora* et *Aplacophora*.

POLYPLACOPHORES — POLYPLACOPHORA

Par la forme générale de leurs corps, ce sont les moins spécialisés des Mollusques. Chez eux, le pied occupe toute la face ventrale du corps, et le manteau toute la face dorsale ; ce dernier porte huit plaques calcaires transversales ; entre le manteau et le pied se trouve, de chaque côté, une rangée plus ou moins longue de branchies. — Type : Oscabrion ou *Chiton*.

Conformation extérieure et téguments. — Le *manteau* recouvre le corps entier, du côté dorsal ; son extension en largeur et de haut en bas est en raison inverse de celle du pied. Ce manteau porte une coquille formée de huit plaques en série longitudinale (fig. 18, IV), articulées entre elles : chacune de ces pièces recouvre partiellement la suivante, sauf chez quelques *Chitonellus*, où les trois dernières sont isolées ; cette disposition permet à l'animal de se rouler en boule.

Les deux plaques terminales (première et huitième) de la coquille sont semi-circulaires, et les autres à peu près quadrangulaires. Toutes peuvent être en grande partie (*Chitonellus*, fig. 19, xii), ou même entièrement (*Cryptochiton*) recouvertes par le manteau. Chaque plaque est formée de deux couches calcaires superposées, bien distinctes (fig. 15, i et ii) : la plus profonde (*articulamentum*), compacte, et la plus superficielle (*tegmentum*), seule visible sur l'animal vivant, et percée de nombreux canaux verticaux, par lesquels passent des organes sensoriels. Ce tegmentum est une formation cuticulaire nouvelle, sans correspondant chez les autres Mollusques ; elle a pris naissance par les bords du manteau (limbe) venant recouvrir ceux de l'articulamentum, et elle s'étend sur ce dernier à mesure de sa croissance en largeur.

Sur presque toutes les parties nues du manteau existent des spicules chitineux ou calcaires (fig. 15, v), naissant sur des papilles épithéliales par une cellule matrice.

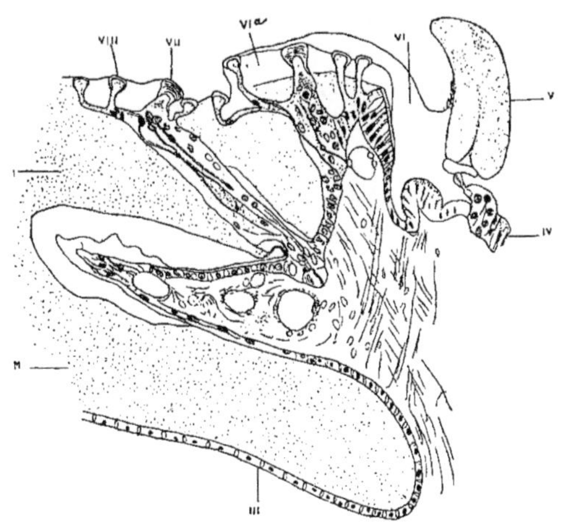

Fig. 15. — Coupe transversale des téguments palléaux de *Chiton* (région latérale), grossie; d'après Blumrich. — I, tegmentum ; II, articulamentum ; III, épithélium palléal sous-coquillier ; IV, épithélium du bord du manteau ; V, spicule ; VI, cuticule du bord du manteau ; VI *a*, periostracum ; VII, mégalæsthètes ; VIII, micræsthètes.

Le *pied* occupe toute la longueur du corps, de la bouche à l'anus, et forme une surface ventrale de reptation. Sa largeur est en raison inverse de l'extension du manteau : il est large dans les Chitons proprement dits (fig. 18, iii), étroit dans *Chitonellus* (fig. 19, vi).

Système nerveux et organes des sens. — Il n'y a, pour ainsi dire, pas de concentration de ganglions distincts ; mais les gros troncs nerveux sont eux-mêmes ganglionnaires dans toute leur étendue. Il existe deux paires de ces troncs longitudinaux, réunis en avant par une seule commissure supra-œsophagienne ou cérébrale (fig. 16, *b*), antérieure à la masse buccale ; les deux cordons ventraux ou pédieux (*d*) sont joints par de nombreuses anastomoses transversales, passant sous le tube digestif ; les deux cordons latéraux ou palléaux (*e*) sont réunis, en arrière, par une commissure *supra-rectale* (*f*).

La commissure cérébrale innerve les palpes, les lèvres et la musculature de la masse buccale ; elle est continuée sous l'œsophage par la commissure labiale (fig. 16, *h*). Les cordons ventraux fournissent les nerfs du pied. Les cordons latéraux innervent surtout le manteau et les branchies et correspondent à l'ensemble des centres pleuraux et des nerfs palléaux des autres

Mollusques, une grande partie des viscères reçoit également ses nerfs des gros troncs palléaux. Enfin la commissure stomato-gastrique (*i*), qui est aussi ganglionnaire sur une partie de son étendue, naît vers l'origine de la commissure labiale : elle est récurrente et passe entre la masse buccale et l'œsophage ; elle présente, en avant, un commissure buccale dorsale (*j*). De la commissure labiale sort encore, plus médialement, une seconde petite commissure infra-œsophagienne (*g*), avec une paire de ganglions innervant l'organe subradulaire.

Organes des sens. — La région céphalique est peu différenciée et ne porte pas d'organes de la sensibilité spéciale. Les coins du mufle sont allongés en palpes labiales (fig. 18, ɪɪ).

La cavité buccale présente, sur sa paroi inférieure, des corps gustatifs cyathiformes, innervés par la commissure cérébrale ; en outre, en avant de la radula, sur la paroi ventrale, on voit, au-dessus d'une paire de petits ganglions (fig. 16, *g*), une saillie épithéliale à terminaisons nerveuses : c'est *l'organe subradulaire.*

Le tegmentum des valves coquillières est traversé par des organes sensoriels palléaux. Ceux-ci sont constitués par des papilles épithéliales, dans lesquelles se trouvent des terminaisons nerveuses, recouvertes d'un capuchon cuticulaire : on les appelle, suivant leur taille, *megalæsthetes* ou *micræsthetes* (fig. 15, ᴠɪɪ et ᴠɪɪɪ). Dans certaines espèces de Chitons tropicaux, des mégalæsthetes se sont modifiés de façon à devenir des yeux (fig. 17) : ceux-ci, souvent au nombre de plusieurs milliers, sont formés par une rétine profonde, un cristallin, une cornée calcaire et une enveloppe pigmentée.

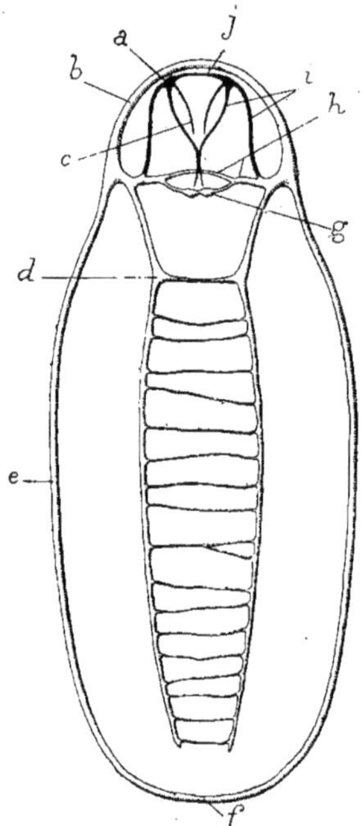

Fɪɢ. 16. - - Système nerveux central de *Chiton*, vu dorsalement et grossi. — *a*, ganglion buccal ; *b*, commissure cérébrale ; *c*, nerf œsophagien ; *d*, cordon pédieux et commissure pédieuse antérieure ; *e*, cordon palléal ; *f*, commissure palléale supra-rectale ; *g*, commissure subradulaire ; *h*, commissure labiale ; *i*, commissure stomato-gastrique ; *j*, commissure buccale antérieure. — Toutes les commissures, sauf *b*, *f*, *j*, passent sous le tube digestif.

Système digestif. — Le canal alimentaire s'étend de l'un à l'autre bout du corps de l'animal (fig. 18). La bouche (ɪ) conduit dans une cavité buccale, sur la paroi inférieure de laquelle s'ouvre le sac de la radula, qui s'étend en arrière jusque vers l'estomac. Chaque rangée de la radula est formée de dents grandes, solides et de forme différente, au nombre de huit de chaque côté de la dent médiane. La partie antérieure de la radula est appuyée sur une masse cartilagineuse, mise en mouvement par des muscles très nombreux.

Deux paires de glandes débouchent dans la cavité buccale ; sur les côtés, assez en avant, les glandes salivaires proprement dites, ramifiées, mais peu étendues et à conduit excessivement court; sur la paroi ventrale, en dessous de l'organe subradulaire, deux très petites glandes muqueuses juxtaposées.

L'œsophage est assez court. De chaque côté s'y ouvre une vaste poche glandulaire, à surface intérieure papillaire.

L'estomac, assez vaste et à parois minces, est environné par le foie. Celui-ci y débouche par deux orifices (*Chiton aculeatus*) ou davantage; c'est une glande paire, peu compacte, à acini très divisés.

L'intestin est fort long, en rapport avec le régime herbivore de ces animaux; il est recourbé en anses nombreuses. L'anus (fig. 18, vi) s'ouvre sur la ligne médiane, entre le pied et le manteau.

Système circulatoire. — Le cœur, dorsal et médian, est situé dans un péricarde assez vaste, à la partie tout à fait postérieure du corps. Il est composé d'un ventricule allongé et de deux oreillettes symétriques, allongées également; chaque oreillette communique avec le ventricule par deux orifices

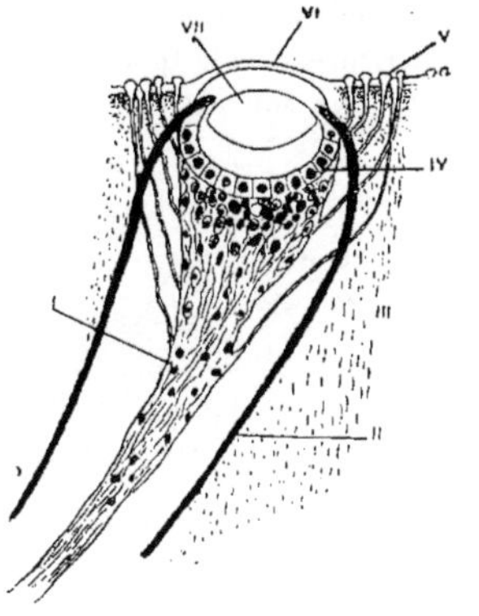

Fig. 17. — Coupe axiale d'un œil palléal de *Chiton spiniger*, grossi; d'après MOSELEY. — I, nerf optique avec cellules ganglionnaires; II, pigment; III, coquille; IV, rétine; V, micræsthetes; VI, cornée calcaire; VII, cristallin.

(fig. 4, vii, viii). Du ventricule naît, en avant, une aorte unique, d'où le sang se rend aux divers espaces interviscéraux.

Le sang veineux, provenant des diverses parties de l'organisme, arrive dans une paire de conduits longitudinaux, situés de chaque côté à l'union des bords du manteau avec le corps (fig. 19, iii). Sur cette même ligne de jonction, entre le pied et le manteau, se trouve une rangée de branchies (fig. 4, iv; fig. 19, iv): celles-ci sont donc disposées symétriquement, en paires multiples (de 6 à 80), soit sur toute la longueur du corps (type holobranche), soit (type mérobranche) sur les trois ou les deux quarts postérieurs (*Chiton lævis, C. fascicularis, Chitonellus*, etc.), soit même seulement sur l'étendue correspondant aux deux dernières plaques de la coquille, dans un espace formant alors une petite chambre branchiale (fig. 18, v).

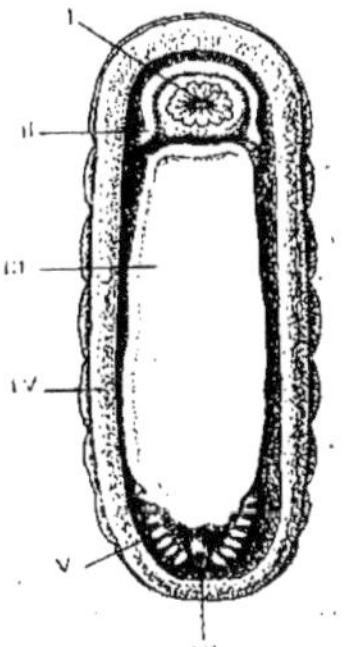

Fig. 18. — *Chiton benthus*, grossi, vu ventralement, d'après HADDON. — I, orifice buccal; II, palpe; III, pied; IV, bord du manteau; V, branchies, dans la « cavité branchiale » postérieure; VI, anus.

Une branchie est constituée par un axe transversal, portant sur chacune de ses faces antérieure et postérieure une rangée de filaments branchiaux aplatis (fig. 4, iv). Le sang du conduit longitudinal afférent susmentionné entre dans la branchie par le bord interne ou pédieux de l'axe; le sang qui a respiré sort par le côté externe ou palléal de cet axe et arrive dans un autre conduit sanguin longitudinal (fig. 19, viii), qui le mène à l'oreillette.

Système excréteur. — Il y a deux reins symétriques; chacun d'eux est formé d'un tube disposé longitudinalement, sur le côté du corps, et replié une fois sur lui-même, de telle sorte que ses deux extrémités sont en arrière; l'extrémité interne s'ouvre dans le péricarde par un orifice ou entonnoir cilié (fig. 4, iii); l'externe débouche au dehors, entre deux branchies de la région postérieure. Sur le tube principal, qui présente un renflement en forme d'ampoule vers son extrémité extérieure, s'insèrent de nombreux tubes de petit calibre : ceux-ci sont ramifiés contre les parois du corps, ventralement, latéralement et entre les viscères (fig. 4, ii; fig. 19, ii).

Système reproducteur. — Les sexes sont séparés. La glande génitale unique et médiane est située dorsalement, entre l'aorte et l'intestin (fig. 19, xiii); elle s'étend sur presque toute la longueur du corps, depuis l'extrémité antérieure jusqu'au péricarde (fig. 4, i); elle présente extérieurement des sillons transversaux.

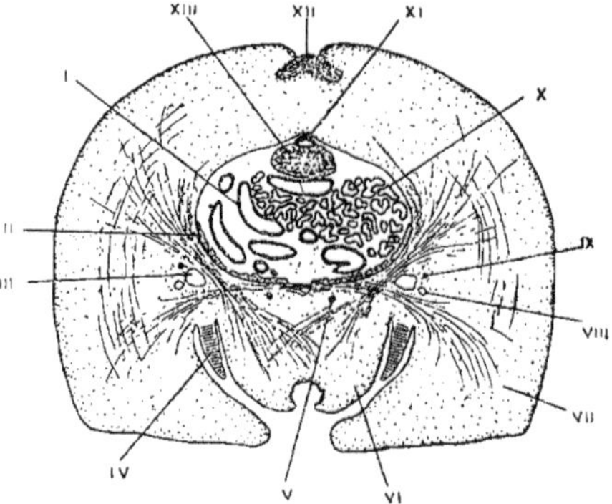

Fig. 19. — Coupe transversale de *Chitonellus*, passant par le 3ᵉ quart; grossi. — I, intestin; II, rein; III, vaisseau branchial afférent; IV, branchies; V, cordon pédieux; VI, pied; VII, bord du manteau; VIII, vaisseau branchial efférent; IX, cordon nerveux palléal; X, foie; XI, aorte; XII, valve coquillière; XIII, glande génitale.

Les conduits génitaux pairs naissent dorsalement, vers la partie postérieure; ils sont recourbés deux fois sur eux-mêmes et présentent, chez la femelle, un élargissement glandulaire sur leur parcours; ils s'ouvrent au dehors entre deux branchies de la région postérieure, en avant des orifices rénaux (fig. 4, x).

Les œufs pondus ont une coque chitineuse à prolongements épineux; après leur expulsion, ils sont souvent conservés par la femelle entre les branchies et le manteau (*Chiton Polii*).

Développement. — L'œuf fécondé se segmente complètement et assez régulièrement à l'origine; il se forme une gastrula par invagination des macromères (fig. 7). Le blastopore de cette gastrula ne se ferme pas : il se rapproche peu à peu de l'extrémité antérieure de l'embryon; cette dernière extrémité porte un cercle cilié (velum), avec une houppe ciliée au centre.

Le mésoderme naît de deux cellules endodermiques qui se trouvent au côté postérieur du blastopore : il forme deux traînées (droite et gauche) qui s'enfoncent entre l'entéron et l'ectoderme; dans chacune de ces traînées se creuse une cavité qui devient la moitié du cœlome (fig. 11, ii).

L'ectoderme qui entoure le blastopore s'enfonce peu à peu et constitue l'œsophage; un diverticule de ce dernier devient le sac radulaire. Une invagination ectodermique anale (proctodæum), mettant l'intestin en communication avec le dehors, ne se produit que fort tard. En avant de la face ventrale, une autre invagination ectodermique forme une grande glande pédieuse qui s'atrophie ultérieurement.

Quatre épaississements internes de l'ectoderme, longitudinaux, parallèles et d'abord en contact deux à deux (fig. 11, iii), constituent les quatre grands cordons nerveux; sur la partie tout antérieure de chaque cordon latéral se trouve un œil à cavité close, qui disparaît chez l'adulte. La cuticule dorsale s'épaissit dans des enfoncements transversaux, en arrière du voile et, par sa calcification, constitue d'abord les sept plaques antérieures de la coquille, puis, plus tard, la huitième (les huit simultanément chez *C. olivaceus*).

ÉTHOLOGIE. — Les Polyplacophores sont des animaux marins, rampeurs, assez apathiques, presque tous phytophages. Ils habitent généralement la zone littorale et vivent dans les rochers; mais il en existe aussi dans les régions plus profondes, jusque vers 4000 mètres. Les Chitons se conservent assez facilement en captivité.

On les trouve dans toutes les mers; on en connaît plus de trois cents espèces. Leurs restes se rencontrent dans presque tous les terrains, depuis le Silurien inférieur.

CLASSIFICATION. — Les Polyplacophores sont des Amphineures un peu allongés et aplatis, à manteau et à pied rampeur bien développés et aussi longs que le corps; leur manteau porte une coquille formée de huit plaques calcaires plus ou moins complètement articulées entre elles, et dont la couche superficielle est perforée de nombreux canaux perpendiculaires renfermant des organes sensoriels; le tube digestif présente un intestin fort enroulé et un foie formant une masse spécialisée; des branchies multiples sont disposées symétriquement entre le pied et le manteau, en deux rangées plus ou moins étendues à partir de l'anus. Les organes génitaux ont des orifices extérieurs propres.

Les Polyplacophores ne comprennent qu'une seule famille :

Chitonidæ GUILDING. — Leurs caractères sont ceux de l'ordre lui-même. — *Chiton* LINNÉ, plaques de la coquille largement visibles. Diverses coupures ont été faites dans ce genre, parmi lesquelles on peut noter *Ischnochiton*, *Callochiton* et *Acanthochiton*. — *Ischnochiton* GRAY, bords du manteau uniformément recouverts de spicules écailleux : *I. marginatus* PENNANT, Océan Atlantique. — *Callochiton* GRAY, branchies seulement sur la moitié postérieure du corps : *C. lævis* PENNANT, Océan Atlantique et Méditerranée. — *Acanthochiton* LEACH, bords du manteau présentant des spicules épineux, réunis en faisceaux correspondant aux plaques de la coquille : *A. fascicularis* (LINNÉ), Océan et Méditerranée. — *Cryptochiton* MIDDENDORF, plaques de la coquille toutes cachées sous le manteau; holobranche : *C. Stelleri* MIDD., Pacifique Nord. — *Chitonellus* LAMARCK, plaques de la coquille peu visibles et n'étant pas toujours toutes articulées entre elles; pied étroit; mérobranche : *C. fasciatus* QUOY et GAIMARD, Océan Pacifique.

APLACOPHORES — APLACOPHORA

OU SOLÉNOGASTRES

Ces animaux, d'aspect vermiforme, ont toute l'enveloppe du corps formée par le manteau; celui-ci est dépourvu de coquille, mais porte de très nombreux spicules. — Type : *Neomenia* (fig. 20).

MORPHOLOGIE. — Le manteau, qui recouvre le corps entier, porte une cuticule assez épaisse, dans laquelle sont implantés des spicules produits par l'épithélium tégumentaire.

Le système nerveux est formé des mêmes troncs longitudinaux (deux pédieux, deux palléaux), avec les mêmes rapports que chez les Polyplacophores; mais la commissure supra-œsophagienne porte en son milieu une masse ganglionnaire cérébrale bien différenciée.

Le canal digestif est tout à fait droit, ces animaux étant carnivores. Le sang est rouge. Les tubes néphridiens, homologues aux reins des Chitons, débouchent dans un cloaque postérieur, rudiment de cavité branchiale, et servent de conduits génitaux. Les glandes sexuelles s'ouvrent dans la partie antérieure du péricarde.

ÉTHOLOGIE. — Les Aplacophores sont des animaux marins, carnivores, généralement assez lents, habitant les fonds vaseux; leur taille va de quelques millimètres à près de 14 centimètres. On ne les rencontre pas dans la zone littorale, mais le plus souvent entre 50 et 100 mètres de profondeur, parfois plus bas, et même dans la zone abyssale. On en connaît environ 25 espèces, des mers boréales, de l'Océan Atlantique, de la Méditerranée et de l'Océan Pacifique.

CLASSIFICATION. — Il existe deux groupes ou sous-ordres des Aplacophores : les Néoméniens et les Chétodermiens. Ils sont assez différents pour devoir être étudiés séparément.

Néoméniens, Neomenioida. — Animaux plus ou moins allongés, à revêtement de spicules et à sillon longitudinal ventral. — Type : *Neomenia*.

MORPHOLOGIE. — *Conformation extérieure et téguments*. — Le manteau s'étend sur les côtés, jusqu'au point de recouvrir la plus grande partie de la face ventrale, où il ne laisse libre qu'un étroit sillon longitudinal médian (fig. 20). Sa cuticule, souvent fort épaisse, renferme des spicules allongés et calcifiés, portés sur des papilles épithéliales; souvent aussi, quand elle est très épaisse, elle présente des papilles sensorielles.

Dans le sillon ventral se trouve une saillie ciliée, rudiment du pied. A la partie antérieure, celui-ci présente une fossette ciliée, dans laquelle débouche la sécrétion d'une grosse glande muqueuse, occupant la région antéroventrale du corps et correspondant à la glande pédieuse embryonnaire des *Chiton*; tout le long de la saillie pédieuse, il y a encore de petites glandes muqueuses.

Système nerveux. — Une grosse masse cérébrale supra-œsophagienne se trouve dorsalement, en avant de la masse buccale; elle est formée de deux ganglions accolés et est souvent pourvue de renflements accessoires. De chaque côté, il en sort deux cordons nerveux ganglionnaires, soit immédiatement séparés, soit unis sur une petite étendue, et présentant alors à leur point de séparation un ganglion pleural (*Neomenia*) : le plus dorsal est le cordon palléal, le ventral est le cordon pédieux, homologues tous deux aux cordons de même nom des Polyplacophores.

Les cordons pédieux possèdent à leur origine un renflement ganglionnaire ; une forte commissure réunit les renflements des deux troncs. Postérieurement, les deux cordons présentent des renflements assez réguliers et des anastomoses transversales; tous les nerfs sortent du côté axial et vont au pied.

Les cordons palléaux sont réunis en arrière, au-dessus du rectum, par une commissure (deux chez *Proneomenia Sluiteri*) sur laquelle est habituellement un ganglion allongé; en outre, chaque cordon est joint au tronc pédieux correspondant par des anastomoses. Parfois, les cordons pédieux et palléal d'un même côté ne s'étendent pas séparément jusqu'à l'extrémité postérieure, mais sont réunis, tout en arrière, en un tronc commun (*Paramenia*).

De la masse cérébrale naît une petite commissure infra-œsophagienne antérieure ou stomato-gastrique, avec deux ganglions vers son milieu.

On ne connaît pas d'organes sensoriels spéciaux, sauf des papilles épithéliales qui s'enfoncent au travers de la cuticule fort épaisse de différents genres et une papille dorsale invaginable, non recouverte par la cuticule et située tout en arrière, au-dessus du rectum, sur la ligne médiane.

Système digestif. — La bouche est située en avant, au côté ventral; elle est souvent entourée de papilles probablement sensorielles, et mène dans un pharynx musculeux; celui-ci est parfois protractile, et revêtu d'une cuticule épaisse : il y débouche les glandes salivaires et le cæcum de la radule. Cette dernière manque seulement dans *Neomenia* et certains *Proneomenia* et *Dondersia*; ailleurs, elle est formée de plusieurs rangées transversales, constituées chacune par série continue de dents, ou par deux pièces séparées. Les glandes salivaires sont ventrales, symétriques, s'ouvrent sur un tubercule subradulaire et fusionnent parfois leurs conduits : cette paire correspond aux glandes subradulaires de *Chiton* et aux glandes salivaires dites postérieures des Céphalopodes; il en existe une seconde paire, parfois très longue, dorsale ou dorso-latérale, qui débouche par un conduit unique, au milieu du pharynx. Elles font toutes défaut chez *Neomenia*.

L'œsophage, ordinairement court, conduit dans un estomac cylindrique, rectiligne. Souvent prolongé en avant par un cul-de-sac dorsal, cet estomac présente, de chaque côté, de courts cæcums habituellement symétriques donnant l'aspect d'une segmentation régulière, à cellules épithéliales sécrétoires (hépatiques); la paroi dorsale du tube stomacal est ciliée. L'intestin est droit, court, à parois minces, entièrement ciliées. L'anus débouche dans le cloaque branchial (fig. 21, *f*), avec les reins et la glande muqueuse anale.

FIG. 20. — *Neomenia carinata*, vu ventralement, de grandeur naturelle ; d'après HANSEN. — I, branchies ; II, partie antérieure du sillon pédieux ; III, ouverture buccale.

Système circulatoire. — Il n'y a pas de vaisseaux différenciés, à parois propres. Le sang est rouge, par suite de la présence d'hémoglobine dans les corpuscules, circulaires ou ovalaires ; il remplit toute la cavité générale, à l'exclusion du péricarde. On distingue cependant deux espaces sanguins bien délimités : un sinus ventral, entre le pied et le tube digestif et un sinus tubuliforme dorsal (aorte), dont la partie postérieure constitue un cœur contractile ; ce dernier est renfermé dans le péricarde et est attaché à sa paroi dorsale, sauf chez *Neomenia* où il est partiellement libre.

Dans certaines formes (*Neomenia*, fig. 20 ; *Paramenia*), il existe, sur le pourtour intérieur du cloaque ou cavité branchiale, une rangée circulaire de branchies ; celles-ci sont des lames ou replis épithéliaux, à cavité communiquant librement avec celle du corps et avec les sinus susmentionnés.

Dans les formes sans branchies, le sang veineux du sinus ventral vient s'hématoser sous l'épithélium de la paroi intérieure de la chambre cloacale et de la surface ciliée du pied. Chez les formes branchiées, le sang arrive aux branchies, d'où il se rend au cœur, par deux *troncs auriculaires* chez *Neomenia*.

Dans la cavité branchiale s'ouvre une grosse glande muqueuse anale, entre le pied et l'anus.

Système excréteur. — La cavité péricardique est située en arrière du corps, au-dessus du rectum ; sa paroi intérieure est partiellement ciliée, au dos et sur les côtés. Elle communique avec le dehors par une paire de tubes rénaux (fig. 21, *c*), débouchant extérieurement par une large ouverture commune,

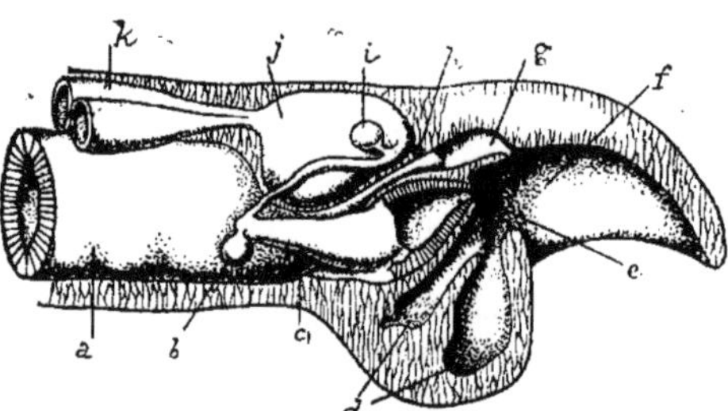

dans le cloaque branchial, sous l'anus (fig. 21, *d*) ; comme chez *Chiton*, ces tubes se dirigent d'abord en avant, puis sont repliés sur eux-mêmes.

Ces reins sont fort modifiés dans leur structure et leur conformation, par suite de leur rôle de conduit vecteur des produits génitaux ; leur paroi intérieure,

FIG. 21. — Section sagittale médiane de la partie postérieure de *Ismenia*, grossie ; d'après PRUVOT. — *a*, intestin ; *b*, diverticule du rein ; *c*, néphridium ; *d*, poches dans la plus dorsale desquelles débouche la glande anale ; *e*, orifice commun des néphridies ; *f*, cloaque ; *g*, rectum ; *h*, commissure des troncs palléaux ; *i*, vésicule séminale ; *j*, péricarde ; *k*, glande génitale.

surtout dans la partie la plus distale (poche commune terminale), est fort glandulaire et constitue un organe sécrétant la coque des œufs ; en outre, sauf chez *Lepidomenia*, où ils sont fort simples, ces reins présentent sur leur parcours, dans la moitié proximale, une ou deux paires d'appendices cæcaux : la paire la plus voisine du péricarde constitue des réservoirs spermatiques (fig. 21, *i*).

Système reproducteur. — Les deux sexes sont réunis sur chaque individu. Les glandes génitales sont paires, tubuleuses et accolées; elles s'étendent dorsalement, sous le sinus aortique (fig. 21, *h*), tout le long du corps, jusqu'au péricarde; elles débouchent dans ce dernier. Leur paroi intérieure donne côte à côte des œufs et des spermatozoïdes : les premiers, par la face médiane, les seconds par la face opposée.

Les produits sexuels tombent dans le péricarde, dont le revêtement cilié les pousse dehors, par les reins ou néphridies, en séparant les œufs des spermatozoïdes. Sur le trajet des néphridies, des spécialisations de la paroi constituent, comme il vient d'être dit, des réceptacles séminaux et une glande sécrétant la coque des œufs. Quelques espèces présentent une paire d'organes excitateurs, à spicules calcaires exsertiles, situés de chaque côté de l'orifice génito-urinaire, dans le cloaque branchial.

Développement. — L'évolution embryonnaire est encore peu connue. On sait que les œufs, rejetés isolément, se segmentent régulièrement; ils forment alors une gastrula par invagination, avec blastopore primitivement postérieur.

La région antérieure, limitée par une couronne ciliée (velum), porte en son centre une houppe de cils, dont l'un prédomine et constitue un flagellum. La partie postvélaire de l'embryon s'allonge et les cellules ectodermiques commencent à produire des spicules. Puis le voile disparaît, et la face dorsale se couvre de sept plaques calcaires imbriquées, formées de spicules juxtaposés (fig. 22).

Fig. 22. — Embryon âgé de *Dondersia*, vu du côté gauche, grossi, d'après Pruvot.

Éthologie. — Les Néoméniens sont des animaux marins mais non littoraux. Ils habitent des fonds vaseux, rampant sur des colonies d'Hydraires ou d'Anthozoaires dont ils se nourrissent, par une profondeur moyenne de 30 à 100 mètres, quelquefois par 200 et même 500 mètres. On les a rencontrés, jusqu'ici, dans les mers boréales, l'Atlantique septentrional, la mer des Antilles et la Méditerranée.

Classification. — Les Néoméniens sont des Aplacophores hermaphrodites, à sillon pédieux ventral, à tube intestinal sans foie différencié, à reins avec ouverture extérieure commune.

Les Néoméniens ne comprennent qu'une seule famille :

Neomeniidæ von Jhering. — Les caractères de cette famille sont ceux du sous-ordre. On connaît un peu plus de vingt espèces, réparties dans six genres. — *Neomenia* Tullberg, des branchies, pas de radula : *N. carinata* Tullberg (fig. 20), Océan Atlantique Nord. — *Paramenia* Pruvot, des branchies et une radula : *P. impexa* Pruvot, Méditerranée. — *Proneomenia* Hubrecht, pas de branchies, cuticule épaisse renfermant des papilles épithéliales : *P. aglao-*

phenix MARION et KOVALEVSKY, Méditerranée. — *Ismenia* PRUVOT, cuticule mince, une éminence ventrale précloacale : *I. ichthyodes* PRUVOT, Méditerranée. — *Lepidomenia* KOVALEVSKY et MARION, cuticule mince, radula volumineuse : *L. hystrix* KOVALEVSKY et MARION, Méditerranée. — *Dondersia* HUBRECHT, cuticule mince, radule rudimentaire ou nulle : *D. festiva* HUBRECHT, Méditerranée.

Chétodermiens, Chætodermoïda. — Animaux cylindriques, vermiformes, à revêtement de spicules, présentant dans une cavité terminale postérieure deux branchies feuilletées. — Type : *Chætoderma* (fig. 25).

MORPHOLOGIE. — *Conformation extérieure et téguments.* — Le manteau recouvre le corps entier, lui donnant ainsi un aspect cylindrique régulier et vermiforme; la moitié postérieure étant seulement un peu plus forte; l'extrémité postérieure est renflée en forme de cloche et constitue la chambre branchiale largement ouverte. Le corps a un revêtement uniforme de courts spicules calcaires, logés dans la cuticule.

Système nerveux. — Deux ganglions cérébraux juxtaposés, à renflements accessoires, donnent de chaque côté deux cordons nerveux longitudinaux assez voisins; le ventral (pédieux) est plus faible que l'autre (palléal). Dans la partie postérieure, le tronc pédieux s'unit au palléal, comme chez les *Paramenia*, et les cordons palléaux sont réunis au-dessus du rectum par un ganglion; de celui-ci part une petite commissure périrectale. Les deux cordons pédieux sont anastomosés entre eux et avec les troncs palléaux, au moins dans la partie antérieure. Une petite commissure stomato-gastrique naît des ganglions cérébraux et entoure l'œsophage; elle porte de petits ganglions en son milieu.

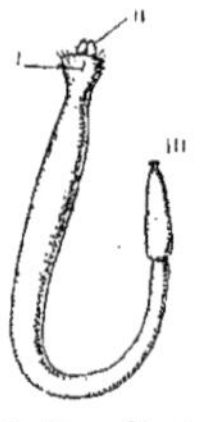

Il n'y a pas d'organe sensoriel différencié, à part un enfoncement dorsal médian postérieur correspondant à la fossette précloacale des Néoméniens.

Système digestif. — La bouche est antérieure, tout à fait terminale et entourée ventralement par un petit bouclier arrondi (fig. 25, III); la cavité buccale, dont une partie est légèrement évaginable, porte sur son plancher une seule grosse dent médiane qui représente la radula; elle reçoit les deux mêmes paires de glandes salivaires que chez les Néoméniens.

Le canal alimentaire est rectiligne; vers son milieu, il se rétrécit pour former l'intestin; c'est exactement en avant de ce rétrécissement que débouche un foie différencié en forme d'un grand sac ou cæcum simple, situé ventralement et en arrière.

FIG. 23. — *Chætoderma nitidulum*, vu dorsalement, de grandeur naturelle, d'après WIREN. — I, fossette précloacale; II, branchies; III, extrémité céphalique, avec son petit bouclier buccal.

L'intestin se termine sur la ligne médiane, dans le cloaque branchial.

Système circulatoire. — Le cœur est situé tout en arrière, dorsalement; il est presque entièrement libre dans le péricarde; il est traversé par des muscles rétracteurs des branchies. Au surplus, l'appareil circulatoire est fort semblable à celui des Néoméniens.

L'extrémité postérieure du corps est creusée en forme de cloche, à ouverture contractile; elle renferme deux grandes branchies symétriques (fig. 23, II), portant chacune une double rangée de feuillets, comme celles des Polyplacophores.

Système excréteur. — De la partie postérieure du péricarde, naissent deux tubes rénaux. Ils sont plus manifestement des organes excréteurs que ceux des Néoméniens : leurs parois sont minces, ciliées, sans différenciation en organes génitaux accessoires. Ces tubes s'ouvrent séparément au dehors, dans le cloaque branchial, de chaque côté de l'anus.

Système reproducteur. — Les sexes sont séparés ; la glande génitale impaire occupe la même situation que les glandes paires des Néoméniens et débouche par un orifice médian, dans le péricarde. Les produits sexuels sont expulsés par les reins.

Le développement n'est pas connu.

Éthologie. — Les Chétodermiens sont des animaux marins, se nourrissant de Protozaires; ils vivent dans les fonds vaseux, depuis 30 mètres de profondeur jusque dans les régions abyssales. On n'en connaît que trois espèces, de l'Atlantique Nord, de l'Océan Arctique et du Pacifique.

Classification. — Les Chétodermiens sont des Aplacophores dioïques, cylindriques, sans sillon ventral, à radula formée d'une seule grosse dent, à glande hépatique différenciée en forme de sac unique; leur cœur est perforé par des rétracteurs branchiaux; leurs deux reins s'ouvrent séparément dans le cloaque branchial, où se trouvent deux cténidies bipectinées.

Il n'y a qu'une seule famille de Chétodermiens :

Chætodermatidæ von Jhering. — Un seul genre. *Chætoderma* Lovén, dont les caractères sont identiques à ceux du sous-ordre : *C. nitidulum* Lovén, Atlantique Nord; *C. productum* Wiren, mer de Kara; *C. militare* Selenka, Pacifique.

GASTROPODES — GASTROPODA

Mollusques à organisation asymétrique; sauf quelques cas exceptionnels, les trois régions du corps sont nettement caractérisées : tête antérieure, pied ventral généralement reptateur, et masse viscérale dorsale, nue ou recouverte d'une coquille formée d'une seule pièce. — Type : Escargot ou *Helix* (fig. 86).

Morphologie. — *Conformation extérieure et téguments.* — La *tête* est bien développée et forme une masse plus ou moins cylindrique, parfois aplatie. Elle porte la bouche à l'extrémité antérieure et est pourvue dorsalement d'une paire ou de deux paires de *tentacules* : une paire chez les Strepto-neures, les Thécosomes (fig. 75), *Phyllirhoe* (fig. 81), les Élysiens (fig. 85), les Pulmonés basommatophores (fig. 51) et *Athoracophorus*; deux paires dans la plupart des Opisthobranches et les Pulmonés stylommatophores (fig. 71).

Ces tentacules constituent ou portent des organes sensoriels; ils sont contractiles, et, chez les Stylommatophores, peuvent s'invaginer. Leur forme varie beaucoup d'un groupe à l'autre. Ils s'atrophient parfois et peuvent même disparaître sans laisser de trace (*Olivella, Homalogyra*, certains *Terebra*; *Plerotrachea*, fig. 70). Chez la plupart des Bulléens, les deux paires se sont élargies et transformées en un bouclier céphalique quadrangulaire (fig. 72), dont les quatre coins correspondent aux sommets des quatre tentacules; la paire unique, très réduite de certains Basommatophores (*Amphibolidæ, Otinidæ, Siphonariidæ*) donne également au-dessus de la tête l'aspect d'un disque aplati. La paire antérieure des *Pleurobranchidæ* (fig. 78), et de divers Nudibranches Tritoniens (*Tritoniidæ*, fig. 80; *Dentronotidæ, Tethyidæ*, etc.), est transformée en un voile frontal plus ou moins développé. Enfin, les tenta-cules sont aplatis (*Narica*), fendus (*Pyramidellidæ, Solarium*, beaucoup d'Opisthobranches : paire postérieure), fourchus (*Janthina*, fig. 64; certains Élysiens), plurifides (divers Nudibranches; paire postérieure : *Dendronotus, Ancula*).

Certaines formes possèdent, de part et d'autre de l'ouverture buccale, une autre paire d'appendices, les *palpes labiales*, plus ou moins longues : parmi les Streptoneures, chez *Trochus infundibulum, Ampullaria, Jeffreysia, Cho-ristes*; et, parmi les Euthyneures, chez divers Pulmonés (*Glandina, Limnæa*, où ils forment une sorte de voile buccal, fig. 51, vi) et Tectibranches.

Parmi les autres conformations céphaliques des adultes, il faut noter encore :
les *palmettes* de nombreux Rhipidoglosses (fig. 62, *b*) et de *Fossarus*, saillies
de forme variée situées entre les deux tentacules ; la crête médiane dorsale de
Olivella et de *Janus* ; le *pseudopallium*, expansion céphalique entourant toute
la coquille, sauf le sommet de la spire, dans *Stylifer* (fig. 65, 1).

Manteau et coquille. — *Cavité et ouverture palléales.* — Le manteau recouvre
normalement tout le sac viscéral, qu'il déborde tout autour, ne laissant saillir,
au côté ventral, que la tête et le pied. A la partie antérieure, latérale ou même
postérieure (*Cavoliniidæ*, fig. 75, *q* ; *Cymbuliidæ*), le manteau comprend, entre
le corps et lui, une cavité ou *chambre palléale* (voir, par exemple, fig. 42, où
le manteau a été fendu, et fig. 65, x).

Dans cette cavité palléale, s'ouvrent normalement l'anus et les orifices
rénaux et génitaux (fig. 42) ; cette chambre renferme également les branchies
cténidiales, avec leur organe sensoriel ou osphradium : elle constitue donc
la cavité respiratoire. Entre chaque branchie et le rectum, il y a en outre, sur
la face inférieure du manteau, une région glandulaire très différenciée, *glande
hypobranchiale* ou *glande muqueuse palléale* (fig. 42, ii ; fig. 72, *g* ; fig. 75, *o*),
spéciale aux formes aquatiques. Il en existe deux (de part et d'autre du
rectum) dans plusieurs Rhipidoglosses (*Haliotis*, *Turbo*, etc.) et une seulement, celle de gauche, dans la généralité des Gastropodes aquatiques à manteau bien développé. Cet organe glandulaire est devenu médian et presque
symétrique chez les *Cavoliniidæ* (fig. 75) et les *Cymbuliidæ*.

La chambre palléale est largement ouverte, dans les Streptoneures ; son
orifice ou *ouverture palléale* est plus étroit dans les Tectibranches (fig. 73, *g*)
et il est tout à fait rétréci chez les Pulmonés (fig. 45, *c* ; fig. 86, v ; fig. 87,
vii), par la soudure presque complète du bord du manteau à la nuque.

Bords du manteau. — Le bord du manteau fait un peu saillie hors de la
coquille, qui recouvre ce dernier. Il peut présenter de petits tentacules, des
taches pigmentées et des glandes. Ce bord n'est pas continu dans les formes
les plus archaïques : il y possède, dorsalement, sur la ligne médiane ou au
point voisin qui en a la valeur morphologique, une fente longitudinale plus
ou moins profonde (*Pleurotomariidæ*, *Emarginula*, *Scutum*) ; cette fente
correspond par sa position, à l'extrémité du rectum : elle permet une expulsion plus rapide des excréments et de l'eau respiratoire. Les bords de la fente
se soudant en un ou plusieurs points, il en résulte un ou plusieurs orifices
dans le manteau, au-dessus de la cavité palléale, et dans la coquille (*Fissurella*,
Puncturella, *Haliotis*). Une fente analogue existe aussi chez *Siliquaria* et
Pleurotoma. Dans *Vermetus* femelle, il y a une échancrure médiane du bord
du manteau, mais sans fente correspondante de la coquille : cette échancrure
permet la fixation des œufs sur la paroi interne de cette dernière, où ils
restent attachés jusqu'à l'éclosion.

Au coin gauche (antérieur) de l'ouverture palléale, le bord du manteau est
souvent pourvu d'un allongement en forme de tube ouvert ventralement
(fig. 29, vi ; fig. 42, xv) ; ce tube ou *siphon* sert à l'entrée de l'eau. Le siphon
n'existe que dans les Streptoneures spécialisés ; encore peu développé dans

les *Cerithiidæ*, il l'est un peu plus chez les *Strombidæ* (fig. 26, *f*) et tout à fait dans les *Cassididæ*, les *Doliidæ*, tous les Rhachiglosses et les Toxiglosses; il présente parfois un appendice intérieur (*Volutidæ*).

Au côté droit de l'ouverture palléale, le bord du manteau porte quelquefois un tentacule : *Valvata, Oliva, Strombus* (fig. 26, *i*), *Acera* (fig. 73, *c*), *Gastropteron*. Chez beaucoup de Tectibranches, il possède à cet endroit, et ventralement, un fort *lobe palléal inférieur* (fig. 72, *b*; fig. 73, *d*) qui constitue le *balancier* chez les Thécosomes. Ce lobe existe aussi chez les Pulmonés Basommatophores ou aquatiques (fig. 87, VIII), où il forme, dans certains cas, une branchie palléale (fig. 45, *b*).

Manteau recouvrant la coquille. — Les bords du manteau se rabattent fréquemment sur la coquille, de façon à en recouvrir une portion plus ou moins grande. Cela s'observe chez divers *Fissurellidæ* (*Fissurellidea, Emarginula Cuvieri*), *Marsenina*, beaucoup de *Cypræidæ* et de *Marginellidæ*, *Aplysia* et certains *Bullidæ*, divers Pulmonés (*Vitrina, Parmarion, Hemphilia, Omalonyx*, etc). La partie de la face intérieure du manteau devenue ainsi externe peut alors porter des appendices plus ou moins développés et ramifiés (*Cypræa*); et l'autre face du manteau, rabattue sur la coquille, recouvre parfois celle-ci d'une couche extérieure d'émail (*Cypræa*).

Les bords du manteau s'étendant de plus en plus sur la coquille, peuvent enfin se rejoindre, se souder et former un sac renfermant cette dernière : celle-ci et la masse viscérale qu'elle renferme voient alors leur spire s'atténuer ou presque disparaître, et l'animal paraît nu : *Pupillia* (*Fissurellidæ*), la plupart des *Lamellariidæ*, *Pustularia* (*Cypræidæ*), beaucoup de Tectibranches (*Notarchus, Doridium, Gastropteron, Philine, Pleurobranchus*) et divers Limaciens. Dans ce cas, il arrive que le sac coquillier reste en communication avec l'extérieur par un fin canal cilié postérieur (*Philine, Doridium*). Chez les Tectibranches, la coquille interne est souvent peu calcifiée; la chambre palléale se réduit en même temps.

Enfin la coquille disparaît avec son sac coquillier; le manteau est alors absolument nu, et sans tortillon; en même temps, il y a retour secondaire à la symétrie extérieure : *Titiscaniidæ* (fig. 63), *Pterotrachea* (fig. 70), *Pelta, Phyllaplysia*, « Ptéropodes » Gymnosomes (fig. 43 et 76) et *Cymbuliidæ* (fig. 74), *Pleurobranchæa* (fig. 78), Nudibranches (fig. 24, 80 à 82 et 85), *Philomycidæ, Oncidiidæ, Vaginulidæ* (fig. 88). La coquille n'existe, dans ce cas, que pendant le développement et tombe à la fin de la vie larvaire; le plus souvent, la chambre palléale se réduit en même temps (*Pterotrachea, Pleurobranchæa, Pelta*) ou disparaît avec le cténidium; et alors, sur la face extérieure de l'enveloppe viscérale, prennent naissance des appendices divers : papilles dorsales, « branchies » des Nudibranches (fig. 80, 82, 85), branchie terminale des Gymnosomes (fig. 43). Dans un certain cas où la coquille larvaire tombe, il s'en reforme cependant une autre, persistante, recouverte par le manteau : tel est le cas chez *Lamellaria*, dont la première coquille, épineuse, a été considérée comme appartenant à un autre animal qui a été appelé *Echinospira*.

Chez plusieurs Gastropodes nus à l'état adulte, il se développe dans le tissu conjonctif du manteau, des spicules calcaires assez volumineux : Pleuro-branchiens, Nudibranches (Doridiens); d'autres fois, il se forme une pseudo-conque conjonctive sous-épithéliale : *Cymbuliidæ* (fig. 74, ii).

Coquille. — Le sac viscéral, avec le manteau et la coquille qu'il porte, est toujours enroulé, au moins dans le développement (pour les formes à coquille conique, comme *Patella* et *Fissurella*, et pour divers Gastropodes nus). L'enroulement, à partir du point initial ou sommet, est dextre quand la coquille, regardée du côté de la spire, a la bouche en bas et à droite; elle est sénestre quand, dans les mêmes conditions, la bouche est à gauche; la dex-trorsité est beaucoup plus fréquente que la sinistrorsité.

Le sens de l'enroulement quand il n'est pas dénaturé par l'hyperstrophie est en rapport avec celui de l'asy-métrie : c'est-à-dire que l'en-

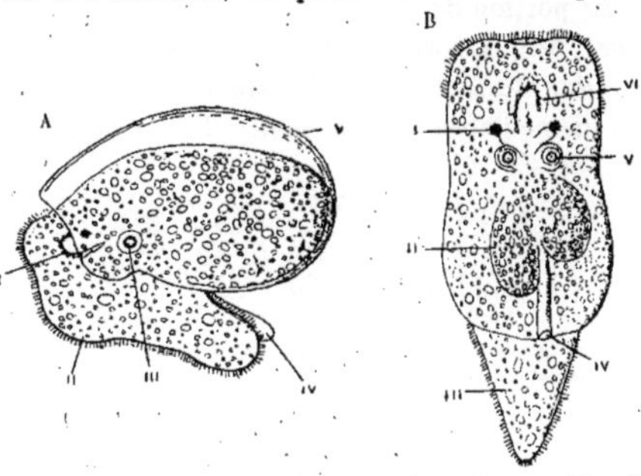

Fig. 24. — Larves de *Eolis exigua*, grossies environ 150 fois; d'a-près Schultze. — A, embryon du 2ᵉ jour après l'éclosion, vu du côté gauche. I, radula; II, pied; III, otocyste; IV, opercule; V, co-quille. — B, embryon du 3ᵉ jour, vu de dos. I, œil; II, foie; III, pied; IV, anus; V, otocyste; VI, radula.

roulement sénestre correspond complètement au *situs inversus viscerum* d'un Gastropode à enroulement dextre. On peut le voir dans les genres *Triforis*, *Læocochlis*, *Actæonia*, *Clausilia*, *Physa*, chez certaines espèces de *Bulimulus*, *Helicter*, *Vertigo*, *Ariophanta* (*Nanina*), *Ancylus*, *Diplommatina*, *Fulgur*, *Neptunea*, où encore dans certains individus tératologiques de *Buc-cinum undatum*, *Neptunea antiqua*, *Limnæa stagnalis* (où la monstruosité a parfois été fixée héréditairement), *Helix*, *Arion* et de divers autres Pulmonés encore.

Mais il existe des formes où l'enroulement est *hyperstrophe*, c'est-à-dire où, les tours qui forment la spire étant très peu saillants, cette dernière, en s'aplatissant davantage, est devenue finalement rentrante et s'est transformée en un faux ombilic; en même temps, ce qui correspond à l'ombilic (creux opposé à la spire) des formes enroulées normalement est devenu saillant et a constitué une fausse spire. L'enroulement *paraît* alors sénestre, quoique l'asymétrie de l'organisation soit restée dextre (*Lanistes*, Ptéropodes enroulés) ou réciproquement : *Planorbis* (surtout les individus scalariformes ou déroulés tératologiquement) et formes voisines, telles que *Choanomphalus* et *Pompholyx* (fig. 25).

On observe parfois que la spire, suivant laquelle se fait l'enroulement, change insensiblement de nature ou de sens apparent après les premiers tours larvaires : d'abord négative, elle devient positive, c'est-à-dire que l'enroule-ment d'abord hyperstrophe, devient ensuite orthostrophe (*Solarium*, *Mathilda*, *Pyramidellidæ*, *Melampus* et divers Bulléens). L'extrême portion du dernier tour peut aussi faire un certain angle avec la direction des tours précédents, par exemple dans divers Héliciens (*Anostoma*). Enfin il arrive également qu'au bout d'un certain nombre de tours, la masse viscérale paraisse se dérouler plus ou moins complètement et se continuer par une spirale beaucoup moins serrée, en ligne légèrement courbe, ou même presque en ligne droite (*Vermetus, Magilus, Cyclosurus, Cæcum*).

La portion de la coquille séparant les tours successifs du tortillon viscéral peut être résorbée dans certains cas (beaucoup d'*Auriculidæ*, quelques *Nerita*, etc.); il en résulte alors la concrescence des spires du sac viscéral ou même l'absence secondaire d'enrouement de celui-ci (plusieurs *Auricula*).

FIG. 25. — Passage d'une forme sénestre orthostrophe (*a*) à une forme hyperstrophe pseudo-dextre (*b*) ; la position du cœur est indiquée, pour montrer la constance de l'organisation sénestre. D'après TAYLOR.

Il peut arriver, au contraire, que l'animal se retire des premières portions de sa coquille enroulée et s'en sépare par une cloison ou septum transversal; cette opération peut même dans certains cas, être répétée plusieurs fois (*Vermetus, Turritella, Cæcum, Truncatella, Triton, Cuvierina*, etc.). Il se produit parfois alors une troncature et la perte de la partie ultra-septale (*Bulimus decollatus*), ou bien le remplissage des premiers tours par du calcaire (*Magilus*).

Dans le dernier tour de la coquille de *Clausilia*, existe une pièce accessoire (*clausilium*), naissant intérieurement de l'axe columellaire par un support élastique, obturant la coquille quand l'animal est rentré, mais que celui-ci peut repousser contre l'axe, lorsqu'il veut sortir.

Les Gastropodes sont attachés à leur coquille par le muscle columellaire, dont la contraction les fait rentrer dans cette dernière. Ce muscle est en forme de fer à cheval dans les coquilles coniques, asymétrique ailleurs, ovale dans *Haliotis*, à insertion presque linéaire sur la columelle, chez les formes enroulées.

Pied. — Normalement et primitivement, il constitue une puissante masse musculaire ventrale, à surface inférieure reptatrice. Mais cette forme est modifiée par différentes conditions d'existence :

Dans les Gastropodes sédentaires, le pied est atrophié; il est réduit à une simple saillie discoïdale chez les *Vermetus* et les *Magilus*, qui sont fixés, et à un petit appendice chez *Thyca* et *Stylifer* (fig. 65, III), qui sont parasites. Dans les Gastropodes nageurs, il est aplati latéralement, ce qui donne lieu à la formation d'un lobe natatoire vertical (supérieur dans la natation), chez les Hétéropodes (fig. 68 et 70); ou bien il disparaît en tant qu'organe différencié (*Phyllirhoe*, fig. 81). Dans les Gastropodes sauteurs, il y a aussi aplatissement latéral, la surface ventrale n'étant plus plane, si ce n'est tout à fait en avant (*Strombidæ*, fig. 26).

La surface de reptation est souvent divisée par un sillon longitudinal médian, par exemple chez *Trochus, Stomatella, Phasianella, Littorina* et surtout chez *Cyclostoma*, ou chaque moitié du pied agit alternativement dans la marche. Un sillon transversal dans la moitié antérieure existe chez les *Olividæ*, *Pomatiopsis*, beaucoup d'*Auriculidæ*, *Otina* et *Cyerce*.

Certaines parties du pied se différencient parfois d'une façon particulière :

Les deux angles antérieurs sont prolongés en tentacules, chez *Cyclostrema*, *Valvata*, *Choristes*, *Olivella*, *Eolis*, etc. Sous le mufle, au-dessus du bord antérieur du pied, une petite languette fait saillie chez *Capulus*; au même endroit, dans *Vermetus*, sont insérés deux tentacules symétriques, de part et d'autre de l'ouverture d'une glande supra-pédieuse.

Le bord antérieur du pied présente souvent une multitude de petites papilles tactiles (*Trochus*, etc.); il porte parfois, entre lui et la bouche, une saillie charnue, qu'on a appelée mentum (*Pyramidellidæ*, *Siliquaria*, *Aclis*, *Vermetus*, sous l'orifice de la grande supra-pédieuse).

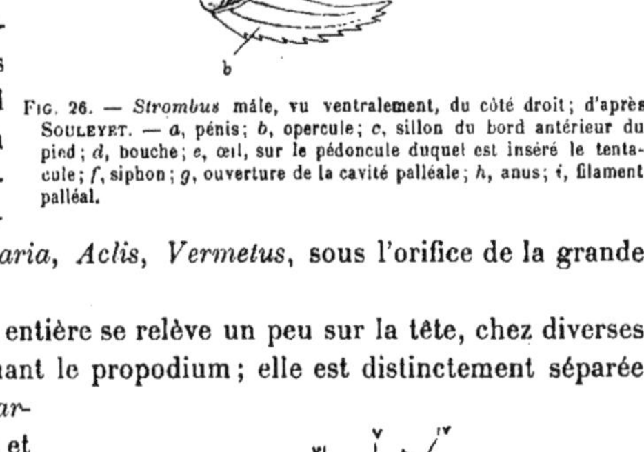

Fig. 26. — *Strombus* mâle, vu ventralement, du côté droit; d'après Souleyet. — *a*, pénis; *b*, opercule; *c*, sillon du bord antérieur du pied; *d*, bouche; *e*, œil, sur le pédoncule duquel est inséré le tentacule; *f*, siphon; *g*, ouverture de la cavité palléale; *h*, anus; *i*, filament palléal.

La région antérieure tout entière se relève un peu sur la tête, chez diverses formes fouisseuses, constituant le propodium; elle est distinctement séparée du reste du pied chez les *Harpidæ* (par un étranglement) et chez les *Olividæ* (par un sillon transversal). Ce propodium est surtout développé dans les *Naticidæ*, où il se rabat entièrement sur la région céphalique pour aider dans le fouissage (fig. 27).

Les bords latéraux du pied s'étendent en forme de nageoires (*parapodies*), chez cer-

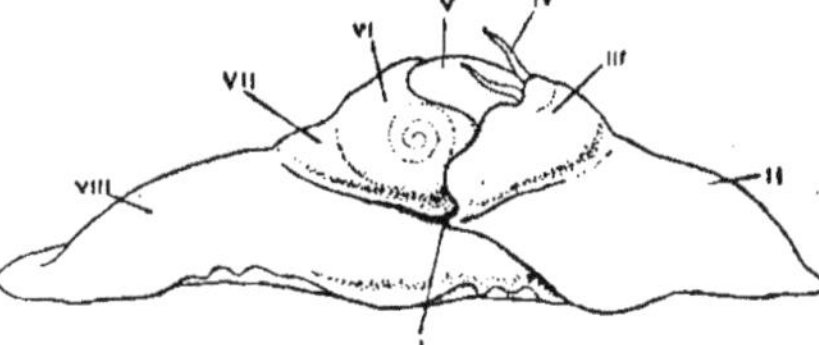

Fig. 27. — *Natica josephina*, en extension, vu du côté droit, d'après Schiemenz — I, orifice d'expiration; II, propodium; III, partie du propodium rabattue sur la coquille; IV, tentacule; V, coquille; VI, partie postérieure du pied, rabattue sur la coquille; VII, partie sous laquelle est l'opercule; VIII, portion postérieure du pied.

tains *Olividæ* et surtout chez de nombreux Opisthobranches : Bulléens (*Gastropteron*, *Acera*, etc.), Ptéropodes, *Aplysia*. Chez *Notarchus*, ces deux lobes se sont rejoints au-dessus du corps, autour duquel ils forment un sac fermé de toute part, sauf en avant (fig. 28); les contractions de ce sac en chassent l'eau et servent ainsi à la locomotion.

La région postérieure est souvent séparée en région distincte, operculigère, dans les *Strombidæ* (fig. 26), *Xenophorus*, *Atlantidæ* (fig. 68). Certains *Mar-*

ginellidæ portent un lobe postérieur dorsal discoïde. L'extrémité postérieure présente, chez la plupart des *Nassa* et formes voisines, deux tentacules, parfois

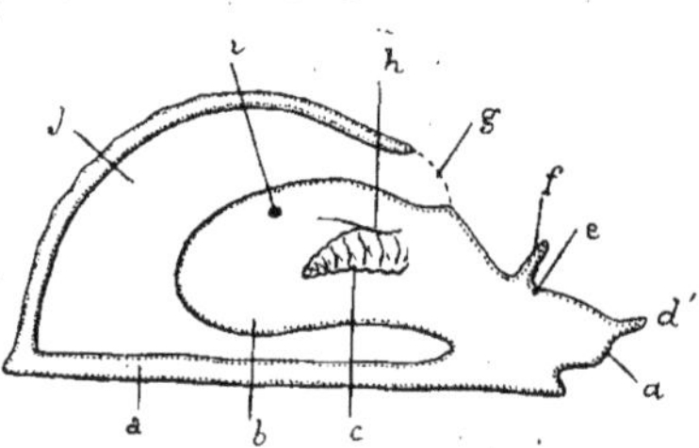

bifurqués, et chez *Phos*, un seul filament délié. Dans *Pterotrachea*, le pied se termine en arrière par un long appendice filiforme, contractile, portant plusieurs renflements annulaires (fig. 70, 1). Chez *Cymbulia*, le lobe postérieur du pied est terminé aussi par un long appendice en forme de fouet (fig. 74, v).

Fig. 28. — Diagramme de *Notarchus*, vu du côté droit. — *a*, face ventrale du pied; *b*, masse viscérale; *c*, branchie; *d*, ouverture buccale; *d'*, tentacule antérieur; *e*, œil; *f*, tentacule postérieur; *g*, ouverture du sac parapodial; *h*, rudiment du manteau; *i*, anus; *j*, cavité du sac parapodial.

Les côtés latéraux du pied montrent souvent, à mi-hauteur, une saillie (*epipodium*) régnant de la région céphalique à la partie postérieure du pied. Cette saillie existe surtout bien développée chez divers Rhipidoglosses (fig. 62, *e*), où elle peut porter des appendices plus ou moins longs, des organes sensoriels, des taches pigmentées qui, toutefois, n'ont rien de la structure des yeux : la partie antérieure y constitue le plus souvent un lobe cervical (fig. 62, *d*). L'épipodium se rencontre encore dans les *Rissoidæ*, *Litiopa*, *Janthina*, etc.; *Paludina*, *Ampullaria*, *Calyptræa* gardent une partie de l'épipodium sous forme de lobes cervicaux.

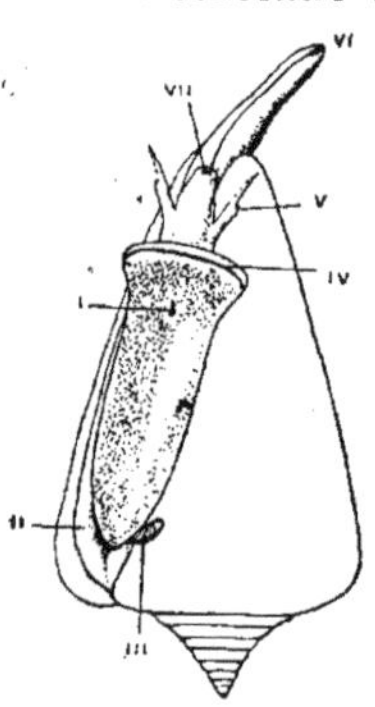

Fig. 29. — *Conus lineatus* dans sa coquille, vu ventralement; d'après Souleyet. — I, orifice de la glande pédieuse ventrale; II, manteau et ouverture de la cavité palléale; III, opercule; IV, glande pédieuse antérieure; V, œil et tentacule; VI, siphon; VII, bouche.

Glandes pédieuses. — La surface du pied présente normalement une grande quantité de glandes muqueuses unicellulaires; mais, très souvent, il y existe des invaginations tégumentaires appelées, *glandes pédieuses*, où ces cellules sont particulièrement accumulées. Les principales de ces invaginations sont les suivantes :

a) Le sillon du bord antérieur du pied (fig. 26, *c*; fig. 29, IV), dans lequel débouchent les glandes dites labiales, et qui se continue souvent par un assez long canal. Cette *glande pédieuse antérieure* est très généralement répandue dans les formes aquatiques rampantes de Streptoneures et d'Opisthobranches; elle sécrète le mucus qui lubrifie la surface du pied et aide à la reptation soit sur le fond, soit à la surface de l'eau (dans une position renversée).

b) La *glande supra-pédieuse*, qui s'ouvre sur la ligne médiane, entre le mufle et le bord antérieur du pied; elle existe surtout dans quelques Streptoneures fixés (*Vermetus*, *Hipponyx*) et dans des formes terrestres (*Cyclostoma*; Pulmonés, fig. 71, *k*). Elle est souvent très profonde; elle s'étend sur presque toute la longueur du pied, ses parois sont plissées et ciliées ventralement chez la plupart des Pulmonés.

c) Le pore pédieux ventral, situé sur la ligne médiane dans la moitié antérieure du pied, est l'ouverture d'une cavité plus ou moins grande, souvent ramifiée, dans laquelle débouche le produit de sécrétion des glandes de la sole ou glandes pédieuses proprement dites (fig. 30). Cet organe est comparable à la cavité byssogène des Lamellibranches; il existe chez *Cyclostoma*, où il est composé de tubes multiples, chez *Cypræa*, *Triton*, *Cassis* et un grand nombre de Rhachiglosses et Toxiglosses : *Fasciolariidæ*, *Turbinellidæ*, *Nassa*, *Murex*, *Olividæ*, *Marginellidæ*, *Conidæ* (fig. 29, 1), où il était pris autrefois pour un pore aquifère.

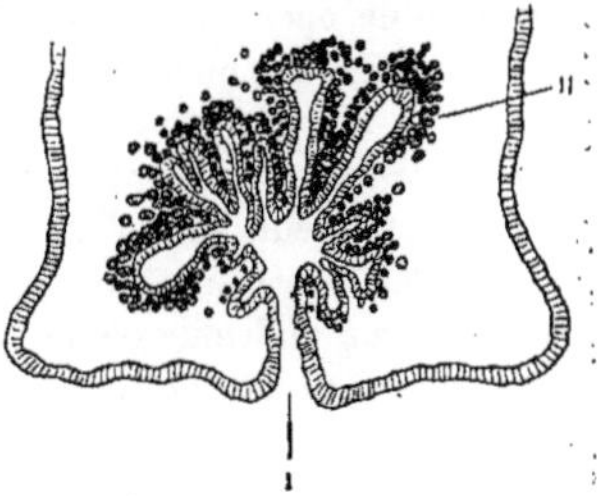

Fig. 30. — Coupe transversale du pied de *Conus*, grossi; d'après Houssay. — I, pore pédieux ventral, menant dans la cavité plissée où débouchent les glandes II.

d) Les *glandes postérieures* :

α. *Dorsale*, répandue surtout dans les Gastropodes terrestres : Pulmonés et certains *Cyclostomatidæ*. Elle y est souvent surmontée d'une protubérance corniforme, simple ou multiple (*Orpiella*, *Plectrophorus*, *Dermatocera*);

β. *Ventrales*, localisation de glandes dermiques, chez divers Opisthobranches : sans invagination sensible (*Pleurobranchidæ*, *Pleurophylliidæ*); avec invagination en forme de long canal (*Gastropteron*).

Le produit de sécrétion des glandes pédieuses se solidifie quelquefois au contact de l'air ou de l'eau, et sert à l'animal pour se soutenir. Chez certains *Limax*, *Litiopa*, *Cerithidea*, etc., il prend forme de filaments; et chez les *Janthina* des deux sexes, vivipares ou non, il forme un flotteur dans lequel sont emprisonnées des bulles d'air, recouvrant la face inférieure du pied, et sous lequel flotte l'animal (fig. 64, III).

Le bord ventral de la nageoire des Hétéropodes, réduit à une vraie crête, porte, au moins chez le mâle, une invagination constituant une ventouse (fig. 68, III ; fig. 70, VI); une ventouse existe également sur l'arête ventrale (pédieuse) du corps de certains *Phyllirhoe*. Mais dans aucun Gastropode, le pied ne présente de pore aquifère, dans le sens attaché autrefois à ce mot. Certaines formes pourtant, au moins les *Naticidæ*, possèdent dans le pied un système d'espaces aquifères, entièrement séparés de l'appareil circulatoire et permettant d'enfler le pied (fig. 27) pour aider à fouir.

Opercule. — La partie postérieure dorsale du pied porte très souvent une pièce solide, l'*opercule* destiné à fermer l'ouverture de la coquille, quand l'animal se retire dans celle-ci. L'opercule est porté parfois sur une expansion distincte qui, chez *Natica* recouvre une partie de la coquille (fig. 27, VI, VII). Il existe dans presque tous les Streptoneures testacés adultes et, dans le développement embryonnaire, chez tous ceux qui en manquent à l'état adulte : par exemple chez *Patella*, *Fissurella*, *Calyptræa*, *Janthina*, *Carinaria*, etc., mais non dans la larve de *Stylifer*. Les Streptoneures nus ont aussi, dans le développement, une coquille operculée. (*Entoconcha*, *Pterotrachea*, *Firoloida*).

Mais, parmi les Euthyneures, il n'y a que *Actæon* et *Limacina* (Opistho-branches) et *Amphibola* (Pulmoné) qui en soient pourvus. Cependant, tous les autres, même les nus (*Pleurobranchæa*, Nudibranches, *Cymbuliidæ*), ont aussi une coquille operculée pendant la vie larvaire (fig. 24 A, ɪv, v; fig. 53, *d*). Ne font exception que quelques formes très spécialisées à coquille peu développée, interne ou nulle : Pulmonés (sauf *Auriculidæ*, *Siphonaria*, *Gadinia*, operculés pendant le développement), « Ptéropodes » : *Cavoliniidæ*, Gymnosomes.

L'opercule peut, chez l'adulte, être présent ou absent dans le même genre (*Stomatella*, *Vermetus*, *Voluta*, *Mitra*, *Pleurotoma*, *Conus*). Il peut manquer dans certains individus d'une même espèce (*Volutharpa ampullacea*) ou être normalement caduc chez les individus très adultes (*Limacina helicina*).

La constitution de l'opercule varie beaucoup suivant les groupes : il est plus habituellement corné, quelquefois corné et revêtu d'une mince couche calcaire (*Liotia* parmi les *Delphinulidæ*, *Cistula* parmi les *Cyclostomatidæ*); enfin, il peut être entièrement calcaire (*Turbinidæ*, *Neritidæ*, etc.). Au point de vue de la conformation, il est originairement spiralé (fig. 59, ɪx); dans ce cas, sa spire est toujours inverse de celle de la coquille (y compris *Atlanta* : fig. 30 *bis*), sauf dans les formes hyperstrophes (Thécosomes enroulés, fig. 53, *d*); ou bien il est concentrique, imbriqué et écailleux (fig. 26, *b*), à apophyses latérales (*Neritina*), etc.

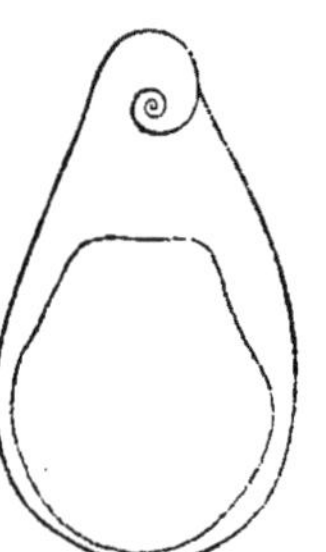

Fɪɢ. 30 *bis*. — Opercule d'*Atlanta Peroni*, vu par sa face libre, grossi 30 fois; la ligne intérieure représente le contour de la surface d'insertion.

Certains Gastropodes testacés, non operculés, tel que beaucoup de Pulmonés Stylommatophores et quelques *Planorbis*, sécrètent pendant l'hibernation ou l'estivation une fermeture fixe, l'*épiphragme*, glutineux ou calcaire.

Système nerveux et organes des sens. — Le *système nerveux* présente, dans les Gastropodes, les mêmes centres que chez les autres Mollusques : on y distingue donc des centres cérébraux, pédieux, pleuraux, viscéraux et stomato-gastriques (fig. 31). Mais la disposition des centres y est toujours caractérisée par l'asymétrie spéciale aux centres viscéraux ou aux nerfs qui en sortent, asymétrie résultant de celle des organes viscéraux.

On n'en connaît aucune trace chez *Entoconcha* et *Entocolax* adultes, qui sont des parasites internes. La disposition la plus primitive est caractérisée par l'absence de concentration des ganglions : les centres cérébraux sont situés vers les côtés de l'œsophage et séparés par une longue commissure (fig. 31, xvɪɪ); les centres pédieux constituent de longs cordons ganglion-naires (Aspidobranches, fig. 31, x; *Paludina* et quelques autres Pectini-branches : *Cyclophorus*, *Cypræa*); les ganglions pleuraux sont encore en contact intime avec la partie antérieure des centres ganglionnaires pédieux (Aspidobranches, fig. 31, xɪɪ; *Ampullaria*, *Cyclophorus*), de sorte qu'il y a alors deux longs connectifs cérébro-pleural et cérébro-pédieux (ɪv et ɪɪɪ) et que le connectif pleuro-pédieux est fort court.

Par spécialisation, les centres cérébraux se rapprochent l'un de l'autre; les ganglions pleuraux deviennent plus voisins des cérébraux, de sorte que les connectifs pleuro-pédieux s'allongent et que les connectifs cérébro-pleuraux se raccourcissent, au point même que les centres pleuraux arrivent en contact avec les cérébraux ou se fusionnent avec eux : c'est le cas pour la plupart des Pectinibranches, y compris les Hétéropodes (fig. 68, ix), pour divers Bulléens (*Actæon*), les Ptéropodes Thécosomes, etc. Les ganglions pédieux se sont concentrés antérieurement en masses plus ou moins globuleuses (fig. 60, i).

La commissure viscérale est à l'origine assez étendue, avec des centres assez éloignés, comme c'est le cas chez tous les Streptoneures et les Euthyneures les moins spécialisés; ces centres sont normalement au nombre de trois : un médian, *abdominal* ou viscéral proprement dit (fig. 31, xi) et deux latéraux, droit et gauche correspondants; le ganglion latéral, morphologiquement gauche peut toutefois n'être pas différencié, ou n'être que très peu développé, dans les Rhipidoglosses à une seule branchie et dans divers Bulléens.

Cette commissure viscérale est normalement tordue et croisée en forme de 8, c'est-à-dire que sa moitié droite, avec le ganglion abdominal, est située au-dessus du tube digestif et tend vers la gauche, tandis que la moitié gauche reste au-dessous du tube digestif, mais tend

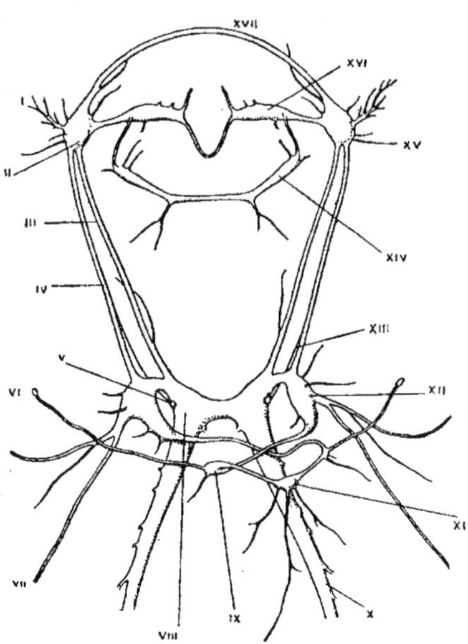

Fig. 31. — Système nerveux de *Patella*, vu dorsalement, grossi. — I, nerf tentaculaire; II, ganglion cérébral; III, connectif cérébro-pédieux; IV, connectif cérébro-pleural; V, otocyste; VI, osphradium; VII, nerf palléal; VIII, tête du ganglion (cordon) pédieux; IX, ganglion supra-intestinal; X, cordon pédieux (la partie postérieure n'en est pas représentée); XI, ganglion abdominal; XII, ganglion pleural; XIII, nerf otocystique; XIV, ganglion stomato-gastrique; XV, nerf optique; XVI, commissure labiale; XVII, commissure cérébrale.

vers la droite (fig. 31; fig. 60, ix et xvi) : de là les noms de *supra-intestinal* et de *infra-intestinal*, donnés respectivement aux ganglions latéraux droit et gauche de la commissure viscérale. Cette disposition est commune à tous les Streptoneures, y compris les Hétéropodes et même les Néritacés (*Neritidæ, Titiscaniidæ, Helicinidæ*, etc., qui furent longtemps supposés « orthoneures », c'est-à-dire à commissure non tordue). Elle existe encore nettement dans les plus archaïques des Euthyneures : divers Bulléens (*Actæon, Scaphander, Bulla*) et *Chilina*; chez ces trois derniers cependant la *détorsion* est déjà manifeste, c'est-à-dire que la moitié supra-intestinale de la commissure tend à retourner vers le dessous du tube digestif, tandis que la moitié infra-intestinale tend à revenir vers la gauche. Cette détorsion devient complète chez les autres Euthyneures (Opisthobranches et Pulmonés).

Une autre tendance de la commissure viscérale, dans les Euthyneures, exception faite des quelques formes les plus primitives, c'est le rapprochement de ses éléments ganglionnaires, par suite du raccourcissement de la commissure; les centres arrivent même à se toucher et à former, entre les deux ganglions pleuraux, une chaîne de plusieurs centres accolés (fig. 71, *m, o*).

Tout le système nerveux central est alors concentré dans la région céphalique, autour de la partie initiale de l'œsophage; finalement, tous les ganglions s'accolent intiment et se localisent même tous (cérébraux, pleuraux, pédieux et viscéraux) vers la face dorsale de l'œsophage (*Pleurobranchus*, majorité des Nudibranches, fig. 79 : disposition poussée à l'extrême dans *Tethys*); les commissures pédieuse et viscérale sont alors ventralement nues ou à peu près. Dans les seuls Thécosomes, la concentration des ganglions a lieu vers la face ventrale, la commissure cérébrale restant nue dorsalement (fig. 75, *r*).

Tous les Gastropodes possèdent, à la partie antérieure de l'œsophage, la commissure stomato-gastrique, infra-œsophagienne, naissant des centres cérébraux et présentant normalement une paire de ganglions au-dessus du sac radulaire (fig. 31, xiv; fig. 71, *g*; fig. 79, *d*; fig. 81, viii).

Les centres cérébraux innervent la tête avec ses lèvres, tentacules et appendices divers, les yeux et les otocystes. Les ganglions pédieux envoient des nerfs à toute la masse du pied, y compris l'épipodium, et à une partie de la région cervicale. Le manteau et les organes qui en dépendent sont à l'origine (Streptoneures), presque entièrement innervés par les centres pleuraux; mais ils le sont partiellement aussi par des nerfs issus de la commissure viscérale et des centres supra et infra-intestinal (cténidies, osphradies, etc.). Ces deux derniers centres prennent même une part tout à fait prépondérante à l'innervation du manteau dans les Euthyneures, surtout chez les Pulmonés, où les centres pleuraux ne donnent presque jamais de nerfs; dans ces Pulmonés, le ganglion abdominal lui-même peut participer à l'innervation du manteau (branchie palléale des *Planorbis, Ancylus*, etc.). Quant aux viscères, le cœur, les reins et la glande génitale sont essentiellement innervés par le ganglion abdominal, tandis que le tube digestif reçoit ses nerfs des centres stomato-gastriques.

Organes des sens. — La *sensibilité générale* a son siège dans tous les téguments; mais elle est plus particulièrement localisée dans la région antérieure (tête, bords du pied) et sur des parties spécialisées en appendices tactiles variés : tels sont les tentacules céphaliques (la paire antérieure chez les Euthyneures quadritentaculés), les palpes labiales qui portent une rangée de tubercules chez certains Pulmonés (fig. 71, *e*), les tentacules pédieux (*Vermetus*; Rhipidoglosses, qui y possèdent, à la base, des organes sensoriels ciliés), les appendices palléaux (papilles dorsales des Nudibranches, etc.).

Les *organes olfactifs* proprement dits, ou *rhinophores*, sont également constitués par les tentacules céphaliques (la paire postérieure chez les Euthyneures quadritentaculés). Ces tentacules sont recouverts, sur toute leur surface, de petites papilles ciliées leur donnant l'aspect soyeux, chez beaucoup de Rhipidoglosses (*Scissurella*, *Haliotis*, *Trochus*, *Gena*, *Mölleria*, *Cyclostrema*, *Neritina*, etc.). Le *nerf olfactif* y envoie à la surface, de très nombreuses ramifications arrivant à des cellules olfactives. Très souvent (Pulmonés terrestres, la plupart des Opisthobranches nus, *Cyclostoma*, *Xenophorus*), ces ramifications partent d'un *ganglion rhinophorique* terminant le nerf olfactif (fig. 71, *a*).

Les terminaisons olfactives sont fréquemment localisées dans l'épithélium plus élevé de l'extrémité terminale du tentacule ou dans un sillon creusant la surface de ce dernier (*Pyramidellidæ*, *Solarium*); chez beaucoup d'Opisthobranches, cette saillie ou cavité olfactive présente encore une multiplication de surface par la formation de nombreux plis transversaux parallèles entre eux (fig. 41, xv).

La sensibilité olfactive des Pulmonés (*Arion*) s'exerce jusque vers deux mètres; celle de certains Streptoneures marins carnassiers, à une distance plus grande encore.

L'*osphradium*, organe sensoriel de la cavité palléale ou respiratoire, se rencontre sous diverses formes. Il n'a disparu que chez quelques Streptoneures terrestres (*Helicinidæ* et *Cyclophoridæ*), chez les Pleurobranchiens et Nudibranches et dans les Pulmonés stylommatophores terrestres; cependant, parmi les Pulmonés, il se conserve, mais très peu développé, chez *Testacella*, tandis que dans *Limax*, il n'en existe que des traces, dans l'ontogénie. En résumé, l'osphradium manque donc dans les formes aériennes, ou dans les formes aquatiques sans cavité respiratoire, chez lesquelles, par contre, il existe des ganglions rhinophoriques.

Cet organe est constitué par une région spéciale d'épithélium, généralement élevée et ciliée, où il y a accumulation de cellules sensorielles; il est situé au côté extérieur de la branchie cténidiale. Dans la disposition la plus simple, il n'y a pas encore spécialisation en un organe différencié, mais seulement localisation de cellules neuro-épithéliales sur le passage du nerf branchial, aux deux bords du support de la branchie (*Fissurellidæ*), soit sur un *nerf osphradial*, situé le long du support et né par différenciation du branchial (autres Rhipidoglosses), soit encore sur un ganglion terminant ce nerf spécial, à la base de la branchie (*Valvata*).

Ailleurs, l'osphradium devient nettement un organe terminal distinct, à la base ou au côté gauche (externe) de la cténidie unique, sur le passage de l'eau qui vient baigner cette dernière (fig. 42, xvi); il peut persister à cette place, après la disparition de la cténidie, mais seulement chez des formes aquatiques (*Patellidæ*, *Clione*, Pulmonés basommatophores). Il constitue, dans les Ténioglosses les plus archaïques (*Paludina*, *Littorina*, *Cyclostoma*, *Vermetus*, etc.), un bourrelet épithélial filiforme, sur un nerf ou sur un ganglion. Par spécialisation successive (multiplication de surface), le bourrelet se garnit, des deux côtés, de pectinations qui lui donnent l'apparence trompeuse d'une branchie : il en est ainsi dans les Ténioglosses plus spécialisés (*Natica*, *Cerithium*, *Strombidæ*, où les pectinations sont elles-mêmes arborescentes chez *Pteroceras*, *Cypræa*, où l'organe est trifide), et dans les Rhachiglosses (fig. 42, xvi) et les Toxiglosses.

Chez les Euthyneures, c'est généralement une saillie épithéliale. circulaire ou allongée, sur un ganglion osphradial (fig. 52), dans lequel elle s'invagine

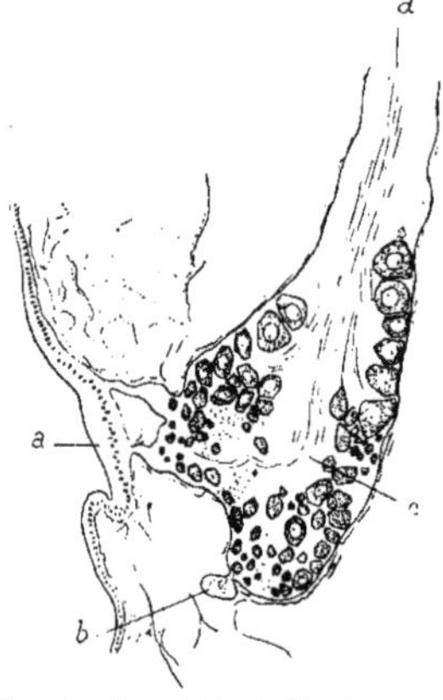

parfois (certains Pulmonés basommatophores). L'organe est situé dans la cavité palléale, à gauche de la branchie; chez les Basommatophores, il est au voisinage du pneumostome : à l'intérieur du poumon chez *Siphonaria* (fig. 87, vii), dont le poumon s'emplit d'eau, à l'extérieur, chez les autres, qui ont un poumon aérien.

Organes gustatifs. — On connaît des corps cyathiformes ou bourgeons gustatifs, constitués de cellules sensorielles gustatives, aux faces latérales et ventrales de la cavité buccale de divers Rhipidoglosses, et sur les côtés de l'ouverture buccale de quelques Hétéropodes. Des corpuscules analogues ont encore été constatés sur les tentacules épipodiaux des Rhipidoglosses.

Fig. 32. — Coupe de l'osphradium de *Gastropteron*, grossi 135 fois. — *a*, épithélium; *b*, nerf; *c*, ganglion osphradial; *d*, nerf branchial (portion proximale).

Les *organes auditifs* ou otocystes sont des vésicules sphériques creuses, à paroi formée intérieurement d'épithélium cilié, dans lequel se trouvent des cellules sensorielles. Ces vésicules renferment de l'humeur sécrétée par la paroi; et dans cette humeur sont plongées des pierres auditives de structure cristalline : il y a une seule grosse pierre sphérique ou *otolithe*, chez les Streptoneures pectinibranches les plus spécialisés et un très petit nombre d'Opisthobranches adultes, ou bien de nombreuses petites pierres, généralement ovoïdes, et allongées, ou *otoconies*, chez les Aspidobranches, dans certains des Ténioglosses les moins spécialisés, tels que les *Cerithiidæ*, et dans la généralité des Euthyneures; on rencontre aussi des otoconies et un otolithe chez certains Cérithes, *Turritella, Doto, Oncidium*. Mais dans les larves, il y a toujours un otolithe seul (fig. 24 A, iii).

Ces organes manquent chez *Vermetus* adulte et certains *Janthina*; ils sont situés dans le pied chez les espèces reptatrices, au voisinage des ganglions pédieux (fig. 71, *i*). Dans les formes devenues nageuses (Hétéropodes, *Phyllirhoe, Glaucus*), ils ont une tendance à se rapprocher des centres cérébraux (fig. 68, ix; fig. 70, viii), ainsi, du reste, que dans la majorité des Nudibranches (fig. 79, *k*). Mais l'innervation en est toujours cérébrale. — Les éléments neuro-épithéliaux sont réunis dans une *macula acustica* en face de l'épanouissement du nerf otocystique, dans l'otocyste des Hétéropodes.

Organes visuels. — Il existe des yeux céphaliques dans la presque universalité des Gastropodes, et des yeux palléaux dorsaux chez certains *Oncidiidæ*.

Les deux yeux céphaliques symétriques sont situés à la base des tentacules (de la paire postérieure chez les Opisthobranches). Dans les Streptoneures, ces yeux sont habituellement situés à la base du tentacule, et portés par un

tubercule qui s'accole alors à ce dernier: il en résulte de nombreux exemples
d'yeux paraissant placés vers la mi-hauteur de ce dernier, comme chez
Modulus, certains Cérithes (*Potamides*), *Cypræa*, beaucoup de Rhachiglosses,
certains *Conus* (fig. 29, v), et *Pleurotoma*; parmi ces derniers, ils sont très
près du sommet dans les sous-genres *Drillia* et *Clavatula*. Le tubercule oculaire est plus développé que le tentacule chez les *Strombidæ* (fig. 26, *e*); le
tentacule avortant, l'œil paraît situé au sommet (*Terebellum*). Il est réellement
au sommet dans *Cerithidea*, *Assiminea* et chez les Pulmonés stylommatophores
adultes; toutefois, pendant le développement il y est moins près du sommet.

L'œil est essentiellement constitué par une rétine ou invagination de l'épithélium tégumentaire, dans laquelle se distinguent des cellules sensorielles et
pigmentées; les premières ou *rétinophores* sont incolores, très rétrécies à leur
extrémité libre et en continuité par leur extrémité opposée avec des prolongements de fibres nerveuses; les secondes ou *rétinules* ont l'extrémité libre très
élargie et entourent les premières. Ces deux sortes de cellules, provenant de
la différenciation de cellules épithéliales normales, peuvent n'avoir pas toujours leurs caractères aussi nettement tranchés et passer insensiblement de
l'une à l'autre; les cellules incolores peuvent même paraître manquer dans
les yeux très enfoncés de certains Opisthobranches.

L'organe visuel se complète par des parties accessoires, de nature cuticulaire, sécrétées par l'épithélium, et d'autant plus distinctes l'une de l'autre
que l'œil est plus spécialisé :
ce sont la couche des bâtonnets
et les corps réfringents proprement dits. La couche *rétinidienne*, ou des bâtonnets,
coiffe les cellules épithéliales
de la rétine; ces bâtonnets,
encore peu développés dans
les Aspidobranches (fig. 33, ɪv),
le sont au plus haut degré chez
certains Rhachiglosses (*Strombidæ*) et chez les Hétéropodes
(fig. 69 B, vɪɪ) : dans ces derniers, ils sont disposés en
sillons perpendiculairement à
l'axe optique de l'œil (une dis-

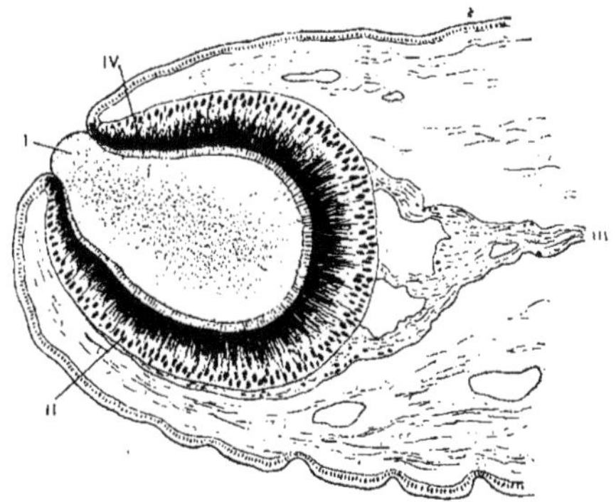

Fɪɢ. 33. — Coupe axiale de l'œil de *Trochus umbilicaris*, grossi
90 fois. — I, cristallin; II, rétine; III, nerf optique; IV, couche
rétinidienne (bâtonnets).

position analogue se voit chez un autre Gastropode pélagique, *Gastropteron*). Les corps réfringents sont le *cristallin*, de forme sphéroïdale, à couches concentriques, qui ne remplit pas entièrement la cavité de l'œil, et une
substance cuticulaire moins dense, le *corps vitré*, qui entoure le cristallin.

Dans son état le plus archaïque, l'organe visuel ne se compose que d'une
invagination entièrement rétinienne ou pigmentée, largement ouverte, dont
les cellules sont recouvertes d'une couche de bâtonnets; mais le cristallin et
le corps vitré manquent totalement (Docoglosses). Les bords de l'invagination

se rapprochant, il se forme une cavité oculaire à paroi entièrement pigmentée, qui conserve une petite ouverture par laquelle l'eau baigne le cristallin, comme chez certains Rhipidoglosses (*Haliotidæ*, *Trochidæ*, fig. 53; *Stomatellidæ*, *Delphinulidæ*). L'ouverture de la cavité oculaire venant à se fermer, le cristallin se trouve recouvert par deux couches épithéliales transparentes, superposées : la *cornée intérieure* ou *pellucida*, très peu étendue, continuation de la rétine, formant avec celle-ci la paroi intérieure de la sphère oculaire; et la *cornée externe* ou proprement dite, superficielle, continue avec l'épithélium tégumentaire. L'œil est ainsi constitué dans tous les Rhipidoglosses, à l'exception des quatre familles précitées.

La conformation de l'œil dans la majorité des Gastropodes est sensiblement la même que chez les Rhipidoglosses, avec cette différence que la pellucida y est plus étendue et la rétine pigmentée proportionnellement moins. Cette dernière devient de moins en moins étendue, à mesure que l'œil se spécialise (Hétéropodes, fig. 69 B, ɪᴠ) ou qu'il cesse de fonctionner, comme chez les types abyssaux (*Guivillea*). Au-dessus de la pellucida, il y a souvent une lacune sanguine (*Dolium*, Hétéropodes, Élysiens, Basommatophores).

Au point de vue fonctionnel, les Gastropodes aquatiques ne voient pas la forme des objets, tandis que les terrestres la perçoivent à un ou deux millimètres.

L'œil céphalique devient rudimentaire en s'enfonçant dans les téguments, tout en restant pigmenté, mais en diminuant de volume chez les divers fouisseurs : quelques *Naticidæ* (*Natica Alderi*, *Amaura*, etc.), divers Bulléens (*Scaphander*, *Philine*, *Doridium*, *Gastropteron*, etc.), chez les *Pleurobranchidæ* et beaucoup de Nudibranches (dépourvus de coquille protectrice), chez quelques Pulmonés : *Siphonaria*, *Auricula Midæ* et *A. Judæ*. Tout en restant superficiel, l'œil peut aussi devenir rudimentaire par la disparition du pigment rétinien; c'est le cas pour les espèces vivant hors des atteintes de la lumière, qu'elles soient abyssales (*Guivillea*), ou qu'elles vivent dans les eaux souterraines (*Bithynella pellucida*).

Finalement, la régression est poussée si loin que l'œil manque à l'état adulte, par absence de fonctionnement. Cela s'observe parmi les fouisseurs, chez divers *Naticidæ*, certains *Terebra*, des *Olividæ* (*Olivella*, *Agaronia*, *Ancillaria*), certains *Marginella*, *Bullia*; parmi les Pulmonés souterrains, chez *Cæcilianella*, *Helix Hauffeni*; parmi les Gastropodes abyssaux, chez *Lepeta*, *Propilidium*, des *Puncturella*, *Cocculina*, un *Eulima*, *Choristes*, *Oocorys*, des *Fossarus*, *Addisonia*, un *Chrysodomus*, un *Pleurotoma*, *Bathydoris* et *Gonieolis*; parmi les parasites internes, chez *Entoconcha*, *Entocolax*; parmi les Gastropodes pélagiques, les *Janthina* et Ptéropodes.

Yeux dorsaux. — Certaines espèces d'*Oncidiidæ* possèdent, outre les yeux céphaliques, de nombreux yeux situés sur des tubercules dorsaux. Ces organes sont caractérisés par leur nerf optique qui traverse la rétine, comme dans les Vertébrés, et par le renversement des cellules rétiniennes : l'extrémité libre de celles-ci est dirigée vers l'intérieur du corps (fig. 34, ɪ). La cavité oculaire est remplie par un cristallin formé de quelques grosses cellules transparentes.

Système digestif. — *Intestin antérieur.* — La cavité buccale s'ouvre normalement à l'extrémité antérieure de la tête. Celle-ci forme le plus souvent un mufle légèrement infléchi vers le bas (fig. 26, *d*; fig. 62, *c*, etc.). Dans bien des cas, cependant, l'ouverture est reportée en arrière, par le développement d'une invagination des téguments préoraux : ce qui donne naissance à une bouche apparente, non équivalente à la bouche morphologique. Celle-ci n'est alors ramenée à l'extrémité antérieure que par la dévagination de cet enfoncement tégumentaire, qui forme ainsi une trompe. Durant l'évagination, cette trompe exsertile est doublée intérieurement par l'œsophage, et ce dernier lui fait suite pendant l'invagination : telle est la trompe *pleurecbolique* des *Cypræidæ, Naticidæ, Lamellariidæ, Scalariidæ, Solariidæ, Vermetus, Capulidæ, Calyptræidæ, Strombidæ, Chenopodidæ*, parmi les Streptoneures, et celle de quelques Opisthobranches : *Doridium, Pleurobranchidæ, Aplysia*, Gymnosomes (fig. 43, ı), *Doridopsidæ*. La trompe peut aussi ne pas se rétracter entièrement; pendant l'invagination, la paroi du tube digestif est alors repliée deux fois sur elle-même : c'est la trompe *pleurembolique* des Rhachiglosses (fig. 42, xiii), de certains Toxiglosses et des *Doliidæ, Cassididæ* et *Tritonidæ* parmi les Ténioglosses proboscidifères.

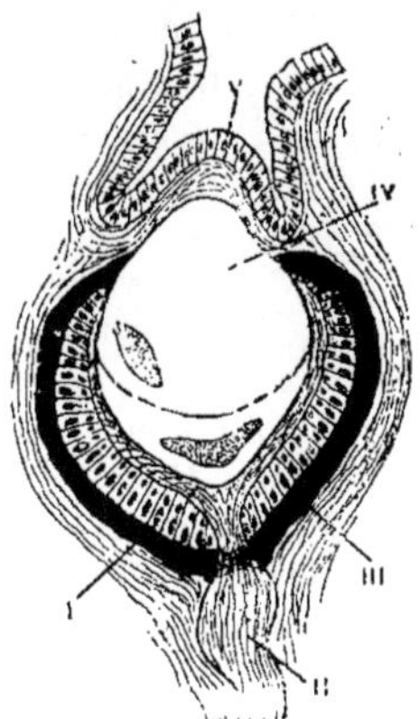

Fig. 34. — Coupe axiale d'un œil palléal d'un Oncidiide (*Peronia*), grossi; d'après Semper. — I, rétine; II, nerf optique; III, pigment; IV, cellules du cristallin; V, cornée extérieure.

Sur la face ventrale de la trompe, se trouve, chez les *Naticidæ*, un disque glandulaire servant à perforer les coquilles des Lamellibranches; dans les *Pneumonodermatidæ*, sur cette même face, il y a des ventouses, isolées ou réunies sur deux lobes rétractiles (fig. 43, xii; fig. 77, vi).

La bouche conduit dans la cavité buccale ou pharynx, premier renflement principal du tube digestif; c'est là que débouchent les glandes salivaires et que se trouvent les pièces cornées manducatrices. Le tout, avec les masses musculaires appartenant à ces dernières, forme le *bulbe buccal* (fig. 39, v; fig. 71, *f*; fig. 81, ıx); celui-ci est situé en arrière du collier nerveux œsophagien dans les formes les plus archaïques, en avant chez les plus spécialisées (fig. 71 et 81). Le pharynx peut se dévaginer plus ou moins complètement, chez des formes carnivores (*Glandina, Testacella*).

Les *pièces buccales chitineuses* sont des deux ordres : mandibulaires ou radulaires.

Les mandibules sont des épaississements cuticulaires solides, situés à la partie antérieure de la cavité buccale. Chez la généralité des Streptoneures et des Opisthobranches, elles sont paires, latérales et symétriques, lisses ou écailleuses, à bords généralement tranchants, quelquefois dentés. Dans les Rhachiglosses, les mandibules deviennent rudimentaires.

Ces mandibules paires sont toujours nettement séparées l'une de l'autre.

Cependant, chez *Natica*, elles se touchent dorsalement, et, chez *Lamellaria*, elles sont manifestement soudées ensemble, par le côté dorsal, ne formant plus qu'une seule pièce. Il n'y a aussi qu'une mandibule médiane, provenant de la soudure de deux pièces symétriques, chez les *Patellidæ*, *Ægirus* (Doridien) et tous les Pulmonés; elle est alors dorsale, à bord inférieur tranchant, presque horizontal, assez souvent avec une saillie médiane (fig. 35). Deux épaississements cuticulaires accessoires, latéraux et symétriques existent chez les Limnéens, parmi les Pulmonés.

Fig. 35. — Mandibule de *Succinea putris*, grossie. — *a*, lame d'insertion; *b*, bord tranchant.

Dans certains Aplysiens où les mandibules sont situées ventralement, il se forme, sur le plafond de la cavité buccale, un revêtement d'épines cornées, divisées dans certains cas en deux groupes symétriques renfermés dans des invaginations formant des sacs exsertiles (Gymnosomes, fig. 45, xv).

Les mandibules manquent dans beaucoup de *Trochidæ*, chez *Neritina*, les *Helicinidæ*, *Cyclostoma*, *Entoconcha*, *Entocolax*, les *Pyramidellidæ* et *Eulimidæ*, *Coralliophilidæ*, tous les Toxiglosses, les Hétéropodes, *Actæon*, *Tornatina*, *Scaphander*, *Doridium*, *Lophocercidæ*, *Cymbuliopsis*, *Gleba*, *Clione*, *Umbrella*, *Doris*, les Doridiens porostomes, *Tethys*, les Élysiens, *Gadinia*, *Amphibola* et *Testacellidæ*.

La radule est un ruban formé de dents chitineuses, séparées, mais placées sur une membrane de support unique; elle est sécrétée dans un cæcum ventral (fig. 58, xi; fig. 71, *h*), où elle se trouve presque entièrement contenue; son extrémité antérieure vient s'étendre sur le plancher de la cavité buccale où elle forme une éminence médiane (fig. 36, viii). Ce ruban lingual s'y appuie sur un système de pièces cartilagineuses paires, munies de muscles protracteurs et rétracteurs (fig. 36, ii et iv), dont l'action a pour but de faire fonctionner la radula comme une râpe, sur la proie.

Les dents sont sécrétées au fond du cæcum (gaine de la radula) et seulement par un petit nombre de cellules matrices (fig. 36, v); en avant de ces dernières se trouve une rangée transversale sécrétant la membrane basale de la radule. Ces dents sont disposées en rangées transversales, symétriquement, de part et d'autre d'une dent centrale appelée médiane. Toutes les dents latérales sont généralement pareilles entre elles chez les Euthyneures; mais, dans les Streptoneures, lorsqu'il y en a plus d'une de chaque côté, elles forment deux groupes nettement tranchés : les plus voisines de la centrale diffèrent de celles des bords, plus allongées, que l'on nomme marginales ou *uncini*.

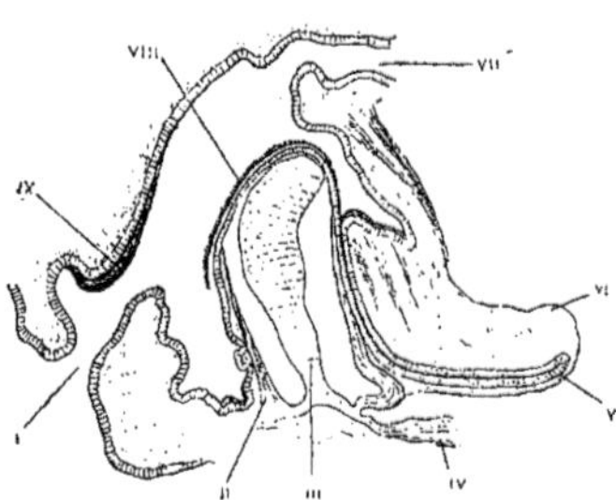

Fig. 36. — Coupe sagittale du bulbe buccal d'*Helix nemoralis*, grossie 12 fois; d'après Rössler. — I, ouverture buccale; II, protracteur de la radule; III; cartilage; IV, rétracteur de la radule; V, cellules matrices; VI, gaine de la radule; VII, œsophage; VIII, radule; IX, mandibule.

Le nombre des dents d'une rangée est constant pour une même espèce; il

peut cependant augmenter un peu avec l'âge, au moins dans divers Aplysiens
et les Pulmonés terrestres; d'autre part, il est variable d'un groupe à l'autre
et généralement d'autant plus considérable que le groupe est moins spécialisé.
Ainsi, parmi les Streptoneures, les Rhipidoglosses ont, de part et d'autre de la
dent médiane, des dents latérales très nombreuses; les Ténioglosses n'en ont
que trois, de chaque côté de cette médiane; les Rhachiglosses n'en ont plus
qu'une seule (fig. 37). Parmi les Opisthobranches, une rangée transversale
renferme beaucoup de dents chez les *Actæon* et les Pleurobranches; elle n'en
possède que trois dans les Ptéropodes thécosomes, qu'une seule chez les
Élysiens.

La forme des dents varie aussi d'un groupe à l'autre et peut aider, avec
leur nombre, à caractériser des subdivisions, surtout parmi les Streptoneures,
vu qu'elle est constante dans une espèce déterminée; cependant, il arrive
parfois qu'elle varie un peu suivant les individus, par exemple dans les
Buccinidæ; et des groupes assez différents peuvent également montrer une
forme analogue des dents de la radula. D'autre part, on constate aussi que le
nombre des dents (d'une rangée transversale) varie dans tous les groupes
fondés sur ce caractère : chez les Ténioglosses, dont la formule radulaire
est 2. 1. 1. 1. 2, les deux marginales manquent dans *Lamellaria* et *Jeffreysia*;
il y a au contraire plus de deux marginales dans *Triforis*, certains *Turitella*
et *Struthiolaria*; et un nombre encore plus grand
de dents, sans médiane, s'observe chez les *Solarium*, *Scalaria* et *Janthina*. Dans les Rhachiglosses, caractérisés par la formule 1. 1. 1 (fig. 37),
la dent centrale manque chez *Halia* et les latérales chez certains *Harpa*, *Mitridæ*, *Volutidæ* et
chez les *Marginellidæ*. Enfin, bien que la formule

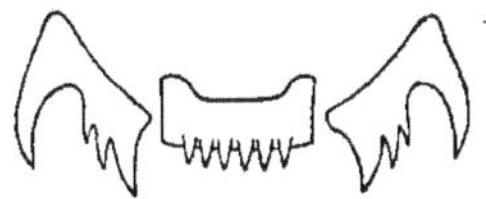

Fig. 37. — Une rangée transversale de
la radule de *Buccinum undatum*,
grossie 45 fois.

radulaire des Toxiglosses soit : 1. 0. 1, il y a une dent centrale et plus d'une
latérale dans divers *Pleurotomatidæ*.

Le nombre des rangées transversales successives varie aussi d'une espèce à
l'autre. Il en résulte que le nombre total des dents de la radule est très
différent suivant les formes considérées : on peut n'en trouver que seize (une
seule par rangée) dans certains Éolidiens et Élysiens; trois mille cinq cents
chez *Littorina littorea*; six mille chez *Doris tuberculata*; vingt et un mille
dans *Helix pomatia*; vingt-six mille huit cents chez *Limax maximus*; trente-
six mille chez *Tritonia Hombergi* et jusqu'à quarante mille dans certains *Helix*
exotiques. Il s'ensuit aussi que la longueur du ruban lingual est très variable :
elle est fort considérable dans *Cyclostoma*, *Patella* (fig. 61, VI) où elle dépasse
celle du corps, et dans les *Littorinidæ* où elle s'enroule en spirale pour occuper
moins de place et où elle peut atteindre jusqu'à sept fois la longueur du corps
(*Tectarius*).

La radule manque chez les *Eulimidæ*, *Pyramidellidæ*, *Thyca*, *Entoconcha*,
Entocolax, *Coralliophilidæ*, certains *Terebra*, *Tornatinidæ*, *Cymbuliopsis*, *Gleba*,
Doridiidæ, Doridiens porostomes (*Doridopsis*, *Corambe*, *Phyllidia*), *Tethyidæ*
(en général dans les parasites et les suceurs).

Glandes buccales. — Dans divers Gastropodes, on observe des glandes accumulées autour de l'ouverture buccale (des Bulléens et Nudibranches) ; chez beaucoup de Pulmonés stylommatophores (*Limax*, etc.), elles sont fort développées, en forme de lobes appelés *organes de Semper* (fig. 71, *d*). Mais tous les Gastropodes, à de très rares exceptions près, possèdent une paire de glandes débouchant dans la cavité buccale, de part et d'autre de la radula : ce sont les *glandes salivaires* proprement dites. Dans les Streptoneures aspidobranches et beaucoup d'autres Gastropodes, ce sont des organes en grappe ; chez des formes plus spécialisées, elles sont en forme de tubes, plus ou moins allongés (*Janthina*) ou en sacs (*Dolium*).

Ces glandes, chez les Aspidobranches et les Ampullaires, ont leurs conduits très courts et débouchent en arrière du collier nerveux péri-œsophagien ; les conduits sont plus longs et débouchent en avant du collier nerveux, que les glandes traversent, dans le plus grand nombre des Gastropodes : presque tous les Euthyneures (où les glandes sont fort postérieures chez les Pleurobranches) et les Ténioglosses (sauf les *Natica*, certains *Calyptræa*, etc., où les conduits sont trop courts pour traverser encore le collier). Enfin, dans les Sténoglosses et les Hétéropodes, ces glandes s'ouvrent en avant du collier, ne le traversent plus, mais passent au dehors lorsqu'elles sont assez longues pour y atteindre. Ces organes sont ordinairement des glandes muqueuses, sans action digestive ; cependant chez certaines formes, on trouve dans leur sécrétion jusqu'à 4 pour 100 d'acide sulfurique : celui-ci sert à dissoudre les spicules de la proie (*Dolium galea*).

Dans certaines formes, les deux glandes paraissent fusionnées, tout en gardant leur individualité : *Fulgur*, *Conus*, divers *Terebra*, *Umbrella*, quelques Pulmonés, etc. Les conduits présentent un renflement vers leur terminaison chez plusieurs Ténioglosses proboscidifères à siphon : *Dolium*, *Cassis*, *Triton*, *Voluta* et chez *Pleurobranchæa*. On observe une certaine asymétrie des deux glandes dans divers *Strombus*, *Xenophorus* et quelques *Atlanta*.

Les Docoglosses possèdent deux paires de glandes salivaires à conduits distincts. Il existe deux paires de glandes voisines, paraissant résulter de la bifurcation d'une paire unique, chez *Janthina* et *Scalaria*, où elles ont la forme de tubes et traversent toutes le collier œsophagien. Il y a aussi deux paires séparées, la seconde étant ventrale et antérieure par rapport à la paire normale, dans divers Rhachiglosses : *Purpura*, *Trophon*, *Cancellariidæ*, *Haliidæ* ; sauf chez les *Muricidæ*, cette seconde paire est antérieure au collier nerveux œsophagien ; elle a souvent ses deux conduits fusionnés sur la ligne médiane. Plusieurs Opisthobranches à trompe ont aussi plus de deux glandes salivaires ; chez les Doridiens porostomes (*Doridopsis*, *Phyllidiidæ*), la seconde paire est ventrale et antérieure, avec un conduit unique ; chez *Pleurobranchæa*, il y a une troisième glande dorsale médiane.

L'œsophage est généralement assez long et à parois plissées. Il présente fréquemment des dilatations sur son parcours : soit une sorte de jabot à parois minces (Hétéropodes, certains Opisthobranches et Pulmonés), soit quelquefois des renflements musculaires (*Murex*, fig. 58, ix ; *Doris*, etc.), soit, le plus souvent et surtout chez les Streptoneures, des renflements glandulaires.

Dans la plupart des Aspidobranches, existent, comme chez les Chitons, des poches œsophagiennes antérieures, paires, à paroi interne papillaire ; ces organes se rencontrent encore chez les *Littorina*.

Un renflement plissé s'observe vers le milieu de l'œsophage, chez divers Ténioglosses carnassiers : *Naticidæ, Lamellariidæ, Cypræidæ*, où il est bien développé et à parois internes feuilletées ; vers le même endroit, les *Cassididæ* présentent un renflement séparé de l'œsophage, dans lequel il s'ouvre seulement par une fente.

Vers le même endroit encore, est située une importante glande œsophagienne (*Glande de Leiblein*), dans tous les Sténoglosses (*Cancellaria*, les *Harpidæ* et quelques *Terebra* exceptés). Peu développé chez *Olividæ* et les *Fasciolariidæ*, cet organe se présente sous des formes diverses : il constitue une masse glandulaire épaisse (*Murex*, fig. 38, VIII), un long cæcum à parois minces (*Buccinum*), ou une glande, dite à venin (Toxiglosses), dont le conduit traverse le collier œsophagien, comme chez *Voluta*, et débouche dans la cavité buccale, ayant ainsi l'apparence d'une troisième glande salivaire. Cet organe forme chez *Halia* et *Marginella* un siphon s'ouvrant dans l'œsophage par ses deux extrémités.

Nerita possède également une glande œsophagienne impaire ; parmi les Opisthobranches, on observe une poche dorsale impaire chez quelques Bulléens, un cæcum œsophagien chez les Élysiens et un long appendice glandulaire dans les *Lophocercidæ*.

Intestin moyen. — L'estomac est généralement ovoïde ou allongé ; mais, par suite de la courbure du tube digestif, il prend souvent la forme d'un sac ou cæcum, à la partie antérieure duquel s'ouvrent l'œsophage et l'intestin ; parfois même, une cloison, séparant ces deux derniers, s'étend alors plus ou moins dans l'estomac (*Littorina*).

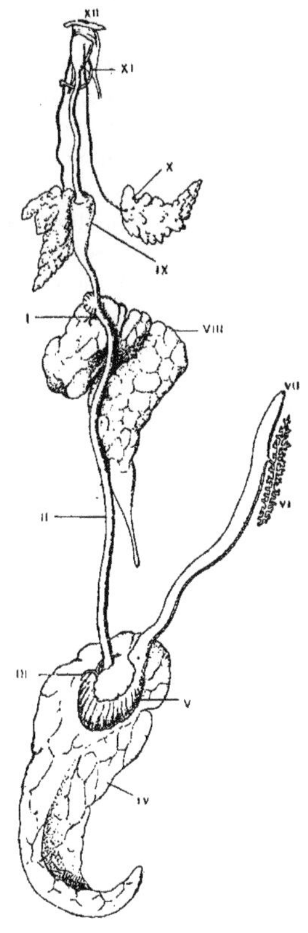

Fig. 38. — Tube digestif de *Murex*, vu dorsalement, d'après HALLER. — I, conduit de la glande de Leiblein ; II, œsophage ; III, conduit du foie ; IV, foie ; V, estomac ; VI, glande anale ; VII, anus ; VIII, glande de Leiblein ; IX, jabot ; X, glande salivaire ; XI, radule ; XII, bouche.

Les parois de l'estomac sont normalement et assez régulièrement minces, surtout dans les Streptoneures. Mais l'aspect de l'organe est parfois altéré par suite de modifications dans la partie terminale de l'œsophage. Celle-ci constitue alors un gésier broyeur, qui semble former la partie antérieure de l'estomac. Ce gésier a des parois musculaires épaisses et présente intérieurement des pièces masticatrices (dents ou plaques) cornées et aiguës ou calcaires et aplaties, en nombre variable; cette disposition est observée dans beaucoup d'Opisthobranches : chez la plupart des Bulléens y compris les Thécosomes (fig. 75, *g*), divers Aplysiens et certains Nudibranches tritoniens (*Marionia, Scyllæa, Melibe*). L'anneau musculaire de ce gésier existe encore chez un certain nombre de Pulmonés basommatophores (*Auricula, Amphibola, Limnæa*); il est différencié chez ce dernier, en forme de deux saillies musculaires globuleuses, symétriques.

Par suite de l'adjonction, à l'estomac, de portions spécialisées de l'œsophage terminal, celui-là paraît dans certains cas divisé en plusieurs cavités successives, séparées par des étranglements, notamment dans les *Aplysia* et les *Limnæa* (où, en avant du gésier, l'œsophage est encore renflé en ampoule).

A la cavité stomacale s'adjoint, dans bien des cas, au voisinage des orifices hépatiques, un cæcum généralement pylorique : chez beaucoup de Rhipidoglosses : *Haliotis, Turbinidæ* et formes voisines (ou il est spiralé), *Ampullaria*, certains Opisthobranches : *Limacinidæ*, la plupart des *Cavoliniidæ*, *Aplysia*, plusieurs Doridiens (où il est plissé intérieurement et a été appelé à tort pancréas), et un assez grand nombre de Basommatophores (*Limnæa, Planorbis, Ancylus, Pulmobranchia*).

La paroi intérieure de l'estomac présente fréquemment un revêtement cuticulaire plus ou moins fort et étendu, surtout développé vers l'origine de l'intestin ou même dans ce dernier, par exemple chez *Paludina, Cyclostoma* et certains Pulmonés. Ce revêtement présente parfois une spécialisation consistant en une saillie cuticulaire plus ou moins longue, logée dans le cæcum pylorique et constituant un *stylet cristallin*, ou en un bâtonnet dans une partie de l'intestin : chez divers Docoglosses, *Fissurella* (au moins temporairement), *Trochus, Lithoglyphus, Bithynia* et des *Strombidæ* (*Pteroceras*).

Le *foie*, ou organe actif de la digestion, est une grosse glande entourant plus ou moins l'estomac et divisée en lobes de nombre et de forme variables, suivant les groupes. Généralement, et originairement, il y en a deux; ceux-ci ne conservent leur égalité et leur symétrie que dans un petit nombre de formes (*Neritina, Valvata*); le plus souvent, le lobe topographiquement droit (dans les Gastropodes dextres, l'inverse chez les sénestres) est plus petit que l'autre, et peut même entièrement disparaître (*Paludina, Rissoa*).

Le foie débouche dans l'estomac, exceptionnellement en partie dans l'œsophage terminal. Il y a en général deux conduits hépatiques (fig. 81, III et XVII) dont les orifices stomacaux sont parfois assez éloignés (*Natica*); mais, par spécialisation, il arrive que les deux orifices hépatiques voisins se fusionnent, comme chez la plupart des Docoglosses, certains *Murex* (fig. 58, III), quelques Euthyneures (*Ancylus fluviatilis*, les Thécosomes : fig. 75, *m*). D'autre part, il arrive qu'un des orifices se subdivise et qu'il y ait trois ouvertures hépatiques (*Fissurellidæ*). Dans certains cas rares, des acini isolés existent sur les conduits (*Cyclostoma*). Parfois, le foie recouvre tout l'estomac et s'y ouvre par des orifices multiples : divers Opisthobranches Tectibranches

(Gymnosomes, *Gastropteron*, etc.). La forme extrême de spécialisation est la division de l'organe en tubes répandus dans la plus grande partie du corps et jusque dans des appendices extérieurs des téguments. Il en est ainsi chez certains Nudibranches : Éolidiens (fig. 39, ɪɪ), Élysiens (sauf *Cyerce* et *Lobiancoia*), où les ramifications du foie se distribuent dans les papilles et expansions dorsales. Chez les *Eolididæ*, ces ramifications communiquent avec des sacs cnidogènes (fig. 83, *a*), d'origine endodermique, qui s'ouvrent à l'extérieur.

La glande digestive produit un ferment diastatique, peptique. Outre son action digestive, le foie possède encore, au moins chez les Euthyneures, un rôle excréteur. Il exerce aussi une fonction d'arrêt sur les substances vénéneuses. Enfin, ce serait par le foie que s'effectuerait l'absorption intestinale.

L'*intestin* proprement dit est un tube cylindrique, à calibre généralement uniforme ; il est parfois séparé de l'estomac par une sorte de valvule. Il présente presque toujours, sur une certaine partie de son étendue, une saillie longitudinale fort marquée (*raphé* ou *typhosolis*), parfois divisée en deux de façon à former une gouttière limitée par deux replis.

Il est très long et enroulé dans les herbivores (*Patella*), court et souvent droit chez les carnassiers (*Murex*, fig. 38 ; *Janus*, fig. 39 ; *Buccinum*, fig. 60). Il traverse le ventricule du cœur dans la généralité des Rhipidoglosses, et le péricarde chez *Paludina*, le rein dans les *Doliidæ*, *Cassididæ*, *Triton*, *Ranella*, *Arion*, etc. Dans sa portion rectale, débouche chez *Murex* (fig. 38, vɪ), *Purpura* et les *Naticidæ*, une glande légèrement ramifiée, dite *glande anale*. L'anus s'ouvre

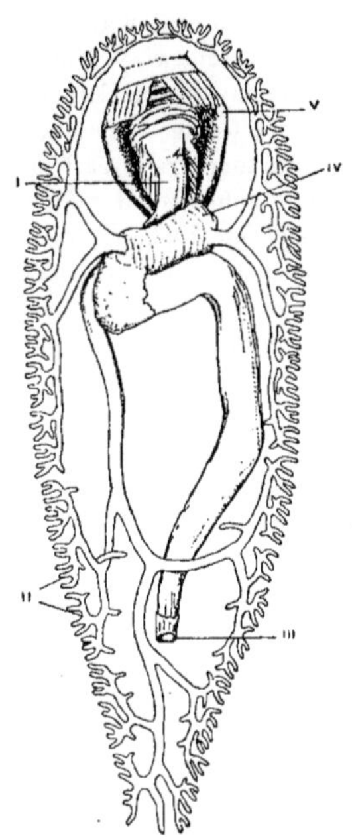

Fɪɢ. 39. — Tube digestif de *Janus cristatus*, vu dorsalement, grossi 4 fois ; d'après Hᴀɴᴄᴏᴄᴋ. — I, œsophage ; II, ramifications hépatiques ; III, anus ; IV, estomac ; V, bulbe buccal.

latéralement, à droite, sauf dans les formes sénestres, et plus ou moins en avant. Mais là où l'enroulement de la masse viscérale s'est atténué ou perdu, la torsion du tube digestif paraît s'effacer et l'intestin s'ouvre en arrière ; le cas est rare parmi les Streptoneures : *Cypræa*, *Pterotrachea* (fig. 70, xvɪ) ; il s'observe surtout parmi les Euthyneures : *Doridium*, *Pelta*, *Aplysia*, Doridiens, *Janus* (fig. 39, ɪɪɪ), *Alderia*, *Limapontia*, *Testacella*, *Oncidium*, *Vaginulus* (fig. 88, vɪɪ).

Système circulatoire. — *Sang.* — C'est un liquide généralement incolore, contenant des amibocytes. Il est rouge chez les *Planorbis*, où le plasma renferme de l'hémoglobine. Dans un certain nombre de Gastropodes, il est légèrement bleuâtre, par suite de la présence d'hémocyanine ; parfois il est coloré par du pigment d'origine étrangère, que renferment les amibocytes : c'est pour cette raison que le sang de *Fasciolaria* est rouge violacé.

Une glande lymphatique différenciée existe dans divers Opisthobranches : Bulléens, Pleurobranches, Doridiens (fig. 41, xvii), en général plus ou moins en avant du cœur, sur l'aorte. Chez un certain nombre de Streptoneures, cet organe est constitué par un sinus voisin du rein, communiquant avec l'oreillette et rempli de tissu conjonctif cytogène; ailleurs, il est tout à fait diffus dans le tissu conjonctif sous-cutané.

Organe central. — Le cœur est toujours situé dorsalement, dans le voisinage immédiat de l'appareil respiratoire. Symétrique et médian, seulement dans des formes tout à fait archaïques (*Pleurotomaria*, *Fissurellidæ*), il est presque toujours latéral (à gauche, dans les formes dextres) et antérieur. Il peut toutefois redevenir postérieur par une spécialisation secondaire (*Pterotrachea*, fig. 70, xiii; *Testacella*, *Oncidium*, *Peronia*, Doridiens) et reprendre chez ces derniers une symétrie apparente (fig. 41, iii).

Il comprend toujours un ventricule ovoïde ou piriforme, à parois très musculaires et, dans les Rhipidoglosses (sauf les *Helicinidæ*), deux oreillettes. Ces oreillettes ne sont symétriques que chez les formes à cœur médian; chez les autres Rhipidoglosses, à cœur non médian, l'oreillette droite est plus petite et devient de plus en plus rudimentaire. Dans tous les autres Gastropodes, il n'y a qu'une seule oreillette, topographiquement gauche (fig. 59, v), généralement plus grande que le ventricule, à parois minces, transparentes, à fibres musculaires peu nombreuses.

Le ventricule est traversé par le rectum dans les Rhipidoglosses (sauf les *Helicinidæ*), et il se trouve placé entre les deux oreillettes chez les plus archaïques d'entre eux. Dans la plupart des Streptoneures, des Pulmonés et chez quelques Bulléens (*Actæon*, *Limacina*, *Clio virgula* et *Clio acicula*), il est en arrière de l'oreillette unique. Il se trouve sur la même ligne transversale chez quelques Opisthobranches (*Phyllirhoe*, fig. 81, xiii) et divers Hétéropodes; il est en avant, dans la plupart des Opisthobranches, les *Testacellidæ*, *Oncidiidæ*, *Firolidæ* (fig. 70, xiii) et quelques *Calyptræidæ*.

Le nombre des pulsations du ventricule ne dépasse guère cent par minute et ne descend pas au-dessous de trente, dans les individus adultes respirant normalement; la moyenne est de soixante, chez les formes les plus facilement observables (Pulmonés, Nudibranches, Bulléens Thécosomes, Hétéropodes). Pendant l'hibernation, le cœur des Pulmonés ne bat pas plus de deux fois par minute.

Vaisseaux et circulation artérielle. — Du sommet du ventricule opposé à l'oreillette (du sommet postérieur chez les Rhipidoglosses à deux oreillettes) naît une aorte unique, dont une branche (génitale) paraît quelquefois avoir une origine distincte (Docoglosse, fig. 40, iii). A son origine se trouve dans certains cas un bulbe artériel intra-péricardique (*Patella*, fig. 40, v; certains *Fissurella*, *Ampullaria*, *Natica*; Hétéropodes, fig. 68, xxi), ou extra-péricardique (*Siphonaria*); parfois il s'y trouve une valvule (certains Hétéropodes, Thécosomes, Nudibranches).

Les ramifications de l'aorte constituent un système artériel généralement bien développé dans tout le corps; sur la paroi de ces troncs, on observe parfois des concrétions calcaires, dans le tissu conjonctif péri-vasculaire (certains Streptoneures, beaucoup de Pulmonés terrestres).

Circulation veineuse et système porte rénal. — Les artères se continuent par un système de lacunes interorganiques, sans paroi endothéliale, dans lesquelles les troncs artériels se terminent parfois brusquement par des orifices contractiles (*Patella* et *Haliotis*, artère céphalique; Hétéropodes, artère pédieuse; Thécosomes, artère céphalique, etc.).

Le sang veineux se rassemble dans deux grands sinus : antérieur ou céphalopédieux, et abdominal postérieur ou du tortillon; ces deux espaces sanguins se déversent dans un sinus principal ou abdominal antérieur, sous le péricarde.

De ce dernier, le sang veineux arrive au plafond de la cavité palléale pour respirer, à droite par le sinus rectal (extérieur au rectum), et à gauche par le sinus latéral, plus ou moins bien délimité, qui parcourt le bord antérieur du manteau (*artère pulmonaire* des Pulmonés).

Du sinus rectal, le sang se rend, par une veine palléale transverse ou par un réseau vasculaire, à l'appareil respiratoire, en formant le plus généralement un sinus branchial afférent, situé tout le long de la branchie, au côté droit de celle-ci.

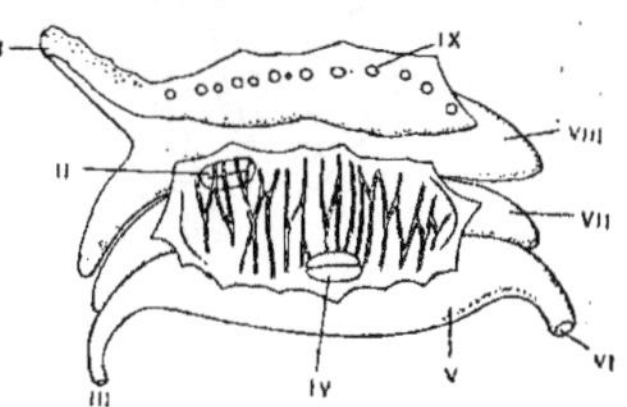

Fig. 40. — Cœur de *Patella*, le ventricule fendu suivant son grand axe, grossi; d'après WEGMANN. — I, « veine branchiale »; II, valvule auriculo-ventriculaire; III, aorte postérieure ou génitale; IV, valvule séparant le bulbe aortique et le ventricule; V, bulbe aortique; VI, aorte antérieure; VII, ventricule avec piliers musculaires intérieurs; VIII, oreillette; IX, orifice amenant dans l'oreillette le sang du plafond de la cavité palléale.

Mais une très grande partie du sang veineux, plus grande dans les formes archaïques que dans les plus spécialisées, va irriguer le rein par un système porte; puis, la veine rénale efférente se rend généralement au sinus rectal ou directement au sinus branchial afférent (*Valvata*). Le sang veineux du rein va donc aussi respirer avant de rentrer au cœur; mais, dans divers Streptoneures (*Vermetus, Littorina, Cyclostoma*) et certains Pulmonés, ce sang va directement à l'oreillette, sans passer par l'appareil respiratoire.

Respiration. — La respiration des Gastropodes est originairement et généralement aquatique; elle a alors pour organe une paire d'expansions du manteau ou cténidies, situées dans la cavité palléale. Chacune de ces cténidies est semblable et homologue à une branchie de *Chiton* (fig. 4, IV), *Nautilus* (fig. 147, *i, k*), *Nucula* (fig. 5); mais il n'en persiste le plus souvent qu'une seule (fig. 42, XVII; fig. 63, IV; fig. 78, IV).

Nombre des cténidies et de leurs rangées de pectinations. — Il y a une paire de cténidies chez les Rhipidoglosses les plus primitifs (*Pleurotomariidæ, Fissurellidæ, Haliotidæ*); dans les deux premières familles, ces deux organes sont égaux; chez les *Haliotidæ*, celui qui est topographiquement gauche est plus grand que le droit. Dans tous les autres Gastropodes, il n'y a qu'une cténidie, correspondant à la gauche des dibranchiés ci-dessus.

Dans tous les Streptoneures, les Pleurobranchiens, *Gastropteron* et les

Lophocercidæ, chaque cténidie est formée de filaments respiratoires aplatis, disposés en une ou deux rangées, perpendiculairement à l'axe branchial; la branchie y est dite *pectinée*. Dans les Opisthobranches (seuls Euthyneures cténidiés), la cténidie est plissée transversalement, depuis la base jusqu'au sommet, chaque saillie d'une face correspondant à un sillon de l'autre et réciproquement : cette branchie est dite *plissée*.

Les cténidies pectinées ont deux rangées de filaments ou de pectinations, une sur chaque face de l'axe branchial, chez tous les Aspidobranches monobranchiés ou dibranchiés et dans *Valvata*. Chaque cténidie est alors constituée comme celle de *Chiton*, *Nucula* (fig. 3), *Nautilus*, et se trouve également libre à son extrémité distale sur une longueur plus ou moins grande. Ces deux rangées de filaments respiratoires sont égales dans les Rhipidoglosses dibranchiés, dans *Acmæa* et *Valvata*. Chez les Rhipidoglosses monobranchiés, la rangée dorsale (entre l'axe et le manteau) est fort réduite; et dans le reste des Streptoneures, cette rangée a disparu : la branchie est alors attachée au manteau sur toute sa longueur (fig. 42, xvii).

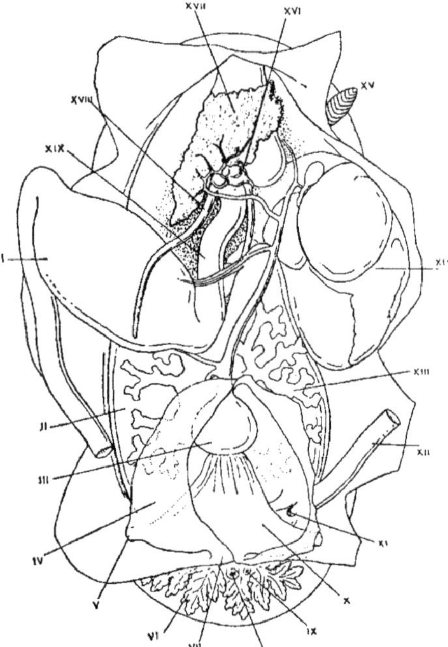

Fig. 41. — *Doris pilosa* ouvert dorsalement, grossi; d'après Hancock. — I, estomac; II, foie; III, ventricule; IV, péricarde ouvert; V, veine palléale; VI, branchie; VII, veine branchiale; VIII, anus; IX, orifice rénal; X, oreillette; XI, orifice réno-péricardique; XII, intestin (partie postérieure détachée de la partie antérieure qui est rabattue à gauche); XIII, rein; XIV, glandes génitales annexes; XV, tentacule dorsal; XVI, centres nerveux; XVII, glande lymphatique; XVIII, glande salivaire; XIX, œsophage.

Chaque filament est le plus souvent uni, à surface plissée, ou même feuilletée (*Janthina*). Chacun est une simple saillie tégumentaire lacunaire, sans revêtement endothélial intérieur. La paroi de sa cavité sanguine est formée de tissu conjonctif; celui-ci est condensé et compact, le long du bord, surtout au côté ventral du filament, formant un épaississement de soutien. La cavité de ce filament est traversée de trabécules musculaires qui peuvent en produire la contraction.

Respiration palléale aquatique accessoire. — Il est un certain nombre de cas où le sang hématosé qui entre dans l'oreillette ne provient pas seulement des branchies cténidiales : il en arrive aussi, alors, en quantité plus ou moins grande, de diverses autres parties du manteau; ou bien, si ce dernier a disparu comme organe conchifère, de l'enveloppe dorsale du corps agissant alors comme organe respiratoire accessoire. C'est ce qu'on observe dans les *Acmæidæ*, Hétéropodes, *Pleurobranchidæ* et *Pneumonodermatidæ*. Dans les *Pleurobranchidæ*, Hétéropodes et certains *Acmæidæ*, le manteau ne présente pas encore de formations respiratoires secondaires; mais, chez d'autres *Acmæidæ* (*Scurria*, etc.) et certains *Pneumonodermatidæ* (fig. 43, vii), il y a coexistence du ctenidium (branchie proprement dite) et d'organes respiratoires secondaires ou *branchies palléales*.

Disparition du ctenidium dans des Gastropodes aquatiques. — Le ctenidium s'atrophiant et disparaissant, le manteau reprend à lui seul le rôle respiratoire qui s'était antérieurement spécialisé dans la branchie cténidiale. On peut alors, encore, trouver deux cas :

a) Celui où existent des formations branchiales, de forme et de situation variées, mais non homologues au ctenidium. Ces formations siègent à la face interne du manteau, chez certains Docoglosses (fig. 61, ii); à la face externe chez *Clionopsis*, *Notobranchæa*, et la plupart des Nudibranches (fig. 80, ii; fig. 82, iv).

b) Celui où ces conformations secondaires, elles-mêmes, ont disparu ou n'existent pas : *Lepetidæ*, *Firoloida*, *Dermatobranchus*, *Heterodoris*, Élysiens (moins les *Hermæidæ*), *Phyllirhoe* (fig. 81), *Clionidæ*, *Halopsychidæ*.

Respiration pulmonaire. — Diverses

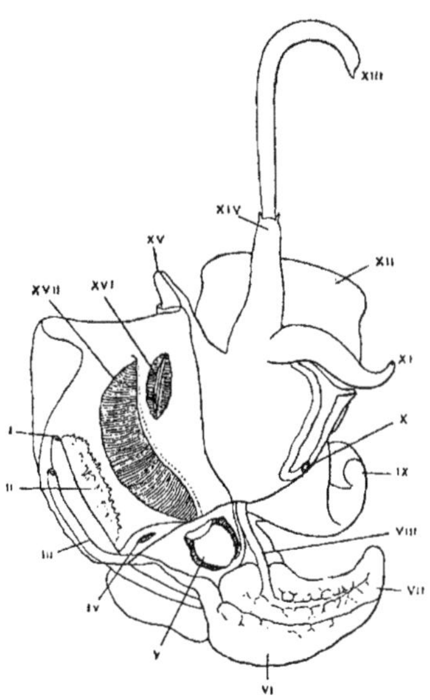

Fig. 42. — *Hemifusus tuba*, mâle, sans sa coquille, le manteau ouvert suivant le côté droit; d'après Souleyet. — I, anus; II, glande hypobranchiale; III, spermiducte; IV, orifice extérieur du rein; V, cœur dans le péricarde; VI, testicule; VII, foie; VIII, tube digestif; IX, muscle columellaire; X, spermiducte coupé par la section du manteau; XI, pénis; XII, pied; XIII, extrémité de la trompe; XIV, tête; XV, siphon; XVI, osphradium; XVII, cténidie.

formes aquatiques cténidiéés et riveraines de Streptoneures, ont pris l'habitude de vivre pendant un temps plus ou moins long en dehors des atteintes de l'eau : c'est le cas de divers *Littorina* (*L. rudis*, *L. neritoides*, etc.), *Cremnoconchus*, plusieurs *Cerithiidæ*, etc. Il s'y produit alors certaines modifications dans la conformation de la surface intérieure du manteau, à l'intérieur de la cavité palléale : les filaments du ctenidium monopectiné, souvent peu élevés, sont prolongés plus ou moins indéfiniment, sur le côté droit de la face palléale intérieure, en arborisations vasculaires (*Cremnoconchus* et Littorines semi-aériennes). Finalement, le ctenidium disparaît tout à fait, et, en même temps que lui, la glande hypobranchiale et le sinus branchial afférent : alors, le sang veineux du sinus rectal arrive à la veine afférente au cœur (ex-veine branchiale efférente) par le système d'arborisations vasculaires qui s'étend sur tout le plafond de la chambre palléale; tel est le cas chez *Cerithidea obtusa*, qui ne présente plus que des vestiges de l'extrémité antérieure de la branchie.

C'est ainsi que, chez beaucoup de Gastropodes aériens, le ctenidium a totalement disparu et que le plafond de la cavité palléale est parcouru par un riche réseau, dans lequel le sang vient respirer. Mais les animaux ainsi conformés sont polyphylétiques, c'est-à-dire qu'ils appartiennent à plusieurs groupes différents : Rhipidoglosses (*Helicinidæ*), trois sous-groupes de Ténioglosses sans trompe (*Cyclophoridæ*, *Cyclostomatidæ*, *Aciculidæ*), Pulmonés proprement dits (terrestres et aquatiques).

La chambre palléale constitue alors une cavité pulmonaire ou *poumon*, à la surface dorsale vascularisée duquel arrive le sang veineux venant de diverses parties du corps : chez les Pulmonés proprement dits, il est charrié par un sinus veineux péripulmonaire plus ou moins annulaire. Le poumon n'est donc jamais un organe spongieux, mais une cavité strictement homologue à la cavité palléale. L'ouverture du poumon ou *pneumostome* est fort rétrécie dans les Pulmonés proprement dits (fig. 44, ii; fig. 86, v; fig. 87, vii); finalement, par réduction, le poumon peut disparaître entièrement (*Vaginulidæ*, *Oncidiidæ*, *Ancylus*).

Dans une seule famille de Streptoneures, on voit le ctenidium conservé, malgré la formation d'une cavité pulmonaire (*Ampullariidæ*). Dans ceux-ci, la chambre palléale s'est dédoublée par une cloison incomplète, en poumon et cavité branchiale, et c'est à gauche de la branchie cténidiale que le premier s'est constitué. Ces Gastropodes peuvent ainsi respirer tant dans l'eau que hors de l'eau et sont de vrais dipneustes.

Retour à la respiration aquatique chez certains Pulmonés et formation d'une branche secondaire. — Dans un grand nombre de Gastropodes à poumon, il y a un retour plus ou moins complet aux habitudes aquatiques (Basommatophores ou Limnéens); chez certains d'entre eux (*Amphibola*, *Siphonaria*, *Gadinia*, *Chilina*, Limnées des lacs profonds, *Planorbis nautileus*), la cavité palléale pulmonaire, au lieu d'être remplie d'air, peut être, par moment ou d'une façon continue, remplie d'eau, comme dans les embryons de Pulmonés aquatiques : ce qui constitue une réadaptation à la vie aquatique.

Dans ce cas, cependant, le ctenidium ne réapparaît pas; mais, il arrive alors que, vers l'ouverture de la cavité pulmonaire, ou même dans son intérieur, se forment des expansions palléales respiratoires ou branchies secondaires. Tel est l'appendice tégumentaire contractile, à la base duquel s'ouvre l'anus, chez

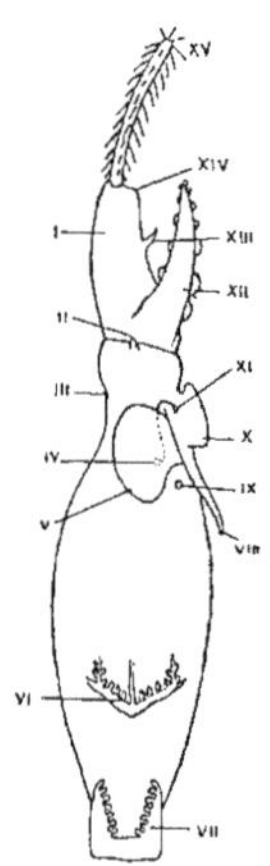

Fig. 43. — *Pneumonoderma*, vu du côté droit, la tête en haut, grossi. — I, trompe dévaginée; II, tentacule antérieur; III, tentacule postérieur; IV, ouverture génitale hermaphrodite; V, nageoire; VI, cténidie; VII, « branchie » postérieure; VIII, lobe postérieur du pied; IX, cloaque réno-anal; X, bord latéral du pied; XI, orifice du pénis; XII, appendice acétabulifère; XIII, papille ventrale médiane de la trompe; XIV, point où se trouvent situées les mâchoires; XV, sac à crochets dévaginé.

les *Planorbidæ* : lobe respiratoire uni chez *Planorbis corneus* (à la surface duquel on y voit une riche vascularisation) et chez *Ancylus* (où le poumon a disparu); branchie plissée chez *Pulmobranchia* (fig. 45, *b*). Telle est aussi la longue « branchie » plissée, qui, chez *Siphonaria*, s'étend en travers du plafond de la cavité pulmonaire, entre le rein et le rectum, plus en arrière et à droite que le ctenidum des Gastropodes monobranchiés (fig. 87, III).

Le tableau de la page 67 résume les différentes dispositions que peut présenter l'appareil respiratoire chez les Gastropodes.

Système excréteur. — Reins. — Originairement pairs, ils existent encore, au nombre de deux, dans tous les Aspidobranches (Néritacés exceptés); ils s'y ouvrent alors de part et d'autre de l'anus (fig. 61, IV et XVII). Ils ne sont cependant plus symétriques dans aucun d'eux, le rein topographiquement gauche y étant rudimentaire, et le droit étant presque toujours fonctionnel.

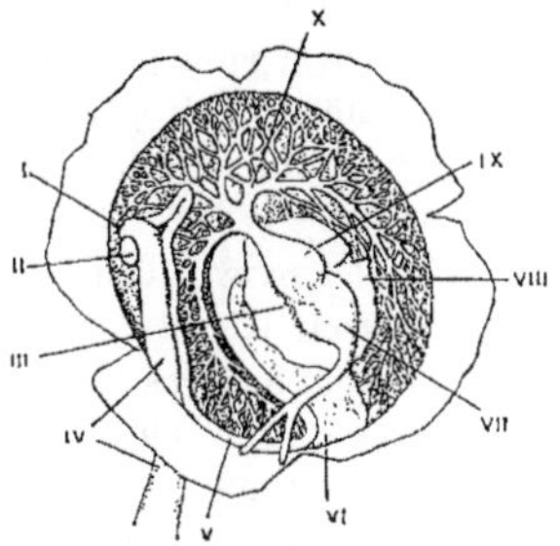

Fig. 44. — Plafond de la cavité palléale pulmonaire de *Limax*, vu ventralement, grossi 4 fois, d'après LEIDY. — 1, cloaque réno-anal; II, pneumostome; III, orifice réno-péricardique; IV, rectum; V, uretère; VI, rein; VII, ventricule; VIII, péricarde ouvert; IX, oreillette; X, ramifications de la veine pulmonaire

Dans les Néritacés (*Neritidæ*, *Titiscaniidæ* et *Helicinidæ*) et dans tous les Pectinibranches et Euthyneures, le rein topographiquement droit n'existe plus. Chez *Paludina*, on retrouve les deux reins pendant le développement, mais à l'état adulte le rein droit a disparu.

Le rein est toujours un organe dorsal, situé dans le voisinage du péricarde, avec lequel il communique par un orifice cilié (fig. 81, XIV); cependant, chez les Aspidobranches à deux reins les plus voisins des Gastropodes mononéphridiés (*Haliotidæ*, *Trochidæ*, etc.), le rein droit, qui disparaît chez ceux-là, n'a plus d'orifice péricardique; et chez les autres Aspidobranches, (*Patellidæ*, *Fissurellidæ*, etc.), c'est le rein gauche, très rudimentaire, qui a perdu cette communication. Par exception, *Elysia*, dont le rein se trouve sous le péricarde et l'entoure en partie, possède des orifices réno-péricardiques multiples (une

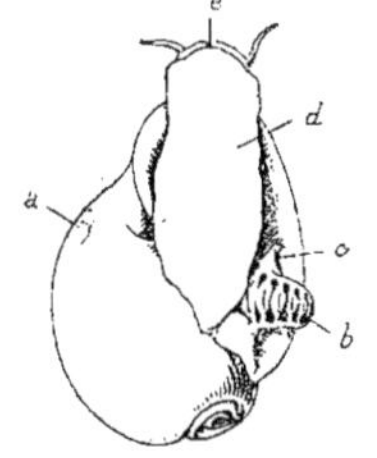

Fig. 45. — *Pulmobranchia lamellata*, vu ventralement, grossi 4 fois. — *a*, ventricule du cœur; *b*, branchie palléale; *c*, orifice pulmonaire; *d*, pied; *e*, bouche.

dizaine). L'ouverture extérieure du rein est généralement située au voisinage de l'anus (fig. 42, IV; fig. 61; fig. 68, XVI; fig. 81, XV), sauf de rares cas (*Janus*); parfois même, elle est placée dans une sorte de cloaque commun avec l'anus (Gymnosomes, fig. 76, III; certains Pulmonés, fig. 44, 1). Cet orifice externe est porté sur une papille dans les Aspidobranches à deux reins (fig. 61); il est constitué par une simple fente chez la plupart des Opisthobranches et des Pectinibranches (fig. 42, IV). Toutefois, *Paludina* et *Valvata* font exception parmi ces derniers : il existe chez eux un uretère qui va s'ouvrir au bord du manteau; la même disposition existe aussi dans beaucoup de Pulmonés (surtout Stylommatophores), où un uretère allongé débouche avec l'anus au bord du pneumostome (fig. 44, v).

Dans la disposition la plus simple, le rein est un sac à paroi épithéliale sécrétante. Par le plissement de cette paroi, la cavité se subdivise et l'organe prend une texture alvéolaire spongieuse; mais dans diverses formes pélagiques, il redevient un appareil plus ou moins tubuliforme et transparent (Hétéropodes, fig. 68; certains « Ptéropodes », fig. 75, *h*; *Phyllirhoe*, fig. 81). Il forme généralement une masse sans saillies extérieures; cependant il est partagé en deux lobes dans la généralité des Sténoglosses et chez quelques Ténioglosses (*Paludina* et *Cypræa*); dans un assez grand nombre de Nudibranches (Doridiens, *Janus*, etc.), il est divisé en ramifications qui s'étendent entre les organes de presque tout le corps (fig. 41, xiii).

Outre son rôle excréteur, le rein peut encore jouer celui d'organe vecteur des produits génitaux; c'est le cas pour le rein droit de tous les Gastropodes binéphridiés (Aspidobranches moins les Néritacés) : *Haliotis*, où la glande génitale s'ouvre dans le rein par une large fente, *Fissurella* et *Trochus*, où elle y débouche par une papille, non loin de l'orifice rénal externe, etc.

Dans divers Pectinibranches (*Littorina*), une *glande néphridienne* débouche dans le rein; elle est formée de canaux ciliés entourés de tissu conjonctif.

Glandes péricardiques. — Elles se trouvent situées, chez les Aspidobranches et *Valvata*, sur la paroi externe des oreillettes. Ailleurs, elles sont localisées sur la paroi intérieure du péricarde : quelques Pectinibranches (*Littorina*, *Cyclostoma*) et certains Opisthobranches (Pleurobranches, Nudibranches), ou sur l'origine (intrapéricardique) de l'aorte (Aplysiens).

Système reproducteur. — Les Gastropodes dioïques sont tous les Streptoneures, à l'exception des genres *Valvata*, *Marsenina*, *Oncidiopsis*, *Odostomia* et *Entoconcha*. Les Gastropodes hermaphrodites sont tous les Euthyneures et les cinq genres précités de Streptoneures.

Dioïques. — Le dimorphisme sexuel est en général assez peu marqué. Les mâles ne se reconnaissent extérieurement qu'à leur pénis, quand il existe; cependant leur taille est souvent plus petite que celle des femelles (Rhipidoglosses, *Littorina*, etc.), et leur forme, plus élancée; en outre, on trouve parfois des différences sexuelles dans l'ouverture de la coquille (*Littorina obtusata*), l'opercule (quelques Cérithes), les dents de la radula (certains *Buccinidæ*), l'absence de ventouse pédieuse (*Pterotrachea*), de fente au manteau (*Vermetus*), etc.

La glande génitale est unique. Généralement, elle se trouve située au côté dorsal et au sommet de la masse viscérale. C'est une glande en grappe, constituée par de très nombreux acini, et formant soit un organe compact, soit des ramifications sur et dans la masse du foie.

Chez les Scutibranches, hormis les Néritacés, la glande génitale débouche dans le rein droit, qui transporte les produits sexuels au dehors. Dans les Néritacés et les Pectinibranches, l'appareil reproducteur a toujours un orifice extérieur propre et un conduit génital plus ou moins long (encore incomplète-

DIFFÉRENTES DISPOSITIONS QUE PRÉSENTENT LES APPAREILS RESPIRATOIRES DES GASTROPODES

Respiration exclusivement cténidiale.	Bicténidiée.		A deux cténidies égales	*Pleurotomaria, Fissurellidæ.*
			A cténidie gauche plus grande.	*Haliotidæ.*
	Monocténidiée. à branchie.	Pectinée. — Bipectinée.	A deux peignes égaux.	*Valvata.*
			A un peigne plus petit.	Rhipidoglosses.
		Monopectinée		Généralité des Pectinibranches.
	Plissée.			Généralité des Tectibranches.
Respiration cténidiale et palléale.	Sans branchie secondaire			*Pleurobranchidæ* et certains *Acmæidæ.*
	Avec branchie secondaire			*Acmæidæ* et *Pneumonodermatidæ.*
	Avec poumon			*Ampullaria.*
Respiration exclusivement palléale.	Aquatique proprement dite	Sans branchie secondaire		*Lepetidæ,* Élysiens, *Phyllirhoe, Firoloida, Clione, Halopsyche.*
		Avec branchies secondaires		Patelliens, Nudibranches, *Clionopsis, Notobranchæa.*
	Exclusivement pulmonaire.	A poumon aérien.		Pulmonés, *Helicinidæ, Cyclophoridæ, Cyclostomatidæ, Aciculidæ.*
		A poumon « aquatique ».		*Amphibola, Gadinia,* Limnées abyssales, *Chilina, Planorbis nautileus.*
	Pulmonaire avec branchie secondaire.	Intrapulmonaire.		*Siphonaria.*
		Extrapulmonaire		*Planorbis corneus, Pulmobranchia.*
	Avec branchie secondaire et poumon atrophié.			*Ancylus.*

ment clos dans divers *Melaniidæ, Cerithiidæ, Turritellidæ, Vermetidæ*; ce conduit s'ouvre dans la cavité palléale, à droite de l'intestin, dans les deux sexes, chez les *Ampullariidæ* et chez les formes où le pénis manque encore, c'est-à-dire, outre les quatre familles qui sont citées plus haut, les *Capulidæ, Hipponycidæ, Solariidæ*. Partout ailleurs, le conduit mâle ou spermiducte diffère du conduit femelle ou oviducte par l'organe copulateur qui le termine.

Dans ce dernier cas, le spermiducte est originairement continué par un sillon ou gouttière séminale, qui s'étend de l'orifice génital primitif jusqu'à l'extrémité du pénis (ce sillon peut toutefois se fermer en partie et ne rester ouvert qu'auprès du pénis ou sur lui). Cette disposition existe dans un certain nombre de Ténioglosses : *Ampullaria, Littorinidæ, Modulidæ, Struthiolariidæ, Chenopodidæ, Cassididæ, Doliidæ, Tritonidæ, Naticidæ, Cypræidæ, Calyptræidæ, Strombus* (fig. 26, *a*); dans quelques Sténoglosses : *Muricidæ, Magilus, Voluta, Lyria, Harpidæ, Terebra* et tous les Hétéropodes (fig. 70, ɪɪ).

Partout ailleurs, c'est-à-dire dans un certain nombre de Ténioglosses et presque tous les Sténoglosses, le spermiducte est entièrement fermé sur toute sa longueur et le pénis est creux (*Hemifusus*, fig. 42, x, xɪ). De cette façon, l'orifice mâle est reporté à l'extrémité du pénis et, par conséquent, considérablement écarté de la position primitive de l'ouverture génitale, que l'orifice femelle conserve.

Un pénis existe dans les Néritacés, parmi les Rhipidoglosses, et chez tous les Pectinibranches, à l'exception des quelques familles de Ténioglosses précédemment citées; dans ces dernières, l'accouplement ne peut donc pas avoir lieu, pas plus que chez les Aspidobranches. Le pénis n'existe plus qu'à l'état rudimentaire dans les formes devenues sédentaires (*Magilus*); ailleurs, il constitue une saillie bien développée, non invaginable, située à la partie antérieure du corps, au côté droit, sauf au cas de situs inversus. Tous les Streptoneures aériens sont nécessairement péniés, puisque chez eux l'accouplement est indispensable. Mais le pénis n'est pas partout homologue : il s'est développé en des points différents, suivant l'endroit où le spermiducte est venu se terminer; c'est ainsi que les Rhipidoglosses (Néritacés) ont un pénis céphalique; il en est de même pour *Paludina*, où le pénis est une partie du tentacule droit; chez les *Ampullariidæ* et *Cyclostomatidæ*, il s'est développé aux dépens du manteau, et partout ailleurs, il est pédieux. Parfois il est pourvu d'un fouet extérieur ou flagellum : tel est le cas chez beaucoup de Ténioglosses (presque tous les *Littorinidæ*, sauf *Cremnoconchus, Dolium*, et surtout *Hydrobia, Bithynia*, des *Naticidæ*, les *Lamellariidæ* et les Hétéropodes).

Chez divers Ténioglosses et beaucoup de Sténoglosses, il y a, outre la forme normale de spermatozoïdes (filiformes), une autre sorte de ces éléments, vermiformes, dont le rôle est encore inconnu (*Paludina, Murex, Nassa, Pteroceras*, etc.).

Les conduits génitaux des Gastropodes dioïques présentent assez rarement des organes annexes bien différenciés. Il existe pourtant, dans certains cas, une région glandulaire à l'oviducte, parfois spécialisée en glande albuminipare (*Ampullaria, Paludina, Naticidæ, Lamellariidæ, Calyptræidæ, Triton* et

Cassidaria). Il y a une poche copulatrice (ou *receptaculum seminis*) dans les Néritacés, *Paludinidæ*, *Cyclostomatidæ* et Hétéropodes : celle de *Neritina*, a une ouverture extérieure propre, distincte de l'orifice oviducal. *Ampullaria* et les Hétéropodes ont aussi, chez le mâle, une vésicule séminale (fig. 68, XXIII). Assez souvent, le pénis présente des glandes très marquées, à sa surface (dans les *Littorinidæ*, *Cassis*, *Terebra*, etc., et les Hétéropodes).

Hermaphrodites. — La glande génitale a ordinairement la même situation et les mêmes rapports que celle des Streptoneures dioïques. Mais elle peut être encore plus subdivisée, surtout chez certains Nudibranches : *Phyllirhoe* (fig. 81, 1), Élysiens (fig. 49). Elle a toujours un conduit à orifice extérieur propre, et un pénis, invaginable chez la généralité des Euthyneures. La glande diffère de celles des Streptoneures dioïques par la production d'œufs et de spermatozoïdes dans le même individu. Dans la disposition la plus archaïque, les deux sortes de produits prennent naissance côte à côte (*Valvata*, la plupart des Tectibranches et des Pulmonés). Une spécialisation consiste dans la séparation d'acini mâles et femelles, ces derniers s'ouvrant dans les sacs spermatogènes : *Oncidiopsis*, Pleurobranches, la plupart des Nudibranches (fig. 46), à l'exception des Élysiens. *Entoconcha*, seul (fig. 67, III, IV), a des sacs, mâle et femelle tout à fait séparés.

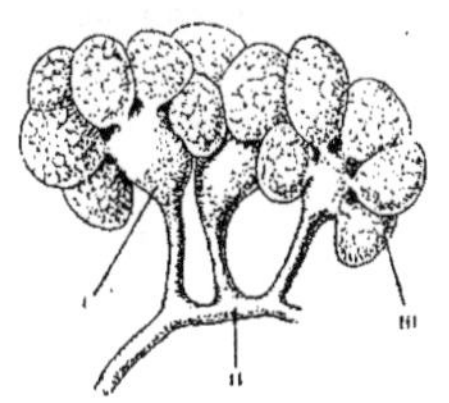

Fig. 46. — Trois lobes de la glande hermaphrodite de *Polycera ocellata*, grossis; d'après Hancock. — I, cavité centrale mâle; II, conduit hermaphrodite; III, acinus femelle.

Dans la disposition la plus simple, le conduit génital est hermaphrodite (spermoviducte) sur toute sa longueur, ou *monaule*. Il présente généralement alors, dans son intérieur, un double repli longitudinal. L'orifice hermaphrodite est situé au côté droit, vers l'ouverture de la cavité palléale; il se trouve relié, par une gouttière séminale ou sillon cilié, au pénis placé plus en avant; il en est ainsi dans la généralité des Bulléens, y compris les Thécosomes (fig. 75, *b*, *d*) et chez les Aplysiens, y compris les Gymnosomes (fig. 43, IV, XI). Les bords de cette gouttière séminale se rejoignent, en formant un tube complet, dans *Cavolinia longirostris* parmi les Bulléens, et dans les *Auriculidæ*, parmi les Pulmonés; dès ce moment, par conséquent, l'ouverture hermaphrodite primitive ne déverse plus au dehors que les produits femelles, et il existe un spermiducte clos.

Mais, à partir de ce stade d'évolution du conduit génital, le spermiducte naît du canal hermaphrodite avant que celui-ci vienne déboucher au dehors; ce dernier conduit se bifurque donc en un point et devient ainsi *diaule*, la branche femelle s'ouvrant par l'orifice hermaphrodite primitif : c'est la disposition qu'offrent *Valvata* (fig. 47) et *Oncidiopsis*; *Actæon* et *Lobiger* parmi les Bulléens; les *Pleurobranchidæ* et la généralité des Nudibranches (fig. 81, II), sauf les Doridiens et la plupart des Élysiens, et les Pulmonés. Au point de bifurcation, les deux parties mâle et femelle sont séparées par une fente étroite ou par un petit orifice, laissant passer seulement les spermatozoïdes.

Ici donc, comme dans les Gastropodes à sexes séparés, l'orifice femelle reste à la place de l'ouverture génitale primitive et l'orifice mâle est d'abord reporté loin en avant, à l'extrémité du pénis. Les deux orifices extérieurs, mâle et femelle, sont alors assez éloignés (*Valvata*, *Oncidiopsis*, généralité des Basommatophores, *Oncidium*, *Vaginulus*). Mais, secondairement, l'ouverture femelle peut elle-même s'écarter de la position originelle et se rapprocher de l'ouverture péniale, au point de lui être contiguë (Pleurobranchiens et généralité des Nudibranches), ou même de s'y réunir dans un cloaque commun (Stylommatophores, fig. 48, VIII; *Siphonaria*). Dans ces divers cas, le conduit femelle, comme le conduit hermaphrodite des « Monaules », présente une poche copulatrice (avec branche accessoire dans certains Pulmonés : *Helix aspersa*, etc., fig. 48, XIV).

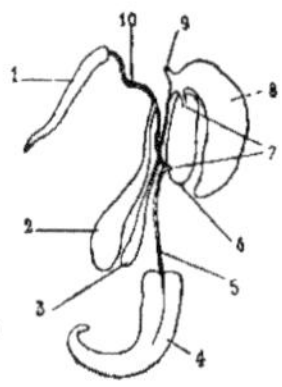

Une troisième différenciation des conduits génitaux se produit quand le conduit femelle se bifurque à son tour, par la séparation de la poche copulatrice, qui acquiert une ouverture distincte, tout en restant jointe à l'oviducte par son extrémité profonde; il y a ainsi deux orifices femelles extérieurs : l'un est l'ouverture copulatrice, l'autre est l'ouverture oviducale, destinée au passage de la ponte. Le conduit génital est alors trifurqué ou *triaule* (Doridiens, et la plupart des Élysiens, fig. 49; *Zonites arboreus*).

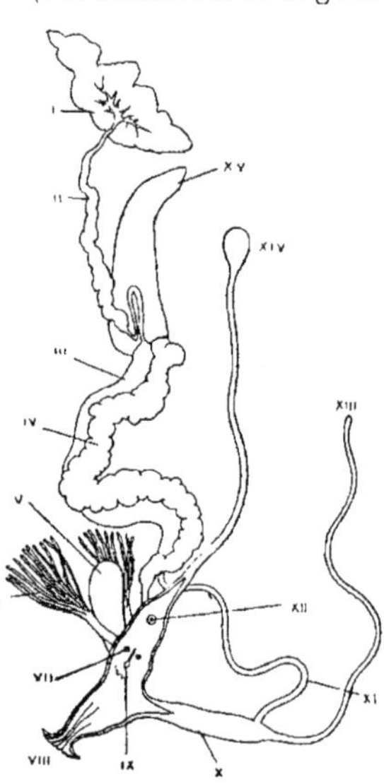

Fig. 47. — Organes génitaux de *Valvata piscinalis*, grossis, d'après Bernard. — 1, pénis; 2, prostate; 3, poche copulatrice; 4, glande hermaphrodite; 5, conduit hermaphrodite; 6, utérus; 7, conduit femelle; 8, glande albuminipare; 9, orifice femelle; 10, conduit mâle.

Fig. 48. — Organes génitaux de *Helix pomatia*, avec le vestibule ouvert, d'après Gratiolet. — I, glande hermaphrodite; II, conduit hermaphrodite; III, partie utérine du spermiducte; IV, oviducte glandulaire; V, poche du dard; VI, vésicules multifides; VII, orifice de VI; VIII, orifice génital commun; IX, orifice de V; X, pénis dans son fourreau; XI, spermiducte; XII, orifice de l'oviducte dans le vestibule; XIII, flagellum; XIV, poche copulatrice; XV, glande albuminipare.

Sauf chez *Actæon* et *Umbrella*, le pénis est toujours invaginable. Il est pédieux chez la généralité des Opisthobranches à l'exception d'*Umbrella*, où il est céphalique. Chez la plupart des Pulmonés, son nerf vient du ganglion cérébral; mais les fibres de ce nerf ne font que traverser ce centre et proviennent du ganglion pédieux. Il porte souvent un appendice chez les Monaules, et, parfois, des formations chitineuses : stylet unique chez plusieurs *Planorbis*, *Glaucus* et divers autres Nudibranches, où il est pourvu d'une poche spéciale dans plusieurs *Doris*; stylets multiples chez certains autres Nudibranches.

Les Gastropodes hermaphrodites possèdent des organes génitaux annexes très nombreux et variés, outre la poche copulatrice sus-indiquée. Une *glande albuminipare* et une *glande muqueuse de la glaire* se trouvent sur les conduits monaules, généralement vers la terminaison. Chez les Diaules Pulmonés, une glande albuminipare volumineuse existe dans la partie hermaphrodite du conduit (fig. 48, xv); et, sur la partie femelle du conduit des Basommatophores, se trouve une glande de la glaire correspondant aux glandes utérines des Stylommatophores (fig. 48, iv). Les Opisthobranches diaules et triaules ont aussi une glande de l'albumine et un organe de la glaire voisins, sur la partie oviducale du conduit génital. La portion oviducale terminale des Stylommatophores montre encore un manchon glandulaire (*Zonites*) ou deux vésicules multifides à ramifications en nombre variable (fig. 48, vi); débouchant entre elles deux, se trouve une poche spéciale, vraisemblablement une vésicule multifide spécialisée (fig. 48, v), dans laquelle se sécrète un dard calcaire acéré; avant l'accouplement, la poche du dard est dévaginée avec toute la partie terminale commune (vestibule) des organes reproducteurs, et le dard, caduc, vient piquer la peau du conjoint.

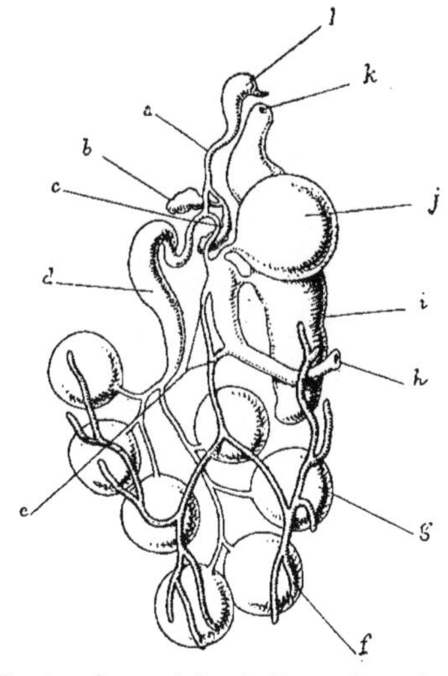

Fig. 49. — Organes génitaux de *Limapontia*, vus dorsalement, grossis 30 fois. — *a*, spermiducte; *b*, prostate; *c*, oviducte; *d*, conduit hermaphrodite; *e*, jonctions de la glande albuminipare à l' « utérus »; *f*, glande albuminipare; *g*, acinus hermaphrodite; *h*, orifice vaginal; *i*, glande muqueuse oviducale; *j*, poche copulatrice; *k*, orifice oviducal; *l*, pénis.

La portion spermiducale présente parfois une glande prostatique allongée (*Valvata*, fig. 47, 2; divers Opisthobranches : Bulléens et Élysiens). Le pénis de certains Stylommatophores possède un long cæcum creux, le *flagellum* (fig. 48, xiii), dans lequel se sécrète le spermatophore ou *capreolus*. Ce dernier est un étui chitineux, mince, fermé à un bout, fendu à l'autre et enveloppant une certaine quantité de sperme; quand le flagellum manque, c'est la partie profonde du pénis qui produit ces étuis. Parfois ces appareils présentent des denticulations et même des arborescences (fig. 50).

La glande hermaphrodite n'expulse pas simultanément des œufs et des spermatozoïdes; la descente des œufs n'a lieu que pendant un temps très court, après l'accouplement. Il y a, d'une façon générale, hermaphroditisme protandrique, les premiers produits mûrs étant les spermatozoïdes. Cet hermaphroditisme est insuffisant, l'union des deux individus étant nécessaire pour la fécondation. Cependant on connaît des exemples de Pulmonés isolés dès leur naissance et ayant pondu des œufs qui se sont développés (*Zonites cellarius*, *Limnæa*).

Fig. 50. — Spermatophore de *Nanina Wallacei*, grossi, d'après Pfeffer.

La *fécondation* se fait par accouplement partout où existe un pénis (dans les formes sans pénis, comme par exemple, dans *Patella*, on peut réussir la fécondation artificielle). Pendant l'acte, la verge s'enfonce dans la poche copulatrice, lorsqu'il y en a une, et y laisse le sperme qui fécondera les œufs à leur passage dans l'oviducte. Cet accouplement et la ponte consécutive se font à des saisons variées, depuis le commencement du printemps et même jusqu'en hiver (*Patella*, dans l'Océan).

Dans les Pulmonés à orifice génital commun (Stylommatophores), les deux individus accouplés se fécondent mutuellement, jouant chacun le rôle de mâle et de femelle; il en est de même pour la plupart des Nudibranches. Chez les hermaphrodites à orifices génitaux éloignés, le même animal peut aussi remplir le rôle de mâle et de femelle, mais dans la règle, non pas simultanément, si ce n'est alors, par rapport à deux individus différents formant avec lui une chaîne (*Limnæa*, Aplysiens, etc.); l'accouplement de deux individus s'y fait comme chez les Gastropodes dioïques (fig. 51).

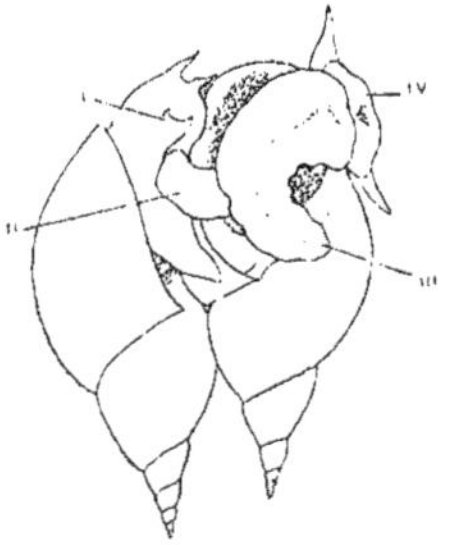

Fig. 51. — Deux *Limnæa stagnalis* accouplés, celui de gauche fonctionnant comme mâle; vus ventralement; d'après Stiebel. — I, tentacule; II, pénis; III, pied; IV, voile buccal (palpes).

Les œufs sont pondus ou se développent dans l'organisme maternel.

La *ponte* se fait peu de jours après l'accouplement : un jour seulement dans divers Nudibranches, parfois quinze jours chez certains *Helix*. Dans les formes qui ne s'accouplent pas, les œufs sont généralement pondus isolément, sans enveloppe accessoire (*Patella*, *Haliotis*, certains *Trochus*); cependant, chez *Fissurella* et quelques *Trochus*, ils sont agglutinés dans une glaire. Ailleurs, la ponte affecte des formes très diverses; dans les Gastropodes aquatiques, Euthyneures surtout, les œufs sont généralement réunis dans une masse ou ruban gélatineux (Pulmonés basommatophores; Opisthobranches, où le ruban est plus ou moins enroulé; *Bithynia*, *Valvata*, Hétéropodes, etc.). Ailleurs, ils sont contenus, au nombre de plusieurs, sans que cependant tous

Fig. 52. — Ponte de *Murex*.

se développent complètement, dans des coques dures et coriaces : chez les Rhachiglosses, où les coques sont accolées les unes aux autres (*Buccinum*, *Fusus*, *Pyrula*) ou fixés côte à côte (*Purpura*, *Nassa*, *Murex*, fig. 52). Les coques des *Natica* forment, avec du sable aggluttiné, un ruban d'aspect corné; *Lamellaria* dépose ses œufs dans une sorte de nid creusé sur des Synascidies. Divers Streptoneures fixent les leurs sur une partie de leur corps ou de leur coquille et ceux-ci ne se développent que là : *Hipponycidæ*, *Capulidæ*, *Leptoconchus*; les *Janthina* ovipares (sous leur flotteur); *Vermetus*, sur la face intérieure de la coquille; *Neritina*, sur sa face externe.

Les Pulmonés stylommatophores pondent généralement des œufs isolés, à enveloppe glutineuse ou calcaire (certains *Helix*, *Testacella*); chez *Bulimus*, ils dépassent parfois la grosseur d'œufs d'Oiseaux, et ont jusqu'à trois centimètres de longueur; *Succinea* enveloppe ses œufs d'une masse gélatineuse quand il les pond dans l'eau.

Les petits sortent vivants de la mère et se développent dans l'extrémité de l'oviducte, chez divers *Paludina*, *Littorina*, *Cymba*, *Janthina*, *Melania* et dans *Entoconcha*, parmi les Streptoneures; et aussi chez certains *Clausilia*, *Pupa*, *Helix*, indigènes, et divers Pulmonés exotiques (*Achatina*, un *Vitrina*, etc.).

DÉVELOPPEMENT. — Dans les formes vivipares, l'œuf renferme très peu de vitellus; il en contient au contraire une quantité très grande dans divers Rhachiglosses. La segmentation de l'œuf est totale et devient rapidement irrégulière, sauf dans les cas à vitellus peu abondant. Les deux premières segmentations se font suivant des méridiens de l'œuf; la troisième a lieu suivant l'équateur et produit la séparation en micromères (au pôle formatif) et macromères (au pôle opposé) : il y a donc généralement quatre macromères dès l'origine (fig. 5, II). Les micromères prolifèrent rapidement, et non seulement aux dépens des quatre micromères primitifs : les premiers macromères donnent aussi naissance, au commencement, à des micromères (souvent trois générations). Dans des formes telles que *Patella* et *Planorbis*, il reste un grand blastocèle entre les macromères et les micromères de la blastula; mais ailleurs, cette cavité est généralement très réduite.

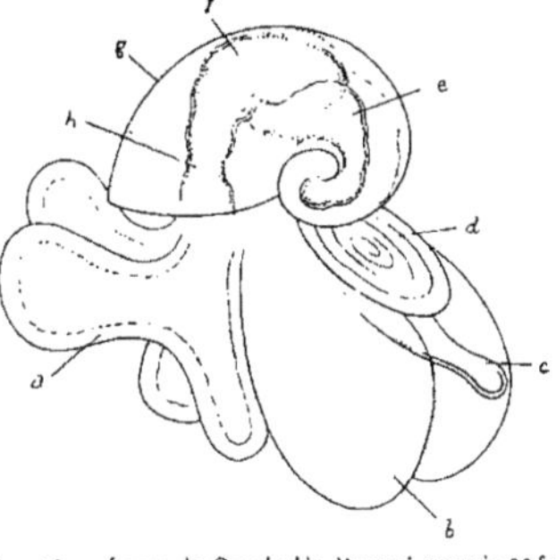

Fig. 53. — Larve de *Cymbulia Peroni*, grossie 30 fois environ ; d'après KROHN. — *a*, velum ; *b*, nageoire pédieuse ; *c*, appendice postérieur du pied ; *d*, opercule ; *e*, foie ; *f*, estomac ; *g*, coquille ; *h*, œsophage.

Chez *Paludina*, *Planorbis*, etc., l'endoderme formé par les macromères s'invagine dans le feuillet formatif; mais, dans bien des cas, par suite de la multiplication beaucoup plus rapide des micromères et du volume des macromères, il y a d'abord épibolie, puis, ultérieurement invagination de l'endoderme; la cavité endodermique ou entéron est alors peu volumineuse.

Le mésoderme provient, sous forme de deux cellules mésodermiques originelles symétriques, du plus postérieur des quatre macromères primitifs; ou bien il naît, à un stade plus avancé de l'évolution de l'endoderme, de cellules de ce feuillet, voisines du blastopore. Chez *Paludina* seul, on a observé que le mésoderme est encore produit par des entérocèles (fig. 10, *b*).

La larve ciliée trochosphère est parfois constituée très tôt, avant la naissance du mésoderme (*Patella*) : l'embryon devient alors libre. Mais dans la généralité des cas, l'éclosion n'a lieu que beaucoup plus tard, et une grande partie du développement se fait dans l'enveloppe de l'œuf. La larve est caractérisée par son velum et quelques autres organes extérieurs ou superficiels.

Velum. — Un cercle cilié locomoteur prend naissance antéro-dorsalement et circonscrit l'aire apicale (fig. 1, *f*; fig. 9, IV); en faisant de plus en plus saillie, il développe un voile natatoire formé de deux lobes latéraux à bord cilié (fig. 12, *f*); ces lobes peuvent, à leur tour, se subdiviser en deux (fig. 55, *a*) ou trois lobes secondaires (*Atlanta*, *Ethella*). Ce velum est rudimentaire ou nul dans les formes vivipares et dans les Pulmonés; il ne se développe un peu, parmi ces derniers, que sur les côtés, sans être continu, chez les Basommatophores; mais, il existe normalement constitué chez les *Auriculidæ*, *Siphonariidæ* et *Oncidiidæ*, qui tous habitent la mer ou ses bords.

Dans d'assez nombreuses larves pélagiques, le stade véligère se maintient longtemps, et avant de se résorber, le velum s'y conserve avec des lobes parfois excessivement longs, alors que le pied reptateur est déjà bien développé : tel est le cas chez *Mac-Gillivraya* (fig. 54), *Agadina*, etc., formes larvaires spéciales de Streptoneures, que l'on a longtemps considérées comme des genres distincts.

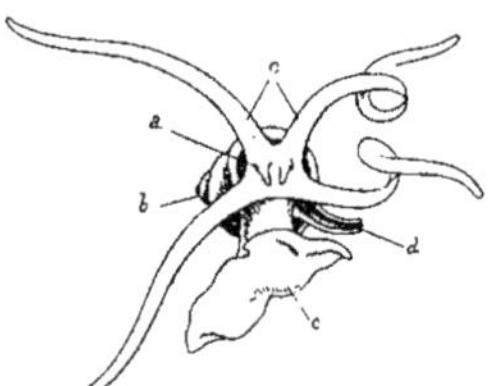

FIG. 54. — *Mac-Gillivraya*, larve pélagique de Streptoneure siphoné (*Dolium*); grossie 10 fois, d'après MAC DONALD. — *a*, œil et tentacule; *b*, coquille; *c*, pied; *d*, siphon; *e*, lobes dorsaux du velum.

Invagination préconchylienne. — Cette invagination ou « glande coquillière » se forme au commencement du développement, dans l'aire centro-dorsale, en arrière du velum : elle est entourée d'un bourrelet (fig. 55, IX) qui s'étend peu à peu sur le sac viscéral, en y sécrétant la coquille. Dans quelques Stylommatophores (*Clausilia*, *Succinea*), un sac palléal se referme sur cette dernière, puis se rouvre ultérieurement. La coquille est épaissie intérieurement par la surface extérieure du manteau, mais ne s'accroît en étendue que par le bord de ce dernier : en cet endroit se trouvent des glandes spéciales, qui entrent en régression quand l'animal arrive à l'état adulte. C'est seulement vers cette époque que la bouche de la coquille s'entoure d'une lèvre ou se rétrécit souvent de diverses façons, formant, par exemple, l'ouverture linéaire des *Cypræa*, *Cavolinia*, etc. Dans les formes nues à l'état adulte, la coquille tombe peu après la résorption du velum.

Sinus contractiles superficiels. — Ce sont des portions de la paroi du corps, modifiées pour servir temporairement à faire circuler le fluide nutritif, dans le système de cavités (reste du blastocèle) qui correspondent à celles de l'appareil circulatoire de l'adulte; dans ces sinus se trouvent des éléments musculaires.

Ces organes, acquis dans le cours de l'ontogénie, se développent en des points différents; il s'en trouve fréquemment un entre le pied et l'anus, en avant de la cavité palléale (*Helix*, *Bithynia*, *Vermetus*, *Nassa* et presque tous les Gastropodes marins, y compris les « Ptéropodes », Hétéropodes et Nudibranches) : ce sinus se déplace avec l'ouverture palléale (fig. 57, II) par le côté droit, vers la nuque, et finit par être partiellement dans l'intérieur de la cavité palléale. Ailleurs existe un sinus « voilier » dorsal (Basommatophores) ou une vésicule caudale (sinus pédieux postérieur ou podocyste) : divers Stylommatophores (*Arion*, *Limax*, *Clausilia*, *Helix*, etc.).

Reins embryonnaires. — Ce sont des organes pairs, symétriques et antérieurs, situés en arrière du velum ou de l'aire apicale, sur les côtés. Chez les Streptoneures marins et chez les Opisthobranches, ce sont des poches closes, qui seraient ectodermiques dans les premiers, mésodermiques chez les derniers. Dans *Paludina*, *Bithynia* et les Pulmonés, ce sont des canaux qui s'ouvrent au dehors. Chez les Pulmonés, ces organes sont des tubes coudés, présentant une ampoule en leur milieu; la portion terminale est ectodermique, la moitié interne est constituée par des cellules perforées et possède, à son extrémité intérieure, un entonnoir à flamme vibratile, qui s'ouvre dans la cavité générale céphalo-pédieuse (fig. 55, x).

Pour ce qui est de la formation des organes internes de l'adulte, l'estomac, le foie et la presque totalité de l'intestin sont endodermiques; les deux lobes du foie sont formés par les deux *sacs nourriciers* endodermiques, que la larve présente aux deux côtés de la partie postérieure de l'estomac. Une invagination proctodæale est nulle ou peu importante; au contraire, le bulbe buccal et l'œsophage, avec leurs nombreux organes annexes, sont d'origine ectodermique : l'invagination stomodæale qui leur donne naissance se produit toujours à la place de l'extrémité antérieure du blastopore, que celui-ci se ferme ou reste ouvert.

Les centres nerveux et les organes des sens proviennent de l'ectoderme, presque toujours par épaississement. Les otocystes renferment toujours, à l'origine, un seul otolithe, même chez les formes

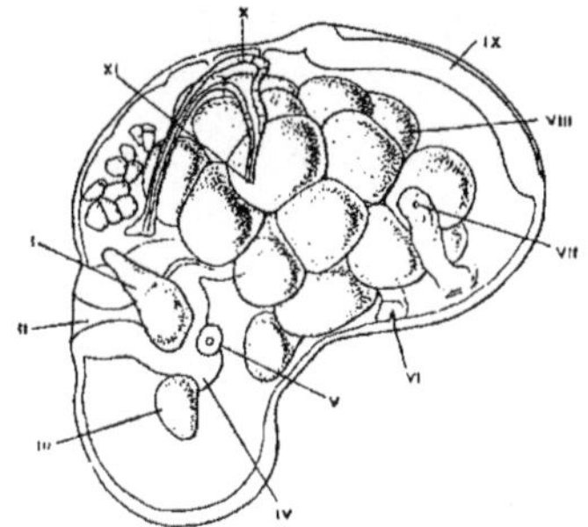

Fig. 55. — Embryon de *Planorbis contortus*, vu du côté gauche, grossi 150 fois; d'après Fol. — I, ganglion cérébral; II, bouche; III, ganglion pédieux; IV, sac radulaire; V, otocyste; VI, anus; VII, orifice extérieur du néphridium; VIII, sac nourricier (endoderme à vitellus), ébauche du foie; IX, bourrelet coquillier; X, rein embryonnaire; XI, orifice extérieur de X.

qui, à l'état adulte n'ont que des otoconies. Chez les larves pélagiques, on observe l'asymétrie des otocystes.

Le pied est toujours très court au commencement (fig. 57, v) et constitue une papille qui prend naissance entre les deux extrémités du blastopore primitif (fig. 1, *b*), par deux ébauches paires (fig. 9, II). L'opercule existe chez toutes les larves, même chez celles dont l'adulte n'a ni coquille, ni pied : les Pulmonés (moins les *Auriculidæ*, *Amphibolidæ* et *Siphonariidæ*), les *Cavoliniidæ* et les Gymnosomes font seuls exception.

Les autres organes se forment comme chez les autres Mollusques, ainsi qu'il a été dit un chapitre *Généralités*. L'ontogénie des Gastropodes ne présente plus de spécial que certaines métamorphoses post-larvaires et la torsion qui se produit pendant le développement.

Métamorphoses post-larvaires. — Le voile, comme on l'a vu, disparaît en se résorbant (processus phagocytaire); l'opercule tombe dans divers cas, et la coquille également, chez les formes nues (fig. 25) et chez *Lamellaria*, où il s'en reforme une autre. Il est rare qu'il existe une seconde forme larvaire, après la disparition du voile et avant le passage à l'état adulte; c'est le cas pour les Gymnosomes, où avant le développement complet des nageoires (fig. 76, VIII), se forment trois cercles ciliés transversaux et parallèles (fig. 56, VI, III, IV; fig. 77, I, III, IV) : le premier est constitué par des portions interrompues; le deuxième et le troisième sont continus et placés respectivement vers le milieu du corps et vers l'extrémité aborale. Ces deux cercles postérieurs continus, et surtout le dernier, se conservent fort tard et persistent parfois chez l'adulte (fig. 76, vi, v).

Torsion et asymétrie d'organisation des Gastropodes. — Jusqu'au stade trochosphère (fig. 9), la larve est strictement symétrique. Mais, ultérieurement, commence la torsion, dont résulte *l'asymétrie caractéristique des Gastropodes adultes.*

Le processus suivant lequel est produite cette torsion, se rapporte, en dernière analyse, à un phénomène morphologique général dans l'embranchement des Mollusques : Céphalopodes (fig. 124), Scaphopodes (fig. 90), Lamellibranches (fig. 120, etc.); c'est la torsion ventrale, dans le sens sagittal postéro-antérieur, dont le résultat est de rapprocher les deux extrémités du tube digestif. En effet, dans le développement des Gastropodes, l'ouverture de la cavité palléale et l'anus sont *toujours* d'abord postérieurs (fig. 1, d; fig. 55, vi, etc.), comme dans les Mollusques symétriques, puis, ils sont ramenés en avant, *ventralement* (fig. 57, iii), comme dans les Céphalopodes, Scaphopodes et de nombreux Lamellibranches.

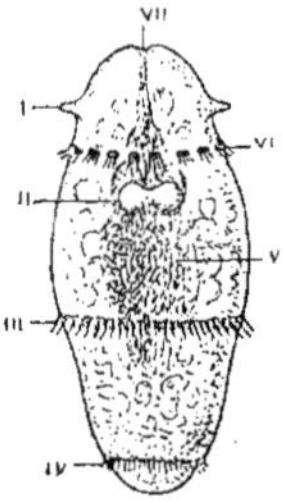

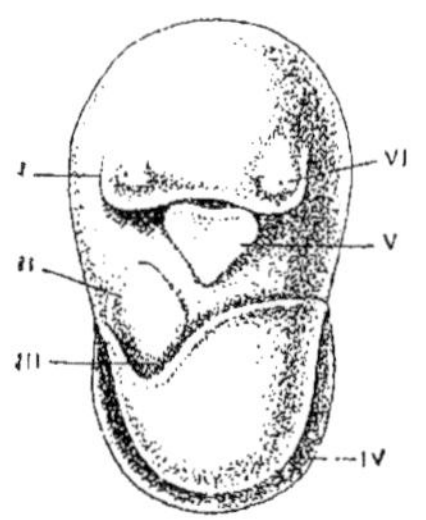

Fig. 56. — Larve de *Pneumonoderma*, grossie, vue dorsalement. — I, tentacule antérieur; II, ganglion cérébral; III, deuxième cercle cilié; IV, troisième cercle cilié; V, masse viscérale; VI, premier cercle cilié; VII, bouche.

Il y a donc une première torsion autour d'un axe transversal qui se trouve dans un plan perpendiculaire au grand axe antéropostérieur de l'animal. Pendant cette torsion ventrale, se produit aussi l'enroulement du sac viscéral et de la coquille. Primitivement, cette dernière était en forme d'écuelle; mais la torsion ventrale (rapprochant les deux extrémités du tube digestif) ayant donné à la masse viscérale, et au manteau qui la recouvre, la forme d'un dé à coudre ou d'un cône plus ou moins aigu, la coquille a pris également cette forme; ensuite, elle s'est enroulée vers le dos ou en avant, c'est-à-dire que son enroulement est exogastrique, ainsi qu'on l'a constaté dans *Patella* et *Fissurella* (et ce qui concorde avec le sens de l'enroulement chez les autres Mollusques enroulés, sans torsion latérale : *Nautilidæ*). Mais, dans les Gastropodes adultes, cet enroulement devient secondairement ventral ou endogastrique (fig. 62; fig. 68), par suite d'une torsion *latérale*, subsidiaire à la torsion ventrale primitive, laquelle est devenue insuffisante pour rapprocher les deux extrémités du tube digestif.

Fig. 57. — Embryon de *Vermetus*, vu ventralement, grossi; d'après Salensky. — I, velum; II, cœur embryonnaire; III, ouverture de la cavité palléale; IV, coquille; V, pied; VI, œil.

En effet, le développement, en longueur, de la face ventrale reptatrice (primitivement très courte : fig. 57, v), fait ultérieurement obstacle à ce rapprochement, car il tend à écarter de nouveau, de la tête, l'ouverture palléale avec les orifices anal, rénaux et les organes respiratoires. Ce rapprochement se fait donc forcément par une torsion *latérale*, dans un plan sensiblement perpen-

diculaire au plan de la première torsion, c'est-à-dire autour d'un axe dorso-
ventral situé dans le même plan sagittal médian que l'axe antéro-postérieur.
C'est alors cette seconde torsion latérale, exécutée par toute la partie contenue
dans la coquille (la masse céphalo-pédieuse étant fixe), qui amène l'ouverture
palléale et l'anus d'arrière en avant.

Dans le développement, on peut observer cette torsion latérale : l'ouverture
palléale y passe de la face postérieure ventrale au côté latéral droit (dans les
espèces dextres), puis à la face antéro-
dorsale (*Vermetus*, fig. 57). Donc, si l'animal
a la bouche tournée vers l'observateur, cette
torsion suit le mouvement des aiguilles
d'une montre (fig. 58, 2°, 3°).

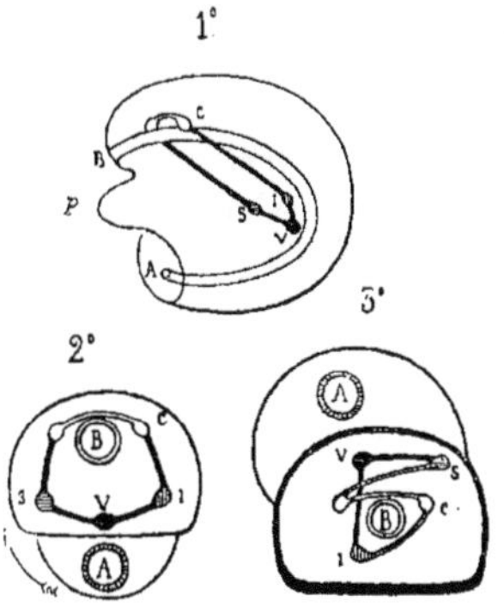

Pendant cette torsion, il se produit nécessairement les changements suivants dans
l'organisation originelle des Gastropodes :

1° L'anus est transporté en avant, et les
organes situés de part et d'autre de cet
orifice exécutent un chassé-croisé : ceux qui
étaient morphologiquement droits deviennent topographiquement gauches, et vice
versa.

2° La commissure viscérale est tordue
(fig. 58, 3°), tout en restant à l'entour du
tube digestif : sa moitié droite, avec son
ganglion (S), passe dorsalement au tube
digestif, vers le côté gauche, d'où le nom
de *supra-intestinal* qu'ont reçu cette moitié et
son ganglion ; tandis que la moitié gauche

Fig. 58. — Schème du phénomène de torsion
des Gastropodes. — 1° embryon avant la torsion latérale, vu du côté gauche ; 2°, le même,
vu ventralement (le système nerveux et les
orifices digestifs sont seuls représentés) ; la
flèche indique le sens de la torsion ; 3° Gastropode après la torsion latérale, vue orale. —
Lettres communes : A, anus dans l'ouverture
palléale ; B, bouche ; C, ganglion cérébral ;
I, ganglion infra-intestinal ; P, pied ; S, ganglion supra-intestinal ; V, ganglion abdominal.

passe en dessous vers le côté droit, ce qu'exprime le nom d'*infra-intestinal*
donné à cette partie de la commissure et à son centre nerveux (fig. 58, I ;
fig. 59, xiv).

3° L'enroulement du sac viscéral et de la coquille devient endogastrique ;
ces parties exécutent en effet une rotation de 180°. Or, la coquille et son
contenu étaient d'abord à enroulement dorsal ou exogastrique : l'enroulement
deviendra donc nécessairement ventral ou endogastrique (*Atlanta*, fig. 68).
Mais cet enroulement ne se maintient pas dans un même plan, et la spire fait
peu à peu saillie du côté originairement gauche, c'est-à-dire finalement et
topographiquement droit, chez l'adulte (fig. 26, 62, 64).

Dans les formes à torsion dextre, l'enroulement est ainsi également dextre
(dans le sens du mouvement des aiguilles d'une montre, si l'on regarde le
côté de la spire saillante), et n'est nullement cause de cette torsion. Mais le
sens apparent de cet enroulement peut changer par hyperstrophie. Enfin,
cet enroulement de la masse viscérale et de la coquille peut disparaître chez
l'adulte, en laissant la torsion inaltérée et en produisant une symétrie *extérieure* secondaire (*Patella, Fissurellidæ*, etc.).

4° La symétrie d'organisation originelle disparaît : l'asymétrie qui se produit est en rapport, dans son sens, avec le sens de l'enroulement (sauf les cas d'hyperstrophie). L'anus ne reste pas au milieu de la cavité palléale et se porte plus à droite; les organes qui se trouvent dans la moitié topographiquement droite (morphologiquement et originairement gauche) s'atrophient (*Haliotis*) et disparaissent. L'asymétrie des Gastropodes a pour caractère essentiel l'*atrophie ou la disparition de la moitié gauche* (topographiquement droite) *du complexe circumanal* : cténidie et oreillette, osphradium, glande hypobranchiale, rein. L'inverse se produit chez les formes à *situs inversus*, dites sénestres.

Il n'y a, en effet, au côté topographiquement droit du rectum, que l'orifice génital. Mais celui-ci n'est pas un organe originel : primitivement, les glandes génitales s'ouvraient dans les reins; et, aussitôt que l'asymétrie commence, alors qu'il reste cependant encore deux reins, les produits génitaux débouchent seulement dans le rein droit (*Patella*, *Fissurella*, etc.). Par suite, ce rein droit ne peut disparaître entièrement et persiste en partie sous forme de conduit génital. Ce dernier est donc le reste du rein topographiquement droit, ce que l'embryogénie a confirmé (*Paludina*).

5° Par détorsion en sens contraire, l'anus et le complexe circumanal, sauf l'orifice génital, peuvent se reporter secondairement en arrière. Cette tendance à la détorsion peut s'observer exceptionnellement parmi les Streptoneures (*Pterotrachea* fig. 70). Mais elle est surtout caractéristique pour l'ensemble des Euthyneures, où, lorsqu'elle est poussée à l'extrême comme dans *Pterotrachea*, elle est également accompagnée de réduction ou disparition du manteau et de la coquille, et d'opisthobranchialisme.

Dans les Opisthobranches et Pulmonés les moins spécialisés, la détorsion n'est pas tout à fait complète, et l'ouverture palléale n'est reportée que sur le côté; mais dans les formes plus spécialisées, l'anus, avec la cavité palléale si elle est conservée, se trouve entraîné à l'extrémité postérieure : *Aplysia*, Doridiens (fig. 41, viii), *Janus* (fig. 59, iii), *Alderia*, *Limapontia*, *Testacella*, *Vaginulus* (fig. 88, vii), *Oncidium*. Une symétrie *extérieure* secondaire est ainsi reconstituée. La commissure viscérale subit également la détorsion chez les Euthyneures, et n'est plus manifestement croisée que chez les *Actæon*.

La détorsion de l'organisme est complète chez les Thécosomes droits : on y constate une torsion de 180° en sens inverse de la torsion originelle (de même valeur) des Gastropodes : torsion nouvelle dont résulte, chez eux, l'enroulement du conduit génital autour du tube digestif (fig. 75) et le retour de la cavité palléale au côté ventral. Il est à noter que dans les Euthyneures détordus à l'état adulte, la torsion primitive se manifeste dans le cours du développement, et que les larves ont la cavité palléale antérieure et dorsale, comme un Streptoneure adulte (fig. 24; fig. 55).

Éthologie. — Les Gastropodes sont essentiellement des animaux aquatiques; les plus archaïques d'entre eux sont marins; quelques formes sont spéciales aux eaux saumâtres. Dans l'eau douce, il existe divers Streptoneures (certains *Neritidæ*, les *Ampullariidæ*, *Paludinidæ*, *Valvatidæ*, *Bithyniidæ*, *Hydrobiidæ*, plusieurs *Cerithiidæ*, les *Melaniidæ*, *Cremnoconchus*, *Canidia*) et presque tout un groupe de Pulmonés, les Basommatophores. Enfin, les Pulmonés stylommatophores et certains Streptoneures (*Helicinidæ*, *Cyclophoridæ*, *Cyclostomatidæ*, *Aciculidæ*) sont terrestres. Parmi ceux qui vivent dans des rivières torrentielles ou soumises à des assèchements périodiques, il en est qui ont une respiration alternativement aquatique et aérienne (*Ampullaria*, *Chilina*).

On en connaît plus de dix-sept mille espèces actuelles, réparties sur toutes les régions de la terre. Certaines formes marines vivent jusqu'à 5000 mètres de profondeur; quelques Pulmonés se rencontrent vers 5500 mètres au-dessus du niveau de la mer (Himalaya); des Gastropodes d'eau douce (*Hydrobiidæ*, Basommatophores) habitent jusqu'à 550 mètres sous la surface de certains lacs; d'autres vivent dans les eaux souterrraines, de même que quelques Pulmonés se rencontrent aussi dans les cavernes, à l'abri de la lumière. — La distribution géologique montre que ces animaux existaient déjà au commencement de l'époque paléozoïque (dans le Cambrien).

Le régime alimentaire varie avec les groupes; généralement, le régime carnassier est une spécialisation, accompagnée souvent du développement d'une trompe.

Les Gastropodes sont rampeurs sur le fond de l'eau, ou sur la terre ferme, ou encore, dans une position renversée, sur le mucus que déposent à la surface de l'eau les glandes du sillon antérieur du pied (Basommatophores, Nudibranches); il en est qui sont sauteurs (*Strombidæ*); un assez grand nombre sont nageurs : les Hétéropodes (dans une position renversée, le pied en l'air), *Janthina*, « Ptéropodes », *Phyllirhoe*, *Acera*, etc. Certains Gastropodes, tant Streptoneures qu'Opisthobranches, sont fouisseurs, dans la vase ou le sable : *Naticidæ*, *Bullidæ*, etc. Quelques-uns sont sédentaires à l'état adulte, fixés par la substance de leur coquille (*Vermetus*, *Magilus*, *Hipponyx*); d'autres sont parasites (d'une façon générale sur ou dans des Échinodermes) et appartiennent à deux sous-groupes : 1° *Capulidæ*, parasites extérieurs (déjà à l'époque paléozoïque : *Platyceras*); 2° *Eulimidæ*, *Pyramidellidæ* et *Entoconchidæ* (*Stylifer*, fig. 65), sur des Astéries, des Oursins et des Comatules; *Eulima* et *Entoconcha*, (fig. 67), dans des Holothuries.

Classification. — Les Gastropodes sont des Mollusques à pied ventral, ordinairement reptateur et, au moins chez la larve, operculifère; ils sont toujours caractérisés par leur asymétrie, qui consiste généralement :

1° Dans la disparition ou au moins la réduction de la branchie, de la glande hypobranchiale, de l'osphradium, de l'oreillette et du rein morphologiquement gauches (mais *topographiquement droits*, par suite d'une torsion qui a ramené en avant l'ouverture de la cavité palléale, avec le complexe circumanal);

2° Dans le fait que la commissure viscérale est tordue ou l'a été;

3° Dans l'ouverture, au côté droit, du conduit génital (dans les cas de *situs inversus*, l'asymétrie est gauche).

La classe des Gastropodes comprend deux sous-classes bien distinctes : *Streptoneura* et *Euthyneura*.

STREPTONEURA OU PROSOBRANCHES

Ce sont des Gastropodes normalement dioïques, caractérisés par leur commissure viscérale tordue en 8 (fig. 59 et 60) et dont la moitié droite est située

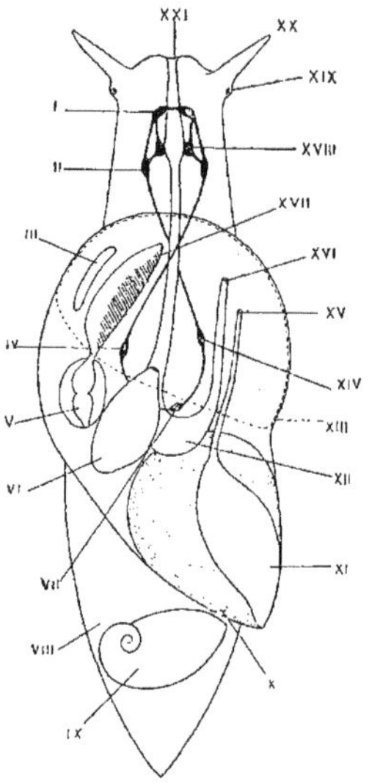

Fig. 59. — Schème de l'organisation d'un Gastropode (spécialement d'un Streptoneure), vu dorsalement. — I, ganglion cérébral; II, ganglion pleural; III, osphradium; IV, ganglion supra-intestinal; V, cœur dans le péricarde; VI, rein; VII, ganglion abdominal; VIII, pied; IX, opercule; X, foie; XI, glande génitale; XII, estomac; XIII, contour de la chambre palléale; XIV, ganglion infra-intestinal; XV, orifice génital; XVI, anus; XVII, branchie; XVIII, ganglion pédieux; XIX, œil; XX, tentacule; XXI, bouche.

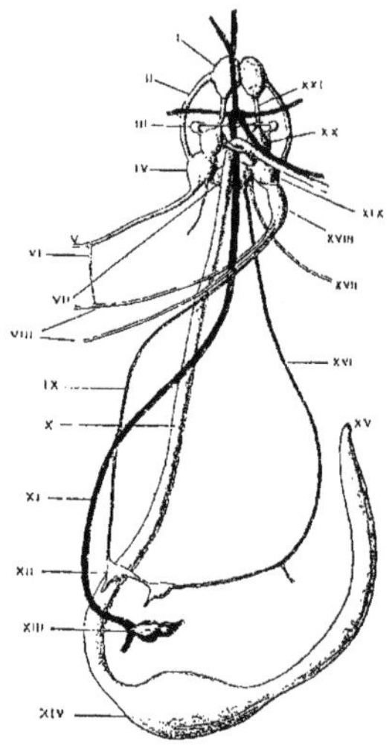

Fig. 60. — Système nerveux de *Buccinum undatum*, vu dorsalement, dans ses rapports avec les systèmes digestif et circulatoire; d'après Bouvier. — I, ganglion pédieux; II, connectif pleuro-pédieux; III, otocyste; IV, ganglion pleural; V, nerf palléal; VI, anastomose palléo-viscérale gauche; VII, ganglion infra-intestinal; VIII, nerfs branchiaux; IX, commissure viscérale (branche supra-intestinale); X, œsophage; XI, aorte; XII, ganglion abdominal; XIII, cœur; XIV, estomac; XV, anus; XVI, commissure viscérale; XVII, nerf palléal; XVIII, ganglion supra-intestinal; XIX, ganglion pleural droit; XX, ganglion cérébral droit; XXI, connectif cérébro-pédieux.

au-dessus du tube digestif (supra-intestinale), la moitié gauche en dessous (infra-intestinale). Il arrive souvent que les ganglions pleuraux soient unis à la branche opposée de la commissure viscérale par une anastomose de leur nerf palléal (= *dialyneurie*, fig. 60, vi) ou directement, par un connectif plus ou moins court, au ganglion placé sur cette branche (= *zygoneurie*, plus fréquente et plus importante à droite : du ganglion pleural droit au ganglion infra-intestinal, fig. 60, xix et vii).

La tête porte une seule paire de tentacules (fig. 62, 63, etc.). Lorsque la radula comprend plus d'une dent de chaque côté de la médiane, il y en a de plusieurs formes dans chaque rangée transversale. Le cœur est presque toujours en arrière de la branchie (fig. 42, v ; fig. 59, v).

Cette sous-classe renferme deux ordres : *Aspidobranchia* et *Pectinibranchia*.

Aspidobranchia ou Diotocardes

Streptoneures à système nerveux peu concentré (fig. 31), dont les centres pédieux ont la forme de longs cordons ganglionnaires à la tête desquels les centres pleuraux sont accolés ; les ganglions cérébraux y sont écartés l'un de l'autre et joints par une longue commissure, en avant de la masse buccale et des glandes salivaires ; il existe une commissure cérébrale infra-œsophagienne « labiale » (fig. 31, xvi). L'osphradium est peu spécialisé et situé sur le nerf branchial ; l'otocyste renferme de nombreuses pierres auditives (otoconies) ; l'œil est ouvert (fig. 33), ou fermé et avec une très petite cornée (pellucida).

La radula a des dents centrales multiples. Les cténidies existent presque toujours : elles sont bipectinées et libres distalement. Le plus souvent, les Aspidobranches présentent des restes bien marqués de la symétrie bilatérale originelle : deux oreillettes au cœur et deux reins ; ces derniers sont ouverts au dehors sur de courtes papilles (fig. 61, iv et xvii). La glande génitale, sans organe accessoire, débouche dans le rein droit ; toutefois les Néritacés n'ont plus qu'un rein. le gauche, à ouverture en forme de fente, et un orifice génital propre (l'oviducte est diaule chez *Neritina*).

L'ordre des Aspidobranches est formé de deux sous-ordres : *Docoglossa* et *Rhipidoglossa*.

Docoglossa. — Le système nerveux (fig. 31) est sans dialyneurie, c'est-à-dire sans anastomose des ganglions pleuraux à la branche opposée de la commissure viscérale, par le nerf palléal ; les yeux sont ouverts et sans cristallin ; il y a deux osphradies, mais pas de glandes hypobranchiales ni d'opercule. La mandibule est impaire et dorsale ; la radula est formée de dents en forme de poutre et a, au maximum, trois dents marginales de chaque côté ; le cœur a une seule oreillette (fig. 40) et n'est pas traversé par le rectum, non plus que le péricarde. La masse viscérale est en forme de cône, sans tortillon.

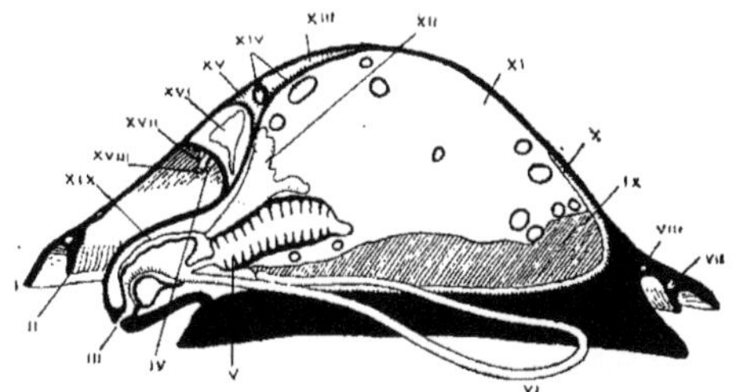

Fig. 61. — *Patella* coupé suivant le plan sagittal médian ; d'après Ray Lankester. — I, bord du manteau ; II, branchies palléales ; III, orifice buccal ; IV, orifice du rein gauche ; V, œsophage ; VI, radule ; VII, conduit branchial efférent ; VIII, conduit branchial afférent ; IX, glande génitale ; X, rein droit (partie inférieure) ; XI, foie, traversé par les circonvolutions intestinales ; XII, glandes salivaires ; XIII, rein droit, partie dorsale ; XIV, intestin ; XV, rein gauche ; XVI, cœur dans le péricarde ; XVII, orifice du rein droit ; XVIII, anus ; XIX, conduit salivaire.

Acmæidæ Philippi. — Une branchie cténidiale (gauche) bipectinée, libre sur une très grande étendue. — *Acmæa* Eschscholtz, pas de branchies palléales : *A. virginea* Müller, Océan Atlantique. — *Scurria* Gray, des branchies palléales formant une rangée circulaire, sous le manteau : *S. scurra* Lesson, Océan Pacifique. — Le genre *Addisonia* Dall est probablement voisin.

Patellidæ Guilding. — Pas de cténidies, des branchies palléales disposées en rangée circulaire, entre le manteau et le pied (fig. 61, ii). — *Patella* Linné, branchies palléales formant un cercle complet : *P. vulgata* Linné, Océan Atlantique. — *Helcion* Gray, rangée de branchies palléales interrompue en avant, au-dessus de la tête : *H. pellucidum* (Linné), Océan Atlantique.

Lepetidæ Gray. — Pas de cténidies, ni de branchies palléales. — *Lepeta* Gray : *L. cæca* Müller, pas d'yeux, Océan Atlantique septentrional.

Rhipidoglossa. — Aspidobranches à système nerveux dialyneure, c'est-à-dire à anastomose palléo-viscérale ; yeux à cristallin ; un seul osphradium, topographiquement gauche, sauf chez les formes à deux branchies ; une ou deux glandes hypobranchiales. Mandibules paires, latérales ; radule à dents marginales très nombreuses, disposées en éventail. Un jabot, des glandes œsophagiennes et un cæcum stomacal, souvent spiral. Cœur à deux oreillettes traversé par le rectum, sauf dans les *Helicinidæ*, où ce dernier passe seulement dans le péricarde et où il n'y a qu'une oreillette. Souvent une saillie épipodiale, de chaque côté du pied (fig. 62, e) et des palmettes céphaliques entre les tentacules (fig. 62, b).

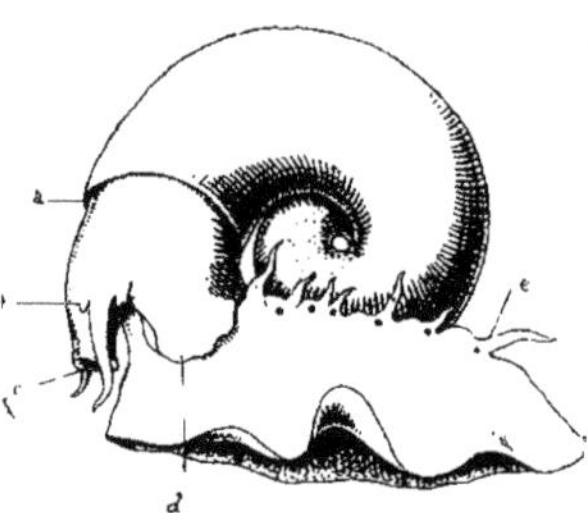

Fig. 62. — *Margarita grœnlandica*, sans sa coquille, vu du côté gauche, grossi 4 fois. — *a*, ouverture de la cavité palléale ; *b*, palmette ; *c*, ouverture buccale ; *d*, lobe antérieur de l'épipodium ; *e*, tentacule épipodial.

Pleurotomariidæ d'Orbigny. — Masse viscérale et coquille enroulée ; manteau fendu en avant, vers la ligne médiane ; deux branchies ; un opercule corné. — *Pleurotomaria* Defrance, Épipodium sans tentacules : *P. quoyana* Fischer et Bernardi, golfe du Mexique ; le genre est fossile depuis le Cambrien. — *Scissurella* d'Orbigny, Épipodium pourvu de tentacules : *S. crispata* Fleming, Atlantique et Méditerranée.

Bellerophontidæ. — Famille éteinte, qui se place probablement ici. — Coquille enroulée dans un plan, pourvue d'une entaille au milieu du bord dorsal de l'ouverture ; terrains paléozoïques.

Euomphalidæ. — Famille également éteinte et peut-être voisine de la précédente. — Spire peu saillante ; terrains paléozoïques.

Fissurellidæ Fleming. — Masse viscérale et coquille coniques : partie antérieure du manteau présentant, sur la ligne médiane, une fente ou un trou ; deux branchies symétriques. — *Emarginula* Lamarck, bord antérieur du manteau et de la coquille fendus : *E. fissura* (Linné), Océan Atlantique. — *Scutum* Montfort, manteau fendu en avant et recouvrant partiellement la coquille, qui n'a pas de fente antérieure : *S. australe* Lamarck, Océan Pacifique. —

Fissurella Bruguière, manteau et coquille présentant un trou vers le sommet du cône viscéral : *F. græca* (Linné), Méditerranée. — *Puncturella* Lowe, manteau et coquille percés d'un trou en avant du sommet. — *Pupillia* Gray, manteau recouvrant entièrement la coquille. — Les genres *Propilidium* Forbes et Hanley et *Cocculina* Dall sont voisins de cette famille.

Haliotidæ Fleming. — Spire de la masse viscérale et de la coquille très réduite ; deux branchies, dont la droite est la plus petite ; pas d'opercule. — *Haliotis* Linné : *H. tuberculata* Linné, Méditerranée.

Trochidæ d'Orbigny. — Masse viscérale et coquille enroulées en spirale ; une seule branchie ; yeux ouverts (fig. 53) ; opercule corné ; palmettes entre les tentacules (fig. 62, *b*). — *Trochus* Linné, trois ou quatre tentacules épipodiaux de chaque côté, sans tache pigmentée à leur base : *T. magus* Linné, Océan Atlantique et Méditerranée. — *Margarita* Leach, cinq à sept tentacules épipodiaux, avec une tache pigmentée à leur base (fig. 62, *e*) : *M. grœnlandica* Chemnitz, Océan Atlantique septentrional.

Stomatellidæ Gray. — Spire de la masse viscérale très réduite, une seule branchie. — *Stomatella* Lamarck, pied tronqué en arrière, operculé et sans tentacules épipodiaux : *S. imbricata* Lamarck, Océan Pacifique. — *Gena* Gray et *Stomatia* Helbing ont le pied prolongé en arrière et sans opercule.

Delphinulidæ Fischer. — Masse viscérale et coquille enroulées en spirale ; pas de palmettes céphaliques ; opercule corné. — *Delphinula* Lamarck, cinq tentacules épipodiaux : *D. laciniata* Lamarck, Océan Pacifique. — *Cyclostrema* Marryat, trois ou quatre tentacules épipodiaux : *C. serpuloides* Montagu, Océan Atlantique.

Turbinidæ Gray. — Masse viscérale et coquille enroulées en spirale ; des tentacules épipodiaux ; yeux fermés ; opercule

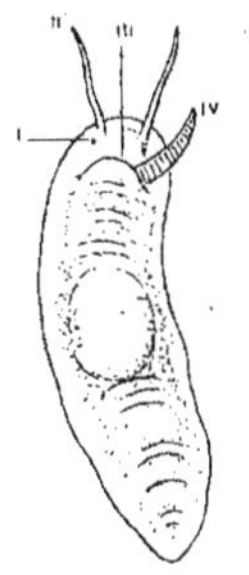

Fig. 63. — *Titiscania limacina*, vu dorsalement, grossi 4 fois ; d'après Bergh. — I, œil ; II, tentacule ; III, ouverture de la cavité palléale ; IV, branchie.

calcaire. — *Turbo* Linné, coquille épaisse à spire très courte : *T. rugosus* Lamarck, Méditerranée. — *Phasianella* Lamarck, spire allongée : *P. pulla* (Linné), Océan Atlantique et Méditerranée. — *Mölleria* Jeffreys, coquille mince à spire très courte : *M. costulata* Möller, mers boréales.

Neritidæ Lamarck. — Épipodium peu développé, sans tentacules ; spire peu saillante ; une branchie ; un pénis céphalique ; opercule calcaire. — *Neritina* Lamarck : *N. fluviatilis* Müller, rivières d'Europe.

Titiscaniidæ Bergh. — Ni coquille, ni opercule ; une branchie. — *Titiscania* Bergh : *T. limacina* Bergh, Océan Pacifique (fig. 63).

Helicinidæ Pfeiffer. — Épipodium sans tentacules, pas de branchie ; cavité palléale transformée en poumon ; cœur à une seule oreillette non traversé par le rectum. Animaux terrestres. — *Hydrocena* Parreys, opercule calcaire : *H. cattaroensis* Pfeiffer, Dalmatie. — *Helicina* Lamarck, opercule corné, tropiques. — *Proserpina* Gray, pas d'opercule, Antilles.

Pectinibranchia ou Monotocardes

Streptoneures à système nerveux assez concentré, sans commissure labiale (sauf chez *Paludina* et *Ampullaria*), et à collier nerveux en arrière du bulbe buccal (*Ampullaria* excepté). Un seul osphradium fort différencié et indépendant, souvent pectiné. OEil toujours fermé, à cornée intérieure (pellucida) étendue. Otocystes à otolithe (sauf *Paludina*, *Valvata*, *Ampullaria*, *Cyclophorus*, certains *Cerithiidæ*, etc.). Radule à dent centrale unique ou absente.

Il n'y a plus de trace de symétrie bilatérale dans les organes circulatoires, respiratoires et excréteurs, la moitié topographiquement droite ayant disparu (fig. 59). Cœur à une seule oreillette (morphologiquement droite), non traversé par le rectum; une branchie monopectinée, attachée au manteau sur toute sa longueur; un seul rein s'ouvrant directement par une fente (exceptionnellement par un uretère : *Paludina*, *Cyclophorus*, *Valvata*) et ne recevant jamais les produits sexuels; glande génitale à orifice propre; généralement un pénis.

Cet ordre comprend deux sous-ordres, *Tænioglossa* et *Stenoglossa*.

Tænioglossa. — Pectinibranches dont la radule a normalement trois dents de chaque côté de la médiane : une latérale et deux marginales. Les ganglions stomato-gastriques sont situés en arrière de la masse buccale et unis aux centres cérébraux par de longs connectifs, en partie récurrents et profonds; les conduits salivaires, lorsqu'ils sont suffisamment longs, traversent les colliers nerveux. L'œsophage est presque toujours dépourvu de glande impaire. Le plus souvent, ni trompe ni siphon.

Il y a dans ce sous-ordre deux groupes distincts, respectivement rampeurs et nageurs : les Platypodes et les Hétéropodes.

Platypoda. — Ténioglosses normaux, rampeurs, peu modifiés. Chez eux, le pied est aplati ventralement, au moins en avant (*Strombidæ*); les otocystes sont dans le voisinage des centres pédieux. Rarement (*Paludina*, *Cyclostoma*, *Naticidæ*, *Calyptræidæ*, etc.) il y a des organes accessoires sur les conduits génitaux. Généralement des mâchoires; intestin long.

Paludinidæ D'ORBIGNY. — Branchie monopectinée; centres pédieux en forme de cordons ganglionnaires; rein à uretère; habitat fluviatile; viviparité. — *Paludina* LAMARCK : *P. vivipara* MÜLLER, rivières d'Europe.

Cyclophoridæ GRAY. — Cavité palléale sans branchie et transformée en poumon; centres pédieux en forme de cordons ganglionnaires; otocystes à otoconies; habitat terrestre. — *Pomatias* HARTMANN, coquille turriculée : *P. obscurum* DRAPARNAUD, Europe méridionale. — *Cyclophorus* MONTFORT, coquille turbinée, tropiques. — *Cyclosurus* MORELET, coquille déroulée. — *Dermatocera* ADAMS, une protubérance corniforme à l'extrémité postérieure du pied.

Ampullariidæ GUILDING. — Une branchie monopectinée et, à gauche de celle-ci, un sac pulmonaire; collier œsophagien en avant du bulbe buccal; pénis palléal; amphibies. — *Ampullaria* LAMARCK, sac viscéral et coquille à enroulement dextre : *A. globosa* SWAINSON, eaux douces d'Afrique. — *Lanistes* MONTFORT, sac viscéral et coquille à enroulement sénestre : *L. bolteniana* CHEMNITZ, Afrique.

Littorinidæ Gray. — Une branchie monopectinée; des poches œsophagiennes; centres pédieux concentrés; pénis pédieux, voisin du tentacule droit. — *Littorina* Férussac, habitat semi-aérien marin : *L. littorea* (Linné), Océan Atlantique. — *Lacuna* Turton, habitat aquatique marin. — *Cremnoconchus* Blanford, habitat terrestre, Inde. — *Fossarus* Philippi, des palmettes céphaliques : *F. sulcatus* Wood, Méditerranée.

Planaxidæ Adams. — Famille voisine, à court siphon. — *Planaxis* Lamarck, mers tropicales.

Cyclostomatidæ Pfeiffer. — Cavité palléale pulmonaire; centres pédieux concentrés; otocystes à otolithe; pas de mandibules; profond sillon pédieux longitudinal médian; habitat terrestre. — *Cyclostoma* Draparnaud, coquille turbinée, opercule calcaire : *C. elegans* Müller, Europe tempérée.

Aciculidæ Fischer. — Cavité palléale pulmonaire; des otoconies, opercule corné, coquille allongée. — *Acicula* Hartmann : *A. lineata* Draparnaud, Europe méridionale.

Rissoidæ Gray. — Une branchie monopectinée; des filaments épipodiaux; un ou deux tentacules palléaux; mufle allongé. — *Rissoa* Fréminville : *R. parva* da Costa, Océan Atlantique. — *Litiopa* Rang, pélagique.

Hydrobiidæ Fischer. — Une branchie monopectinée; sexes séparés; pénis écarté du tentacule droit et généralement appendiculé; habitat saumâtre ou fluviatile. — *Hydrobia* Hartmann, habitat saumâtre, opercule corné : *H. ulvæ* Pennant, eaux saumâtres de l'Europe occidentale. — *Bithynia* Gray, habitat fluviatile, opercule calcaire : *B. tentaculata* (Linné), eaux douces d'Europe. — *Lithoglyphus* Mühlfeldt, habitat fluviatile, opercule corné, spire courte : *L. fuscus* Pfeiffer, rivières du sud-est de l'Europe. — *Pomatiopsis* Tryon, un sillon pédieux transversal. — *Bithynella* Moquin-Tandon, opercule corné, spire allongée. — *Assiminea* Leach, à yeux au sommet des tentacules, est peut-être voisin des divers genres précédents.

Jeffreysiidæ Fischer. — Longues palpes labiales. — *Jeffreysia* Alder.

Homalogyridæ Fischer. — *Homalogyra* Jeffreys, sans tentacules.

Choristidæ Fischer. — *Choristes* Carpenter, palpes labiales et une paire de tentacules épipodiaux.

Ces trois dernières familles sont probablement voisines des deux précédentes.

Truncatellidæ Gray. — Une branchie monopectinée; mufle très long, bilobé; pied très court; spire allongée; habitat marin, riverain. — *Truncatella* Risso : *T. truncatula* Draparnaud, Océan Atlantique et Méditerranée.

Valvatidæ Gray. — Une branchie bipectinée, libre sur toute sa longueur; un filament palléal au côté droit; organes génitaux hermaphrodites (fig. 47). — *Valvata* Müller : *V. piscinalis* Müller, eaux douces d'Europe.

Hipponycidæ Fischer. — Masse viscérale et coquille coniques; pied peu musculeux, pouvant sécréter une plaque ventrale calcaire. — *Hipponyx* Defrance : *H. antiquatus* (Linné), golfe du Mexique.

Capulidæ Fleming. — Sac viscéral et coquille coniques, mais légèrement enroulés en arrière; une languette entre le mufle et le pied; muscle columellaire en fer à cheval. — *Capulus* Montfort : *C. ungaricus* (Linné), Océan

Atlantique et Méditerranée. — *Thyca* H. et A. Adams, parasite des Astéries, Océan Indien. — Des formes fossiles (*Platyceras* Conrad, Paléozoïque) étaient parasites d'Échinodermes (Crinoïdes).

Calyptræidæ Broderip. — Masse viscérale spiralée, spire aplatie; des lobes cervicaux latéraux; pied court, circulaire; des glandes génitales annexes. — *Calyptræa* Lamarck, coquille à spire visible : *C. sinensis* (Linné), Océan Atlantique et Méditerranée. — *Crepidula* Lamarck, coquille à spire presque nulle et à septum horizontal intérieur : *C. fornicata* (Linné), Antilles.

Cypræidæ Gray. — Ouverture palléale linéaire, à court siphon antérieur; une courte trompe; anus postérieur; pied large; osphradium trifurqué; manteau rabattu sur la coquille. — *Cypræa* Linné : *C. europæa* Montagu, Océan Atlantique. — *Pustularia* Swainson, coquille interne.

Naticidæ Swaison. — Pied très développé, à appareil aquifère et à propodium rabattu sur la tête (fig. 27); yeux profonds ou nuls; un opercule; animaux fouisseurs. — *Natica* Adanson : *N. catena* da Costa, Océan Atlantique.

Lamellariidæ d'Orbigny. — Manteau recouvrant plus ou moins la coquille, pas d'opercule; mâchoires soudées dorsalement. — *Lamellaria* Montagu, coquille interne : *L. perspicua* (Linné), Océan Atlantique et Méditerranée; mimétique sur des Synascidies. — *Velutina* Fleming, coquille peu recouverte : *V. lævigata* Pennant, Océan Atlantique. — Les genres *Marsenina* Gray, à coquille incomplètement couverte, et *Oncidiopsis* Beck, à coquille interne, sont hermaphrodites (mers boréales).

Janthinidæ Adams. — Tentacules bifides; pas d'yeux; pied court à épipodium et sécrétant un flotteur (fig. 64); pélagiques. —

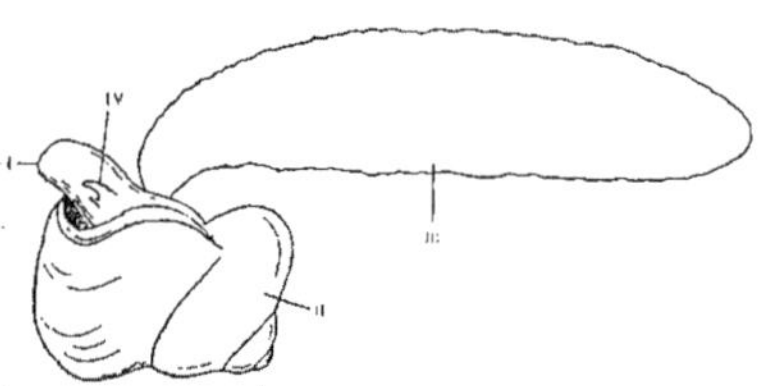

Fig. 64. — *Janthina* nageant, vu du côté droit. — I, mufle; II, coquille; III, flotteur; IV, tentacule.

Janthina Lamarck : *J. fragilis* (Linné), Océan Atlantique et Méditerranée.

Melaniidæ Gray. — Mufle et pied courts; spire plus ou moins allongée; bords du manteau frangés; fluviatiles. — *Melania* Lamarck : *M. holandri* Férussac, eaux douces du sud-est de l'Europe.

Pseudomelaniidæ Fischer. — Famille éteinte, du Silurien au Tertiaire, à spire saillante et à ouverture ovale, allongée.

Nerineidæ Fischer. — Famille éteinte du Secondaire, à tours nombreux, avec de nombreux plis dans la lumière des tours.

Cerithiidæ Fleming. — Spire allongée; mufle long; pied assez long; siphon palléal et coquillier courts. — *Cerithium* Adanson, animal marin, yeux à la base des tentacules : *C. vulgatum* Bruguière, Océan Atlantique. — *Cerithidea* Swainson, animal d'eau saumâtre, à yeux vers le milieu des tentacules; branchie rudimentaire : *C. decollata* (Linné), Océan Indien. — Les genres *Triforis* Deshayes et *Læocochlis* Dunker et Metzger sont sénestres (Océan Atlantique).

Modulidæ Fischer. — Famille voisine, à coquille courte et siphon nul. — *Modulus* Gray.

Scalariidæ Broderip. — Spire allongée; tête courte avec une courte trompe; pied petit, tronqué antérieurement; un rudiment de siphon. — *Scalaria* Lamarck : *S. communis* Lamarck, Océan Atlantique.

Solariidæ Chenu. — Spire aplatie; tête très courte avec tentacules fendus sur toute leur longueur, pied court. — *Solarium* Lamarck : *S. conulus* Weinkauff, Méditerranée.

Pyramidellidæ Gray. — Spire allongée, à sommet hétérostrophe; une trompe; tentacules fendus extérieurement à leur extrémité; pied tronqué en avant; une saillie (mentum) entre le pied et la tête; pas de radula. — *Odostomia* Fleming, hermaphrodite : *O. plicata* Montagu, Océan Atlantique.

Eulimidæ Adams. — Trompe très allongée (fig. 65, vii); tentacules sans sillons; pas de radule; fréquemment parasites.

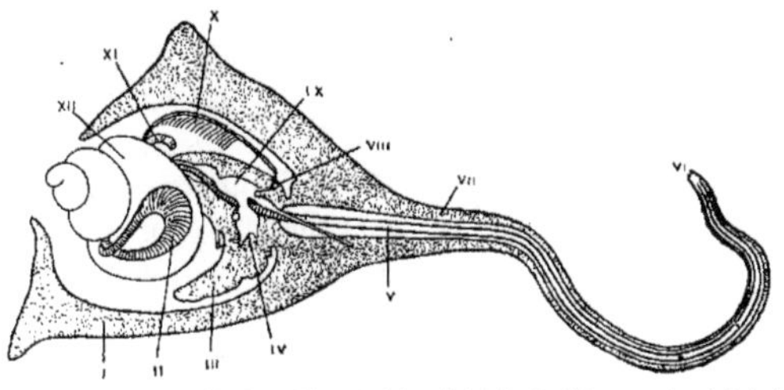

Fig. 65. — Coupe sagittale médiane (schématisée) de *Stylifer*, vue du côté droit, grossie; d'après Sarasin. — I, pseudo-pallium; II, estomac; III, pied; IV, ganglion pédieux et otocyste; V, œsophage; VI, orifice de la trompe; VII, trompe enfoncée dans une Astérie; VIII, œil; IX, ganglion cérébral; X, cavité palléale avec la branchie; XI, anus; XII, foie.

— *Eulima* Risso, tête sans expansion s'étendant sur la coquille, un opercule : *E. polita* (Linné), Méditerranée. — *Stylifer* Broderip, un pseudopallium céphalique s'étendant sur toute la coquille; pas d'opercule (fig. 65) : *S. astericola* Broderip, Océan Indien.

Près des *Eulima* et *Stylifer*, parasites d'Echinodermes, il faut vraisemblablement ranger les deux genres *Entocolax* et *Entoconcha*, parasites internes des mêmes animaux; dans ces genres, il n'y a plus qu'un rudiment de tube digestif, avec une seule ouverture (fig. 66, iv; fig. 67, ii); la masse viscérale (génitale) est entourée par le pseudopallium, qui n'a plus qu'un petit orifice (fig. 66, ix) pour la sortie des produits génitaux.

Entocolax Voigt, fixé par l'extrémité aborale (fig. 66, i), sexes séparés : *E. Ludwigi* Voigt, dans une Holothurie boréale. — *Entoconcha* Müller, adulte en forme de boyau, fixé par l'extrémité orale, hermaphrodite; larve testacée, operculée et véligère : *E. mirabilis* Müller, dans *Synapta digitata* de la Méditerranée; une seconde espèce vit fixée au cloaque d'une Holothurie des Philippines, d'après Semper.

Vermetidæ d'Orbigny. — Animaux fixés par leur coquille; derniers tours de spire de la masse viscérale non en contact entre eux; pied petit, discoïde, avec deux tentacules pédieux antérieurs, de part et d'autre de la glande supra-pédieuse. — *Vermetus* Adanson, coquille sans fente au bord extérieur de l'ouverture : *V. gigas* Bivona, Méditerranée. — *Siliquaria* Bruguière, une longue entaille au bord de l'ouverture de la coquille : *S. anguina* (Linné), Méditerranée.

Cæcidæ Gray. — *Cæcum* Fleming, coquille presque entièrement déroulée dans un plan, et diaphragmée : *C. trachea* MONTAGU, Océan Atlantique.

Turritellidæ CLARK. — Animaux libres, à tête large et saillante; bords du manteau frangés; pas de siphon; pied large et tronqué. — *Turritella* LAMARCK : *T. terebra* (LINNÉ), Océan Atlantique. — *Mathilda* SEMPER, premiers tours de spire hétérostrophes.

Xenophoridæ PHILIPPI. — Mufle allongé; pied divisé transversalement en deux parties dont la postérieure porte l'opercule. — *Xenophora* FISCHER : *X. crispus* KÖNIG, Méditerranée.

Naricidæ RECLUZ. — Pied circulaire, portant un lobe épipodial de chaque côté; tentacules aplatis; spire peu saillante. — *Narica* RECLUZ : *N. cancellata* CHEMNITZ, Océan Indien.

Struthiolariidæ FISCHER. — Pied ovalaire, assez petit; tête allongée à tentacules courts, siphon très peu développé. — *Struthiolaria* LAMARCK : *S. nodulosa* LAMARCK, mers d'Australie.

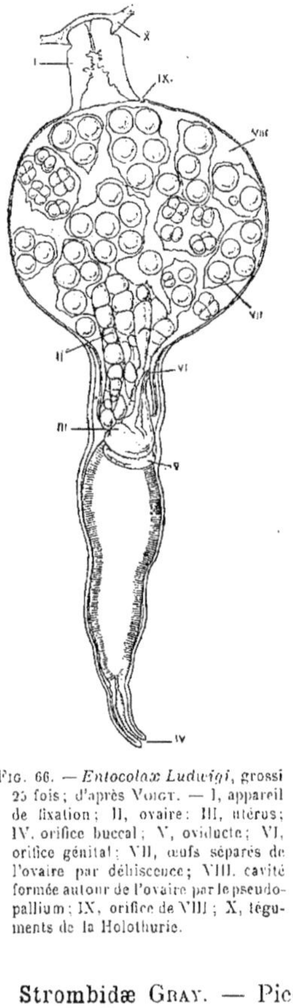

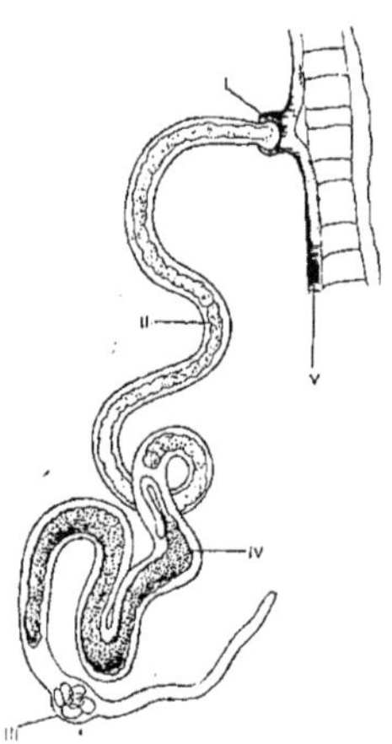

FIG. 67. — *Entoconcha mirabilis*, grossi, d'après J. MÜLLER. — I, extrémité orale; II, reste du tube digestif; III, testicule; IV, ovaire; V, vaisseau antimésentérique de *Synapta*, auquel est fixé *Entoconcha*.

FIG. 66. — *Entocolax Ludwigi*, grossi 25 fois; d'après VOIGT. — I, appareil de fixation; II, ovaire; III, utérus; IV, orifice buccal; V, oviducte; VI, orifice génital; VII, œufs séparés de l'ovaire par déhiscence; VIII, cavité formée autour de l'ovaire par le pseudo-pallium; IX, orifice de VIII; X, téguments de la Holothurie.

Chenopodidæ FISCHER. — Pied allongé et étroit; mufle court; longs tentacules, siphon très court; spire allongée, bord de l'ouverture coquillière étalée. — *Chenopus* PHILIPPI : *C. pes-pelecani* (LINNÉ), Océan Atlantique et Méditerranée.

Strombidæ GRAY. — Pied étroit, arqué, comprimé latéralement, sans sole ventrale (fig. 26); mufle long; pédoncules oculaires plus longs et plus forts que les tentacules (fig. 26, e). — *Strombus* LINNÉ, bord du manteau uni : *S. gigas* LINNÉ, Atlantique occidental. — *Pteroceras* LAMARCK, bord du manteau digité : *P. lambis* (LINNÉ), Océan Pacifique. — *Terebellum* KLEIN, tentacules avortés, coquille allongée, à spire courte : *T. subulatum* LINNÉ, Océan Indien.

Tritonidæ ADAMS. — Pied large et tronqué en avant; siphon bien développé, mais peu allongé; une trompe. — *Triton* MONTFORT : *T. variegatus* LAMARCK, Méditerranée. — Le genre *Oocorys* FISCHER est peut-être voisin.

Cassididæ ADAMS. — Yeux sessiles; pied large, arrondi en avant; trompe et siphon allongés, spire courte, un opercule. — *Cassidaria* Lamarck : *C. echinophora* (Linné), Méditerranée.

Doliidæ Adams. — Yeux appendiculés ; pied large à angles latéro-antérieurs saillants ; siphon long, spire courte ; pas d'opercule. — *Dolium* Lamarck : *D. galea* (Linné), Méditerranée.

Heteropoda. — Ténioglosses nageurs, à pied aplati bilatéralement, à otocystes situés dans le voisinage des ganglions cérébraux, sans mâchoires et à intestin court ; pélagiques.

Les animaux de ce sous-groupe sont très modifiés par leur adaptation à leur mode d'existence spécial. Le pied, très volumineux et en forme de nageoire aplatie, porte, au moins chez le mâle, une ventouse sur l'arête ventrale (fig. 68, iii) ; le sac viscéral (« nucléus») et le manteau ne forment qu'une petite partie de la masse du corps ; mais la tête est forte, et constitue un mufle cylindrique.

Les ganglions cérébraux sont joints ; les

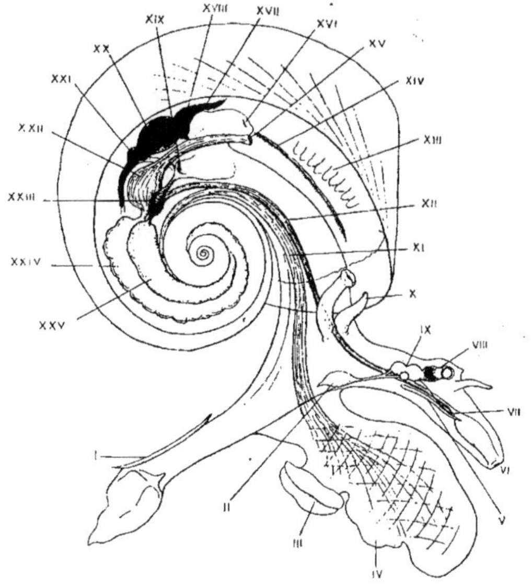

Fig. 68. — *Atlanta* mâle, dans sa coquille, vu du côté droit, grossi, d'après Mac Donald. — I, opercule sur la partie postérieure du pied ; II, ganglion pédieux ; III, ventouse ; IV, nageoire pédieuse ; V, glande salivaire ; VI, bouche ; VII, ganglion stomato-gastrique ; VIII, œil ; IX, ganglion cérébral et pleural, avec l'otocyste ; X, pénis avec son appendice ; XI, muscle columellaire ; XII, œsophage ; XIII, branchie ; XIV, osphradium ; XV, anus ; XVI, orifice extérieur du rein ; XVII, oreillette ; XVIII, orifice réno-péricardique ; XIX, ouverture génitale ; XX, ventricule ; XXI, bulbe artériel ; XXII, estomac ; XXIII, vésicule séminale ; XXIV, foie ; XXV, testicule.

pleuraux, visibles encore chez les *Atlanta* et *Pterotrachea*, leur sont accolés ; deux connectifs pédieux de chaque côté (cérébro-pédieux et cérébro-pleural) particllement libres proximalement dans les *Atlantidæ* (fig. 68), unis ailleurs. Les ganglions pédieux sont situés à la base de la nageoire (fig. 68, ii ; fig. 70, vii.) La commissure viscérale est assez longue, croisée et pourvue de plusieurs ganglions, mais sans dialyneurie ni zygoneurie. Dans les *Carinariidæ*, il y a des anastomoses secondaires viscéro-pédieuses, non croisées ; dans les *Firolidæ*, les connectifs pédieux sont fusionnés avec la partie antérieure de la commissure viscérale, et, en arrière des ganglions pédieux, les deux branches de la commissure viscérale sont soudées ensemble, sur la plus grande partie de leur étendue.

L'osphradium constitue un organe cilié plus ou moins allongé, situé dans la cavité palléale, à gauche de la branchie (fig. 68, xiv). Les otocystes sont situés auprès des ganglions cérébraux (fig. 68, ix). Les yeux sont très grands et d'une structure très différenciée (fig. 69); ils sont placés contre le cerveau et à la base des tentacules (fig. 68, viii). Ces derniers manquent toutefois dans *Pterotrachea*.

Le tube digestif présente un pharynx protractile avec une radule de Ténioglosse, à dents latérales et marginales très puissantes ; l'œsophage est fort long et renflé peu à peu vers son milieu. L'estomac et le foie sont situés en arrière (fig. 68, xxii et xxiv; fig. 70, xviii); l'intestin est fort court, et n'est pas recourbé en avant dans *Pterotrachea* (fig. 70).

Le cœur se trouve au voisinage de l'estomac; il est manifestement opisthobranche dans *Pterotrachea* (fig. 70, xiii), tandis qu'il est disposé comme chez les autres Streptoneures, dans les formes moins spécialisées. Il y a un bulbe aortique chez les *Atlantidæ* (fig. 68, xxi); les vaisseaux artériels se terminent brusquement dans des sinus. La branchie est monopectinée; elle n'est pas recouverte par un manteau chez *Pterotrachea* (fig. 70, xvii), et manque tout à fait chez *Firoloida*.

Le rein est un sac transparent et parfois contractile, ayant les mêmes rapports que chez les autres Gastropodes et s'ouvrant non loin de l'anus (fig. 68, xvi).

La glande génitale est placée auprès du foie (fig. 68, xxv); le conduit génital est assez court et débouche auprès de l'anus; chez le mâle, il présente un renflement (vésicule séminale : fig. 68, xxiii) et se trouve relié au pénis par une gouttière séminale

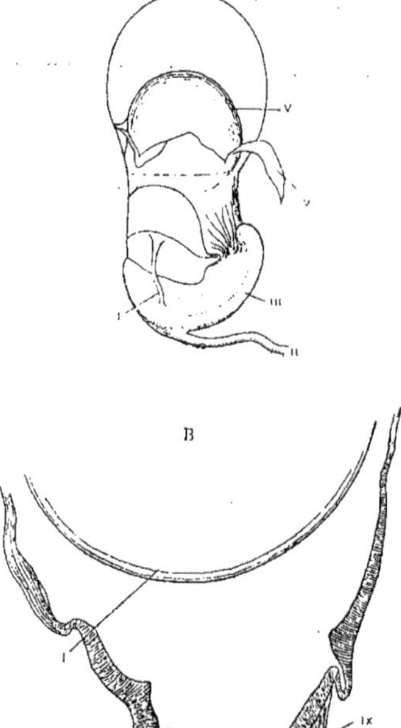

Fig. 69. — A, œil gauche de *Pterotrachea*, vu dorsalement, grossi, d'après Grenacher. — I, muscle rétracteur; II, nerf optique; III, carène; IV, pellucida (cornée intérieure) déchirée pour laisser voir le cristallin; V, cristallin; VI, contour de la pellucida. — B, coupe sagittale du même, partie profonde, grossie 52 fois, d'après Grenacher. — I, cristallin; II, corps vitré; III, membrane limitante; IV, rétine; V, carène; VI, nerf optique; VII, bâtonnets sur leurs supports; VIII, muscle rétracteur; IX, épithélium pigmenté.

(fig. 70, ii, iii); le pénis est pourvu d'un appendice glandulaire ou flagellum (fig. 68, x; fig. 70, iv). Chez les femelles, le conduit génital possède une poche copulatrice et une glande albuminipare.

Les Hétéropodes sont des animaux de haute mer, vivant généralement en bandes nombreuses dans les zones tempérées et chaudes et nageant lentement dans une position renversée; tous sont carnassiers. Ils comprennent trois familles, dans lesquelles la spécialisation est de plus en plus marquée.

Atlantidæ RANG. — Sac viscéral et coquille enroulés en spirale dans un plan; pied transversalement divisé en deux parties, la postérieure portant un opercule à spire sénestre (fig. 30 *bis*) et l'antérieure constituant une nageoire pourvue d'une ventouse. — *Atlanta* LESUEUR (fig. 68) : *A. Peroni* LESUEUR, Méditerranée.

Carinariidæ GRASSET. — Sac viscéral et coquille coniques, petits par rapport au reste du corps; pied allongé, sans opercule; nageoire avec une ventouse. — *Carinaria* LAMARCK : *C. mediterranea* PÉRON et LESUEUR, Méditerranée.

Pterotracheidæ GRAY. — Sac viscéral très réduit, sans manteau ni coquille; une ventouse à la nageoire pédieuse chez le mâle seulement. — *Pterotrachea* FORSKÅL (fig. 70), pas de tentacules, une branchie, un appendice filiforme à la partie postérieure du pied : *P. coronata* FORSKÅL, Méditerranée. — *Firoloida* LESUEUR,

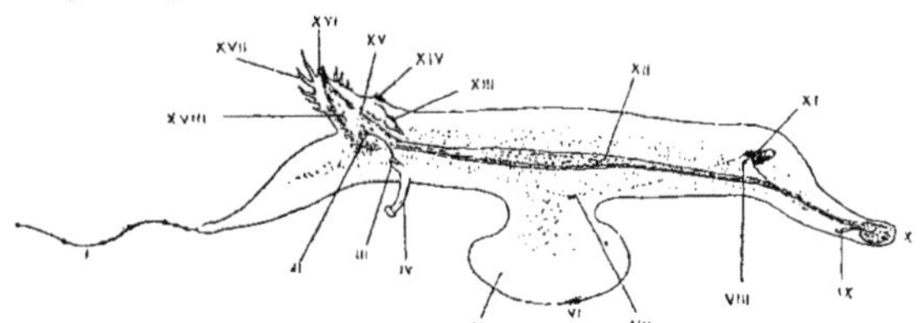

FIG. 70. — *Pterotrachea* mâle, vu du côté droit (le dos en haut, donc en position inverse de la situation naturelle). — I, appendice caudal; II, orifice génital suivi de la gouttière séminale; III, pénis; IV, « flagellum »; V, nageoire pédieuse: VI, ventouse; VII, ganglion pédieux; VIII, otocyste; IX, glande salivaire; X, bouche; XI. ganglion cérébro-pleural et œil; XII, œsophage; XIII, ventricule; XIV, osphradium; XV, orifice extérieur du rein; XVI, anus; XVII, branchie; XVIII, estomac et foie.

des tentacules, pas de branchie ni d'appendice postérieur du pied : *F. Desmaresti* LESUEUR, Méditerranée.

Stenoglossa. — Pectinibranches à système nerveux très concentré, toujours zygoneure (fig. 60); le collier œsophagien se trouve en arrière des glandes salivaires et non traversé par elles; les ganglions stomato-gastriques sont situés tout près des centres cérébraux et loin en arrière de la masse buccale, qui est très réduite; une trompe bien développée; une glande œsophagienne impaire (glande de Leiblein; glande à venin); toujours un siphon palléal et un pénis; osphradium bipectiné; radule étroite, avec une dent latérale de chaque côté de la médiane (rhachidienne) chez les 12 premières familles (Rhachiglossa) et sans dent médiane (1. o. 1.) chez les trois dernières familles (Toxiglossa).

Fasciolariidæ ADAMS. — Tête petite, étroite, à tentacules courts; pied assez large et court; siphon modéré. — *Fasciolaria* LAMARCK : *F. lignaria* (LINNÉ), Méditerranée.

Turbinellidæ SOWERBY. — Pied large, longue trompe. — *Hemifusus* SWAINSON (fig. 42), tentacules courts. — *Fulgur* MONTFORT, tentacules longs.

Mitridæ ADAMS. — Tentacules allongés portant les yeux latéralement; pied étroit; trompe très longue, siphon assez long. — *Mitra* Lamarck : *M. ebenus* (Linné), Méditerranée.

Buccinidæ Fleming. — Tentacules portant les yeux à la base; pied grand, assez large, généralement tronqué en avant; un opercule; siphon allongé. — *Buccinum* Linné, tentacules allongées : *B. undatum* Linné, Océan Atlantique. — *Chrysodomus* Swainson, tentacules courts : *C. antiquus* (Linné), mer du Nord. — *Phos* Montfort, pied échancré en avant et terminé par un filament postérieur, mers tropicales. — *Nassa* Lamarck, pied terminé en arrière par deux appendices aigus : *N. reticulata* (Linné), Océan Atlantique et Méditerranée. — *Bullia* Gray, fouisseur et aveugle. — *Canidia* Adams, fluviatile, Indo-Chine. — *Columbella* Lamarck, pied grand, tentacules allongés : *C. rustica* (Linné), Méditerranée.

Haliidæ Fischer. — Pied grand et épais, sans opercule; tentacules gros; coquille mince, à large ouverture. — *Halia* Risso : *H. priamus* Meuschen, baie de Cadix.

Muricidæ Fleming. — Yeux situés sur les côtés des tentacules, plus ou moins haut; pied tronqué en avant, une glande anale. — *Murex* Linné, tentacules minces, siphon allongé : *M. trunculus* Linné, Méditerranée. — *Purpura* Bruguière, tentacules gros et courts, siphon court : *P. lapillus* (Linné), Océan Atlantique. — *Trophon* Montfort, yeux à la base des tentacules, coquille lamelleuse. — *Usosalpinx* Stimpson, yeux vers le sommet des tentacules.

Coralliophilidæ Chenu. — Animaux sédentaires, fixés dans des coraux, à coquille irrégulière, déroulée. — *Magilus* Montfort, mers chaudes orientales.

Cancellariidæ Adams. — Mufle court, à longs tentacules; pied petit, pas d'opercule, siphon très court. — *Cancellaria* Lamarck : *C. cancellata* (Linné), Méditerranée.

Volutidæ Gray. — Tête très aplatie et élargie latéralement; trompe courte, pied large, siphon avec un appendice intérieur. — *Voluta* Linné : *V. undulata* Lamarck, mers d'Australie. — *Guivillea* Watson, abyssal et aveugle. — *Cymba* Broderip et Sowerby, vivipare : *C. proboscidalis* (Lamarck), Atlantique oriental.

Olividæ d'Orbigny — Yeux situés à mi-hauteur des tentacules; partie antérieure du pied séparée par un sillon transversal; un tentacule palléal postérieur; beaucoup sont fouisseurs. — *Oliva* Bruguière, des yeux : *O. porphyria* (Linné), Océan Pacifique. — *Olivella* Swainson, ni yeux ni tentacules; mers chaudes. — *Ancillaria* Lamarck, pas d'yeux, petits tentacules; mers tropicales : *A. glabrata* (Linné), Antilles.

Harpidæ Chenu. — Pied très grand, coquille à spire courte et à côtes longitudinales. — *Harpa* Lamarck, mers tropicales.

Marginellidæ Adams. — Pied très grand et manteau recouvrant en partie la coquille. — *Marginella* Lamarck : *M. miliaria* (Linné), Méditerranée.

Pleurotomatidæ Loven. — Yeux situés sur les côtés des tentacules; spire allongée, bords du manteau et de la coquille échancrés; siphon assez long. *Pleurotoma* Lamarck : *P. turricula* Montagu, Océan Atlantique; nombreuses espèces dans les mers chaudes.

Terebridæ Adams. — Yeux au sommet des tentacules; pied petit, spire allongée, siphon long. — *Terebra* ADANSON : *T. maculata* (LINNÉ), Océan Indien.

Conidæ GRAY. — Yeux sur le côté des tentacules (fig. 29, v); ouverture du manteau linéaire, siphon assez court; coquille allongée à spire très peu saillante. — *Conus* LINNÉ : *C. mediterraneus* BRUGUIÈRE, Méditerranée; nombreuses espèces tropicales.

EUTHYNEURA

Gastropodes hermaphrodites, à radula généralement composée de dents uniformes de chaque côté de la médiane et habituellement pourvus de deux paires de tentacules céphaliques. Ils sont caractérisés par la détorsion de leur organisme, qui se manifeste surtout dans la commissure viscérale. En effet, celle-ci n'est pas tordue, sauf chez les plus archaïques des Opisthobranches (*Actæon*) et des Pulmonés (*Chilina*); elle a en outre une tendance à concentrer tous ses éléments autour de l'œsophage, de sorte que, exception faite pour la plupart des Bulléens et *Aplysia*, tout le système nerveux central est réuni dans la région céphalique (fig. 71), quelquefois dorsalement (Pleurobranches et Nudibranches, fig. 79), quelquefois ventralement (Thécosomes, fig. 75, *r*).

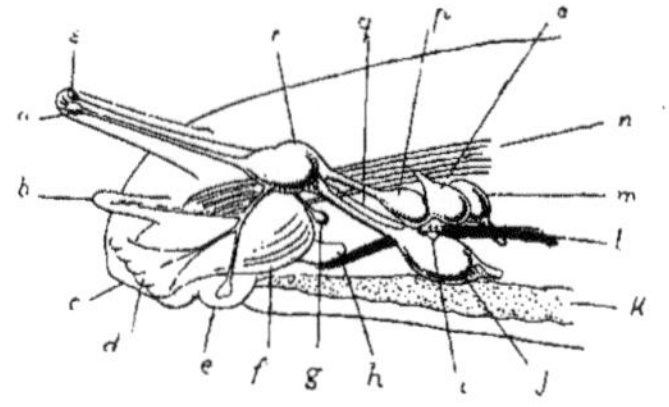

FIG. 71. — Région céphalique de *Limax*, vue semi-schématique du côté gauche. — *a*, ganglion olfactif; *b*, tentacule antérieur; *c*, bouche; *d*, lobes antérieurs dans lesquels débouchent les glandes de l'organe de SEMPER; *e*, palpes labiales; *f*, bulbe buccal; *g*, ganglion stomato-gastrique; *h*, radule; *i*, otocyste; *j*, ganglion pédieux; *k*, glande pédieuse; *l*, branche antérieure de l'aorte; *m*, ganglion abdominal; *n*, œsophage; *o*, ganglion « palléal »; *p*, ganglion pleural; *q*, nerf otocystique; *r*, ganglion cérébral; *s*, œil.

Cette sous-classe comprend deux ordres : Opisthobranches et Pulmonés.

Opisthobranchia

Euthyneures marins, à respiration aquatique, à cœur ayant généralement le ventricule en avant, et à cavité palléale largement ouverte lorsqu'elle existe. Deux sous-ordres composent cette subdivision : *Tectibranchia* et *Nudibranchia*.

Tectibranchia. — Opisthobranches pourvus d'un manteau et d'une coquille (sauf chez *Pelta*, *Pleurobranchæa* et certains Aplysiens), d'une branchie cténidiale (à l'exception de quelques Gymnosomes) et d'un osphradium. Ce sous-ordre renferme trois groupes : Bulléens, Aplysiens et Pleurobranchiens.

Bulléens. — Chez ces Tectibranches, la coquille est bien développée, externe ou interne (nulle cependant chez les *Cymbuliidæ* et *Pelta*), sans opercule (sauf dans *Actæon*). La cavité palléale est toujours bien développée et renferme la branchie, au moins en partie; cette branchie, sauf chez les *Lophocercidæ*, est du type « plissé ». La tête est ordinairement sans tentacules apparents, excepté chez *Aplustrum* et les Thécosomes, et sa face dorsale constitue un disque ou bouclier fouisseur à bords plus ou moins découpés, et le plus ordinairement séparé de la nuque (fig. 72); les bords du pied (parapodies) sont continus avec sa face ventrale et souvent très développés en nageoires. Le manteau forme en arrière, sous l'ouverture palléale, un fort « lobe palléal » (fig. 72, *b*). L'estomac possède généralement des plaques masticatrices (fig. 75, *g*).

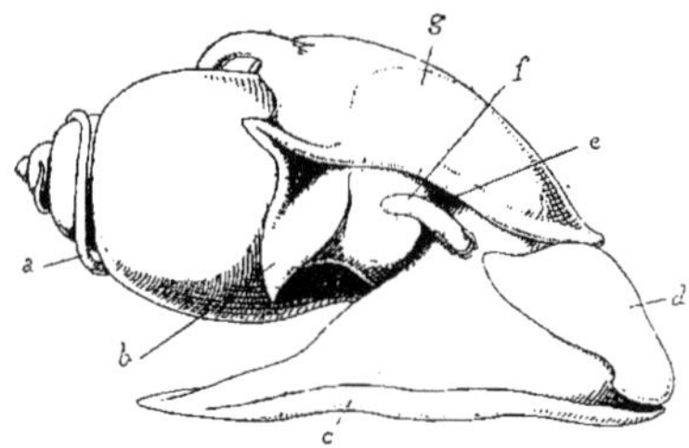

Fig. 72. — *Actæon tornatilis* sans sa coquille, vu du côté droit, grossi 5 fois. — *a*, glande palléale spiralée; *b*, lobe palléal inférieur; *c*, bord du pied; *d*, bouclier céphalique et œil; *e*, ouverture de la cavité palléale; *f*, pénis; *g*, glande hypobranchiale.

La commissure viscérale est assez longue, sauf dans les formes les plus spécialisées (*Pelta*, *Lobiger*, Thécosomes). L'orifice génital hermaphrodite est relié au pénis par une gouttière ciliée, sauf dans *Actæon*, *Lobiger* et *Cavolinia longirostris*, où il y a un spermiducte clos. Les Bulléens sont fouisseurs ou nageurs.

Actæonidæ ADAMS. — Disque céphalique bifide en arrière; bords du pied peu développés; conduit génital « diaule »; coquille externe, à spire saillante; un opercule. — *Actæon* MONTFORT : *A. tornatilis* (LINNÉ), fig. 72, Océan Atlantique et Méditerranée.

Ringiculidæ FISCHER. — Disque céphalique élargi en avant et formant en arrière un tube ouvert, coquille externe à spire saillante, sans opercule. — *Ringicula* DESHAYES : *R. auriculata* MÉNARD, Océan Atlantique.

Tornatinidæ FISCHER. — Bords du pied non saillants; pas de radula; coquille externe sans spire saillante ni opercule. — *Tornatina* ADAMS : *T. obtusata* MONTAGU, Océan Atlantique.

Scaphandridæ FISCHER. — Bouclier céphalique court, tronqué en arrière; yeux très profondément enfoncés; trois plaques stomacales calcaires très développées (deux larges, paires; une étroite); coquille externe, sans spire saillante. — *Scaphander* MONTFORT : *S. lignarius* (LINNÉ), Océan Atlantique et Méditerranée.

Bullidæ CLARK. — Bords du pied bien développés; yeux superficiels; plaques stomacales cornées; coquille externe sans spire saillante. — *Bulla* LINNÉ, bouclier céphalique séparé de la nuque; trois plaques stomacales : *B. striata* BRUGUIÈRE, Méditerranée et Atlantique. — *Acera* MÜLLER, bouclier céphalique continu avec la nuque; douze à quatorze plaques stomacales; un filament palléal postérieur passant par une échancrure de la coquille : *A. bullata* MÜLLER (fig. 73), Océan Atlantique et Méditerranée.

Aplustridæ CHENU. — Pied très large, disque céphalique avec quatre tentacules. — *Aplustrum* SCHUMACHER : *A. aplustre* (LINNÉ), Océan indien.

Philinidæ ADAMS. — Bouclier céphalique simple; coquille interne. — *Philine* ASCANIUS, trois plaques stomacales calcaires : *P. aperta* (LINNÉ), Océan Atlantique et Méditerranée. — *Doridium* Meckel, ni radule ni plaques stomacales : *D. carnosum* Cuvier, Méditerranée. — *Gastropteron* Kosse, manteau et coquille excessivement réduits; parapodies très étendues en forme de nageoires : *G. Meckeli* Kosse, Méditerranée.

Peltidæ Vayssière. — Bouclier céphalique et téguments dorsaux continus; coquille nulle; branchie faisant saillie hors du manteau; quatre plaques stomacales. — *Pelta* Quatrefages : *P. coronata* Quatrefages, Océan Atlantique et Méditerranée.

Lophocercidæ Adams. — Coquille externe; pied long à parapodies séparées de la face ventrale du pied; conduit génital diaule; commissure vis- cérale courte. — *Lobiger* Krohn, parapodies divi- sées de chaque côté en deux nageoires, deux paires de tentacules : *L. Philippii* Krohn, Médi- terranée. — *Lophocercus* Krohn, parapodies indi- vises rabattues sur la coquille, une paire de ten- tacules : *L. Sieboldi* Krohn, Méditerranée.

Limacinidæ Gray. — Masse viscérale et coquille à enroulement « sénestre » (ultra-dextre); un opercule à spire sénestre; cavité palléale dorsale — *Peraclis* Forbes, tête en forme de trompe, à tentacules symétriques : *P. reticulata* (d'Orbigny), Méditerranée. — *Limacina* Cuvier, tête très ré- duite, à tentacule droit le plus grand : *L. helicina* Phipps, Atlantique septentrional.

Cymbuliidæ Cantraine. — Adulte sans coquille; pseudoconque sous-épithéliale formée par le tissu conjonctif; ouverture palléale ventrale. — *Cym- bulia* Péron et Lesueur, pseudoconque épaisse, pied avec un filament ventral médian : *C. Peroni* Blainville (fig. 74), Méditerranée. — *Cymbu- liopsis* Pelseneer, pseudoconque mince avec une

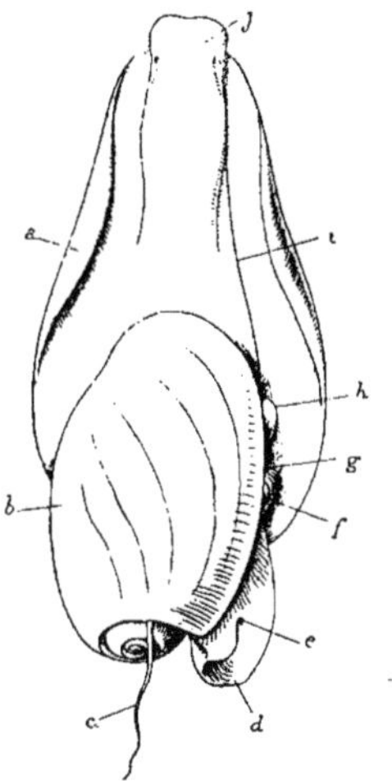

Fig. 73. — *Accra bullata*, vu dorsale- ment. — *a*, bord du pied (parapodie); *b*, coquille; *c*, filament naissant du coin postérieur de l'ouverture pal- léale et passant par l'entaille de la suture coquillière; *d*, lobe inférieur du manteau ; *e*, anus; *f*, branchie, légèrement tirée hors de la cavité pal- léale ; *g*, limite antérieure de l'ouver- ture palléale; *h*, valve de l'orifice gé- nital hermaphrodite; *i*, gouttière sé- minale ; *j*, tête avec les yeux.

grande cavité. — *Gleba* Forskål, pseudoconque mince, à cavité presque nulle. — *Desmopterus* Chun, nageoires ayant chacune un filament postérieur.

Cavoliniidæ d'Orbigny. — Masse viscérale et coquille non enroulée, symé- trique; ouverture palléale ventrale. — *Cavolinia* Abildgaard, masse viscérale et coquille aplaties dorso-ventralement, appendices palléaux passant par des fissures latérales de la coquille : *C. tridentata* Forskål, Océan Atlantique et Méditerranée.— *Clio* Browne, manteau sans appendices saillants, coquille non cloisonnée : *C. striata* Rang (fig. 75), Méditerranée et Atlantique. — *Cuvierina* Boas, coquille à cloison postérieure et à section circulaire.

Ces trois familles, *Limacinidæ*, *Cymbuliidæ* et *Cavoliniidæ*, forment le groupe des « Ptéropodes » thécosomes, caractérisés par leur pied entièrement transformé en deux nageoires antérieures symétriques, par l'existence d'un manteau et d'une cavité palléale, par l'absence, chez l'adulte, d'yeux et de

cténidie (sauf pour quelques *Cavolinia*) et par les centres nerveux situés aux
côtés latéraux et ventral de l'œsophage ; tous sont pélagiques.

Aplysiens. — Chez ces Tectibranches, la coquille est toujours très réduite,

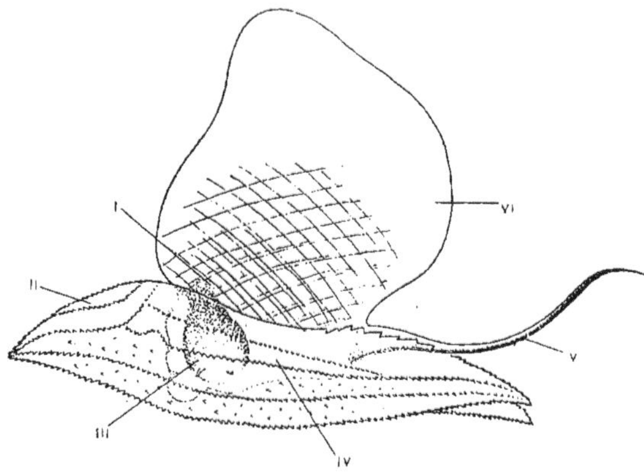

FIG. 74. — *Cymbulia Peroni*, nageant, vu du côté droit, d'après DELLE CHIAJE. —
I, ouverture buccale, vue au travers de la nageoire ; II, pseudoconque sous-épithéliale ;
III, masse viscérale ; IV, cavité palléale vue par transparence ; V, flagellum (appendice
postérieur du pied) ; VI, nageoire droite.

nulle, ou absente (*Phyllaplysia* et Gymnosomes) ; la tête est
pourvue de deux paires de tentacules ; les bords du pied
(parapodies) sont séparés de sa face ventrale (fig. 76, VII,
VIII, IX) et généralement transformés en lobes natatoires ; la
commissure viscérale (sauf chez *Aplysia*) est très raccourcie.
Conduit génital monaule. L'orifice hermaphrodite est relié
au pénis par une gouttière ciliée. Rampeurs ou nageurs.

Aplysiidæ D'ORBIGNY. — Animaux à coquille partiellement
recouverte ou interne (nulle chez *Phyllaplysia*), à pied long,
dont la surface ventrale est bien développée. — *Aplysia*
LINNÉ, coquille incomplètement recouverte ; parapodies larges, commissure viscérale longue : *A. punctata* CUVIER,
Océan Atlantique. — *Aplysiella* FISCHER, coquille peu couverte, parapodies peu développées : *A. petalifera* (RANG),
Méditerranée. — *Phyllaplysia* FISCHER, coquille nulle, parapodies peu développées : *P. Lafonti* FISCHER, Océan
Atlantique. — *Notarchus* CUVIER, coquille interne, très
réduite, parapodies soudées dorsalement et formant un sac
contractile autour de la masse viscérale (fig. 28) : *N. pun-
ctatus* PHILIPPI, Méditerranée.

Pneumonodermatidæ GRAY. — Animaux sans manteau ni coquille ; pied
plus court que la masse viscérale et à surface ventrale très réduite ; paropodies
très développées en nageoires ; des ventouses sur le pharynx dévaginable
(fig. 43, XII ; fig. 76, X). — *Dexiobranchæa* BOAS, ventouses indépendantes, pas

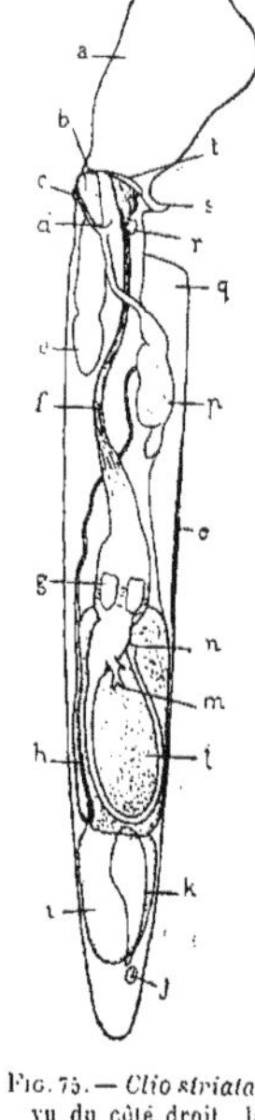

FIG. 75. — *Clio striata*,
vu du côté droit, la
tête en haut, grossi.
— *a*, nageoire ; *b*, orifice du pénis ; *c*, ten-
tacule ; *d*, ouverture
génitale jointe au
pénis par la gouttière
séminale ; *e*, pénis
invaginé ; *f*, œso-
phage ; *g*, plaques du
gésier ; *h*, spermovi-
ducte ; *i*, glande gé-
nitale ; *j*, cœur ; *k*,
rein ; *l*, foie, dans lequel l'intestin est sup-
posé vu par transpa-
rence ; *m*, conduit
hépatique ; *n*, anus
à gauche ; *o*, glande
palléale ; *p*, glandes
génitales accessoires ;
q, cavité palléale ; *r*,
système nerveux cen-
tral ; *s*, lobe ventral
du pied ; *t*, bouche.

de branchie terminale postérieure : *D. simplex* Boas (fig. 76), Océan Pacifique.
— *Pneumonoderma* Cuvier, ventouses réunies sur deux lobes, branchie terminale quadrirayonnée (fig. 45) : *P. mediterraneum* van Beneden, Méditerranée.
— *Spongiobranchæa* d'Orbigny, branchie terminale en forme d'un simple
anneau saillant : S. *australis* d'Orbigny, mers Australes.

Clionopsidæ Costa. — Pas d'appendices buccaux ni de ventouses; trompe
très longue; branchie
terminale quadrirayon-
née. — *Clionopsis* Tros-
chel : *C. Krohni* Tros-
chel, Méditerranée.

Notobranchæidæ Pel-
seneer. — *Notobran-
chæa* Pelseneer, à bran-
chie, postérieure, tri-
rayonnée.

Clionidæ Gray. — Des
appendices buccaux co-
niques glandulaires (cé-
phalocônes) sur un court
pharynx dévaginable;
aucune espèce de bran-
chie. — *Clione* Pallas;
C. limacina Phipps, At-
lantique septentrional.

Halopsychidæ Pel-
seneer. — *Halopsyche*
Bronn, sans branchie,
avec deux longs appen-
dices buccaux branchus.

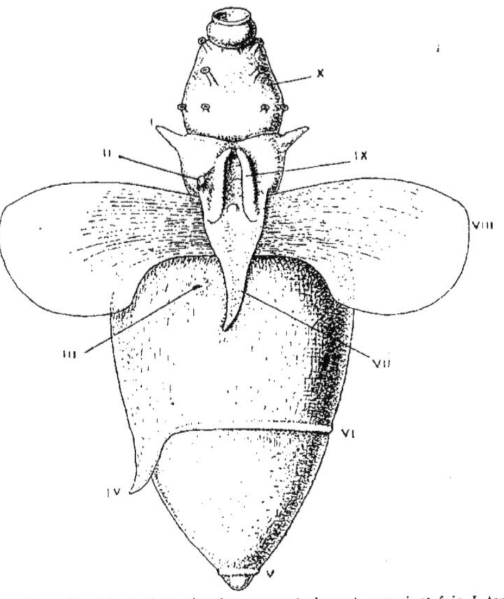

Fig. 76. — *Dexiobranchæa simplex*, vu ventralement, grossi 15 fois. I, tentacule antérieur; II, orifice du pénis; III, cloaque; IV, cténidie; V, troisième
cercle cilié postérieur; VI, deuxième cercle cilié; VII, lobe postérieur du
pied; VIII, nageoire; IX, bords de la face ventrale du pied; X, trompe avec
ses ventouses.

Ces cinq dernières familles forment le groupe appelé « Ptéropodes » Gymnosomes, caractérisé par l'absence de manteau et de coquille, la réduction de
la surface ventrale du pied et les parapodies en forme de nageoire, situées
en avant; habitat pélagique.

Pleurobranchiens. — Dans ces Tectibranches, il y a deux paires de tentacules; le pied est sans parapodies; cavité palléale nulle; toujours une branchie
occupant à droite l'espace entre le pied et le manteau; conduit génital diaule
(sans gouttière spermatique), à orifices mâle et femelle voisins; commissure
viscérale courte, présentant, comme chez les Nudibranches, une tendance à
fusionner les centres supra et infra-intestinaux avec les pleuraux, et à concentrer tous les ganglions vers la face dorsale de l'œsophage.

Umbrellidæ Gray. — Masse viscérale et coquille externe en forme de cône
aplati, pied épais. — *Umbrella* Lamarck, tentacules antérieurs très petits,
situés en dessous de la tête, avec la bouche, dans une échancrure du pied;
branchie très grande s'étendant jusqu'au-dessus de la nuque : *U. mediterranea*

F. XVI.　　　　　　　　　　　　　　　　　　　　　　7

Lamarck, Méditerranée. — *Tylodina* Rafinesque, tentacules antérieurs formant un voile frontal, branchie ne s'étendant qu'au côté droit : *T. citrina* Joannis. Méditerranée.

Pleurobranchidæ Gray. — Coquille recouverte par le manteau ou nulle, tentacules antérieurs formant un voile frontal, des spicules dans le manteau, pied aplati. — *Pleurobranchus* Cuvier, manteau long et large, coquille interne : *P. plumula* Montagu, Océan Atlantique. — *Pleurobranchæa* Meckel, man-

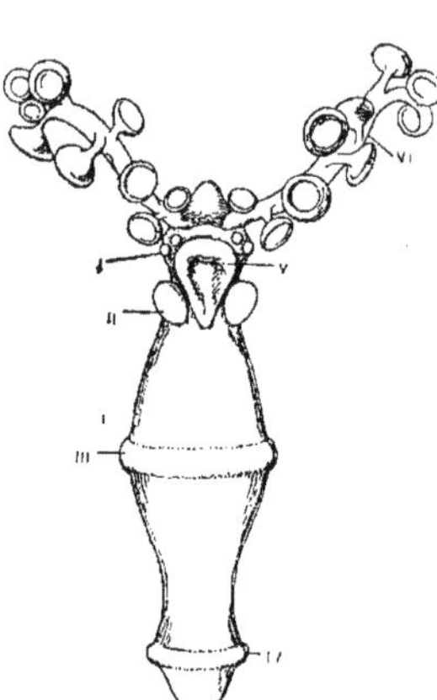

Fig. 77. — Larve âgée de *Pneumonoderma*, vue ventralement, d'après Boas. — I, premier cercle cilié; II, nageoire; III, deuxième cercle cilié; IV, troisième cercle cilié; V, pied; VI, appendice acétabulifère.

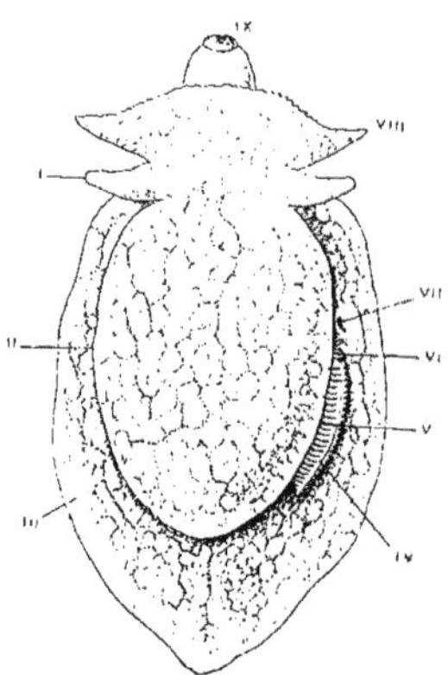

Fig. 78. — *Pleurobranchæa Meckeli*, vu dorsalement. — I, tentacule postérieur (rhinophore); II, manteau; III, pied; IV, branchie; V, point où l'anus débouche entre le bord du manteau et la branchie; VI, orifice de la glande prébranchiale; VII, ouverture génitale hermaphrodite; VIII, tentacule antérieur; IX, trompe dévaginée.

teau court et peu saillant, pas de coquille : *P. Meckeli* Leue (fig. 78), Méditerranée.

Nudibranchia. — Opisthobranches nus (sans coquille) à l'état adulte, sans branchie, ni osphradium.

Ces animaux sont généralement limaciformes, et extérieurement symétriques, la masse viscérale ne formant plus un sac séparé du pied; les téguments dorsaux produisent souvent des appendices qui interviennent dans la respiration. Le système nerveux est

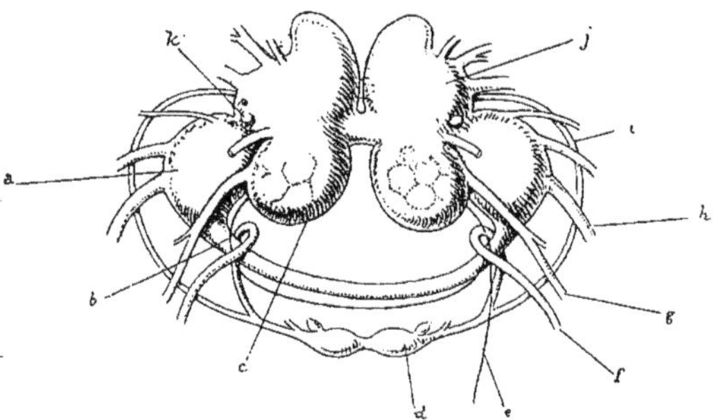

Fig. 79. — Système nerveux de *Eolis papillosa*, vu dorsalement, grossi. — *a*, ganglion pédieux; *b*, commissure viscérale; *c*, ganglion pleuro-viscéral; *d*, ganglion stomato-gastrique, avec son centre accessoire (gastro-œsophagien); *e*, nerf viscéral (génital); *f*, nerf stomato-gastrique innervant les cæcums hépatiques des papilles dorsales; *g*, nerf palléal; *h*, nerf pédieux; *i*, commissure stomato-gastrique; *j*, ganglion cérébral; *k*, otocyste, avec l'œil au-dessus.

très concentré, les ganglions sont le plus souvent réunis à la face dorsale de l'œsophage; les centres supra et infra-intestinaux sont fusionnés avec les pleuraux (fig. 79); la fusion des centres est parfois extérieurement poussée très loin (*Tethys*), mais les diverses commissures infra-œsophagiennes (pédieuse, viscérale et stomato-gastrique) sont toujours conservées; la commissure viscérale est toujours réduite et généralement sans ganglion; il y a des centres stomato-gastriques accessoires (« gastro-œsophagiens », fig. 79, *d*); la glande génitale est subdivisée en acini mâles et femelles (fig. 46), sauf dans les Élysiens. Organismes marins, en général carnassiers, à couleurs vives; nombreux exemples de mimétisme.

Ce sous-ordre renferme quatre groupes : Tritoniens, Doridiens, Éolidiens et Élysiens.

Tritoniens. — Nudibranches à foie entièrement contenu dans la masse viscérale; anus latéral (à droite); généralement deux rangées d'appendices dorsaux ramifiés (fig. 80, ɪɪ); conduit génital diaule à orifices mâle et femelle contigus.

Tritoniidæ Adams. — Tentacules antérieurs formant un voile frontal; pied assez large. — *Tritonia* Cuvier (fig. 80), estomac sans lames cornées : *T. Hombergi* Cuvier, Océan Atlantique. — *Marionia* Vayssière, estomac à lames cornées : *M. blainvillea* (Risso), Méditerranée.

Scyllæidæ Alder et Hancock. — Tentacules antérieurs nuls; appendices dorsaux larges, foliacés; pied très étroit, lames cornées stomacales. — *Scyllæa* Linné, pélagique : *S. pelagica* Linné, Océan Atlantique.

Phyllirhoidæ Adams. — Tentacules antérieurs et appendices dorsaux nuls; pied nul; corps comprimé latéralement; animaux nageurs. — *Phyllirhoe* Péron et Lesueur : *P. bucephalum* Péron et Lesueur, Méditerranée (fig. 81).

Tethyidæ Alder et Hancock. — Tête large, entourée d'un voile en forme d'entonnoir ou de capuchon; pas de radula; appendices dorsaux foliacés. —

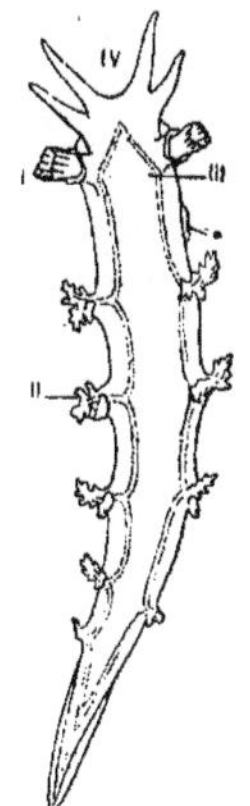

Fɪɢ. 80. — *Tritonia lineata*, vu dorsalement, grossi 7 fois; d'après Hancock. — I, tentacule postérieur; II, appendice dorsal (branchie palléale); III, œil; IV, voile frontal; *o*, orifice génital.

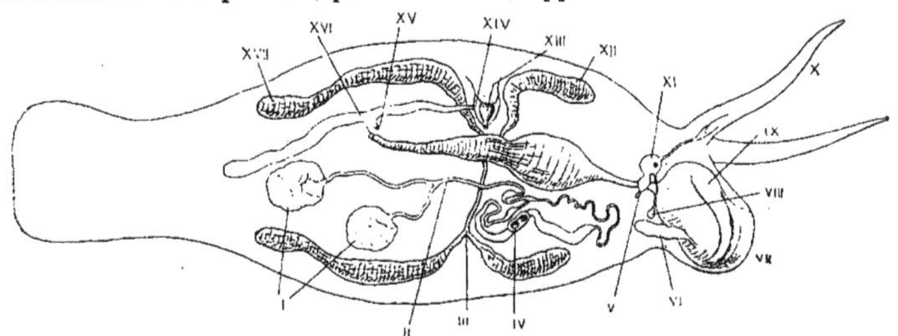

Fɪɢ. 81. — *Phyllirhoe bucephalum*, vu du côté droit (les conduits génitaux supposés un peu déroulés), grossi 4 fois, d'après Souleyet. — I, glande génitale; II, spermoviducte; III, conduit hépatique; IV, orifice génital femelle; V, ganglion pédieux; VI, glande salivaire; VII, bouche; VIII, ganglion stomato-gastrique; IX, bulbe buccal; X, tentacule; XI, ganglion cérébro-pleural; XII, lobes du foie; XIII, cœur dans le péricarde; XIV, orifice réno-péricardique; XV, orifice extérieur du rein; XVI, anus; XVII, foie.

Tethys Linné : pied large, pas de mandibules : *T. leporina* Linné, Méditerranée. — *Melibe* Rang, pied étroit, des mandibules (mers chaudes orientales).

Dendronotidæ Alder et Hancock. — Tentacules antérieurs formant un voile frontal découpé; appendices dorsaux et tentacules ramifiés. — *Den-*

dronolus ALDER et HANCOCK : *D. arborescens* (MÜLLER). Océan Atlantique.

Doridiens. — Nudibranches extérieurement symétriques par suite de la situation médiane de l'anus; celui-ci est postérieur et généralement dorsal et entouré d'appendices palléaux ramifiés, constituant une branchie secondaire (fig. 82, IV); foie non ramifié dans les téguments, conduit génital triaule; des spicules dans le manteau.

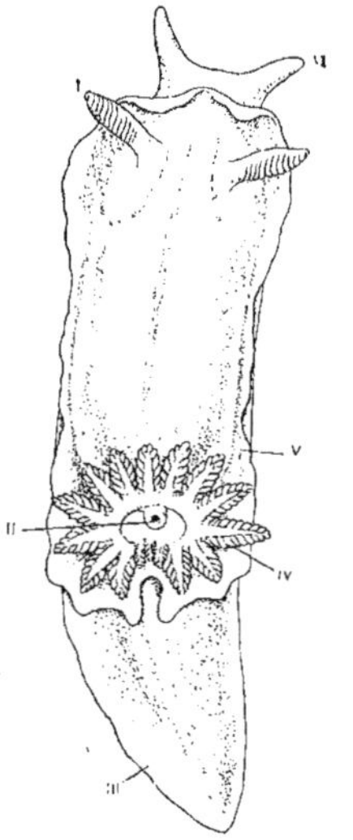

Polyceratidæ ABRAHAM. — Un voile frontal plus ou moins saillant; branchies non rétractiles. — *Euplocamus* PHILIPPI, des appendices dorsaux ramifiés, sur le bord du manteau : *E. croceus* PHILIPPI, Méditerranée. — *Triopa* JOHNSTON, bord du manteau portant des appendices claviformes; branchie formée de trois lobes dirigés en avant : *T. claviger* (MÜLLER), Océan Atlantique et Méditerranée. — *Polycera* CUVIER, bord du manteau portant, de chaque côté, un seul appendice pointu, postérieur : *P. quadrilineata* (MÜLLER), Océan Atlantique et Méditerranée. — *Ancula* LOVÉN, bord du manteau indistinct et sans appendice, rhinophore branchu : *A. cristata* ALDER, Océan Atlantique. — *Goniodoris* FORBES, bord du manteau saillant, sans appendices; voile frontal non continu avec le manteau : *G. nodosa* (MONTAGU), Océan Atlantique (fig. 82). — *Idalia* LEUCKART, digitations du voile frontal et rhinophores très allongés. — *Heterodoris* VERRILL et EMERTON, pas de branchies.

Dorididæ BERGH. — Manteau recouvrant la tête; tentacules antérieurs distincts, peu développés; branchies rétractiles dans une poche périanale. — *Doris* LINNÉ, corps large, manteau aussi long que le pied : *D. tuberculata* LINNÉ, Océan Atlantique. — *Chromodoris* ALDER et HANCOCK, corps étroit et allongé, pied plus long que le manteau : *C. elegans* (CANTRAINE), Océan Atlantique et Méditerranée.

Doridopsidæ BERGH. — Pharynx suceur, sans radula; rosette branchiale autour de l'anus, sur le dos. — *Doridopsis* ALDER et HANCOCK : *D. limbata* (CUVIER), Méditerranée et Atlantique.

Corambidæ BERGH. — Anus et branchie situés en arrière, en dessous du bord du manteau. — *Corambe* BERGH : *C. testudinaria* FISCHER, Océan Atlantique.

Phyllidiidæ ALDER et HANCOCK. — Pharynx suceur, branchies situées tout autour du corps, entre le manteau et le pied. — *Phyllidia* CUVIER : *P. varicosa* (LAMARCK), Océan Indien.

Ces trois dernières familles forment le sous-groupe des Doridiens « Porostomes », caractérisés par la réduction de leur bulbe buccal et sa transformation en appareil de succion.

Éolidiens. — Nudibranches à foie entièrement contenu dans les téguments

FIG. 82. — *Goniodoris nodosa*, vu dorsalement, grossi 5 fois, d'après ALDER et HANCOCK. — I, tentacule postérieur ou rhinophore; II, anus; III, pied; IV, rosette branchiale; V, manteau; VI, voile frontal formé par les tentacules antérieurs.

et les papilles tégumentaires (fig. 83, *c*); conduit génital diaule à orifices mâle et femelle contigus; des mandibules; anus latéro-antérieur (sauf dans les *Proctonotidæ*); les papilles tégumentaires ne sont pas ramifiées et produisent souvent des cnidocystes : ceux-ci, invaginés, naissent en assez grand nombre dans chaque cellule cnidogène; lorsqu'ils sont expulsés, ils se dévaginent en faisant saillir un filament souvent barbelé depuis sa base, sur une certaine longueur (fig. 84).

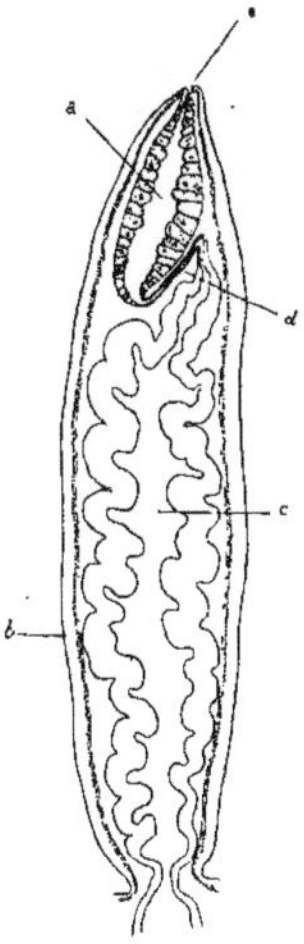

Eolididæ D'ORBIGNY. — Papilles dorsales en forme de massue, terminées par un sac ouvert, communiquant avec le cæcum hépatique (fig. 83, *c*) et dont les cellules épithéliales produisent des cnidocystes urticants. — *Eolis* CUVIER : *E. papillosa* (LINNÉ), Océan Atlantique.

Glaucidæ GRAY. — Corps présentant trois paires de lobes latéraux sur lesquels sont portées les papilles tégumentaires; pied très étroit; nageurs et pélagiques. — *Glaucus* FORSTER : *G. atlanticus* FORSTER, Océan Atlantique.

Pleurophylliidæ ADAMS. — Tentacules antérieurs formant un bouclier fouisseur; manteau nu; papilles tégumentaires (« branchies ») situées sous le bord du manteau. — *Pleurophyllidia* MECKEL : *P. lineata* OTTO, Méditerranée et Atlantique. — *Dermatobranchus* VAN HASSELT, pas de papilles tégumentaires, Océan Indien.

Dotonidæ ADAMS. — Papilles dorsales en forme de massues tuberculeuses, sans cnidocystes et disposées en une seule rangée, de chaque côté. — *Doto* OKEN : *D. coronata* (GMELIN), Océan Atlantique et Méditerranée.

Proctonotidæ ALDER et HANCOCK. — Anus situé en arrière (fig. 59, III) sur la ligne médiane dorsale; tentacules antérieurs atrophiés. — *Janus* VERANY, une crête médiane entre les deux tentacules : *J. cristatus* DELLE CHIAJE, Océan Atlantique et Méditerranée. — *Proctonotus* ALDER et HANCOCK, pas de crête intertentaculaire : *P. mucroniferus* ALDER et HANCOCK, Océan Atlantique.

Fionidæ ALDER et HANCOCK. — Foie formant deux canaux longitudinaux, dans lesquels s'ouvrent les cæcums des papilles dorsales; ces dernières sont pourvues d'une expansion membraneuse; orifices mâle et femelle un peu écartés; animaux pélagiques. — *Fiona* HANCOCK et EMBLETON : *F. marina* (FORSKÅL), Océan Atlantique et Méditerranée.

Élysiens. — Nudibranches à foie ramifié dans les téguments; conduit génital presque toujours triaule, à orifices écartés, glande génitale divisée en lobules sphériques, hermaphrodites; mandibules nulles; une seule paire de tentacules.

FIG. 83. — Coupe sagittale d'une papille dorsale de *Eolis*, grossi 40 fois. — *a*, sac cnidogène; *b*, épithélium; *c*, « cæcum » hépatique; *d*, conduit de communication du foie au sac à cnidocystes; *e*, orifice du sac.

FIG. 84. — Un cnidocyste, dévaginé, de *Eolis punctata*, grossi 500 fois, d'après VAYSSIÈRE.

Hermæidæ ALDER et HANCOCK. — Des papilles dorsales; anus dorsal. —

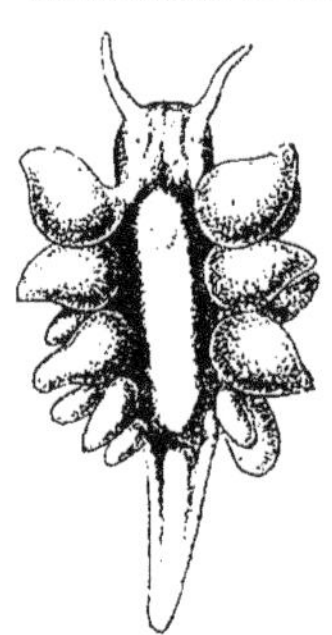

Hermæa LOVÉN, papilles dorsales linéaires : *H. dendritica* ALDER et HANCOCK, Océan Atlantique et Méditerranée. — *Stiliger* EHRENBERG, papilles ovoïdes : *S. vesiculosus* DESHAYES, Méditerranée (fig. 85). — Les genres *Phyllobranchus* ALDER et HANCOCK et *Cyerce* BERGH ont les papilles aplaties; chez ce dernier et chez *Lobiancoia* TRINCHESE, les cæcums du foie n'y pénètrent pas. — *Alderia* ALLMAN, anus postérieur, pas de tentacules céphaliques : *A. modesta* LOVÉN, Océan Atlantique, eaux saumâtres.

Elysiidæ ALDER et HANCOCK. — Pas de papilles dorsales; téguments formants deux expansions latérales; anus latéral, antérieur. — *Elysia* RISSO : *E. viridis* MONTAGU, Océan Atlantique et Méditerranée.

FIG. 85. — *Stiliger vesiculosus*, vu dorsalement, grossi ; d'après DESHAYES.

Limapontiidæ ALDER et HANCOCK. — Pas d'expansions latérales ni de papilles dorsales, corps planariforme; anus médian postéro-dorsal. — *Limapontia* JOHNSTON, orifices génitaux à droite : *L. capitata* MÜLLER, Océan Atlantique. — *Actæonia* QUATREFAGES, orifices à gauche.

PULMONATA

Euthyneures à cavité palléale sans cténidie, et à ouverture palléale rétrécie par la soudure du bord du manteau à la nuque, ne laissant qu'un assez petit orifice contractile à son extrémité postérieure (fig. 86, v).

La cavité palléale est souvent réduite, ainsi que la coquille; parfois cette dernière est intérieure ou nulle; il n'y a jamais d'opercule chez l'adulte (sauf pour *Amphibola*; il n'y en a, dans le développement que chez les *Auriculidæ* et *Siphonariidæ*). La paroi intérieure du manteau, dans la cavité palléale, est parcourue par des arborisations vasculaires (fig. 44, x), constituant un poumon qui respire l'air en nature. Ce poumon devient nul par suite de la disparition complète de la chambre palléale dans *Ancylus*, les

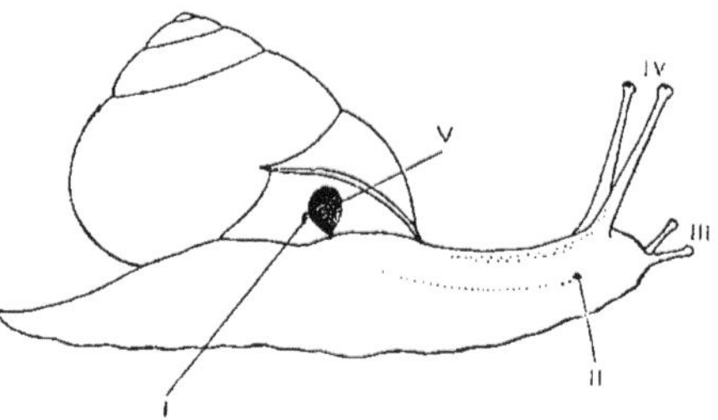

FIG. 86. — *Helix nemoralis*, en marche, vu du côté droit. — I, anus; II, orifice génital hermaphrodite; III, tentacules antérieurs; IV, tentacules postérieurs (oculifères); V, orifice pulmonaire à son maximum d'extension.

Vaginulidæ et *Oncidiidæ*. Dans de rares cas, il peut se remplir d'eau; sa paroi peut alors former une branchie secondaire (*Siphonaria*, fig. 87, III). D'autres fois, le lobe palléal inférieur qui se trouve sous l'orifice pulmonaire des Basommatophores, peut aussi se transformer en branchie (*Planorbidæ*, fig. 45, b). Le cœur a ordinairement son oreillette en avant. Le rein a le plus souvent une partie vectrice plus ou moins allongée (uretère : fig. 44, v).

Ces animaux sont généralement aériens, parfois d'eau douce, exceptionnellement marins. Ils sont répandus sur toute la terre, au nombre de six mille espèces environ, dont 3500 *Helix*. Le plus souvent, ils sont engourdis pendant une partie de l'année (l'été dans les pays chauds, l'hiver dans les pays froids); l'hibernation dure un peu plus d'un tiers de l'année dans nos régions.

Il y a deux sous-ordres de Pulmonés : *Basommatophora* et *Stylommatophora*; les premiers généralement aquatiques, les seconds, terrestres.

Basommatophora. — Pulmonés tous testacés (et à coquille externe), pourvus d'une seule paire de tentacules invaginables, à la base desquels sont les yeux (fig. 51, 1). L'estomac est, au moins en partie, fort musculaire. Le pénis est assez éloigné de l'orifice femelle (sauf dans *Amphibola* et *Siphonaria*). Excepté les *Auriculidæ* (terrestres), tous ont un osphradium (hors de la cavité palléale quand celle-ci n'admet pas d'eau : *Limnæa*, etc.).

Auriculidæ BLAINVILLE. — Animaux terrestres ordinairement maritimes; conduit génital monaule, le pénis étant relié à l'ouverture hermaphrodite par une gouttière close; coquille à spire saillante et à ouverture denticulée. — *Alexia* LAMARCK, pied non divisé en travers, habitat maritime : *A. myosotis* DRAPARNAUD, bords de l'Océan Atlantique et de la Méditerranée. — *Carychium* MÜLLER, spire obtuse; terrestre. — *Melampus* MONTFORT et *Pedipes* ADANSON, pied divisé par un sillon transverse. — Le genre *Otina* GRAY, à coquille auriforme, est voisin.

Amphibolidæ ADAMS. — Masse viscérale et coquille enroulées en spirale; un opercule; pied court; tête élargie; animaux aquatiques, marins. — *Amphibola* SCHUMACHER : *A. nux-avellanæ* CHEMNITZ, Nouvelle-Zélande.

Siphonariidæ ADAMS. — Masse viscérale et coquille coniques; tentacules atrophiés. Animaux marins à respiration aquatique. — *Siphonaria* SOWERBY (fig. 87), lames branchiales secondaires au plafond de la cavité palléale : *S. Algesiræ* QUOY et GAIMARD, sud-ouest de l'Europe. — *Gadinia* GRAY, pas de branchie : *G. Garnoti* PAYRAUDEAU, Méditerranée.

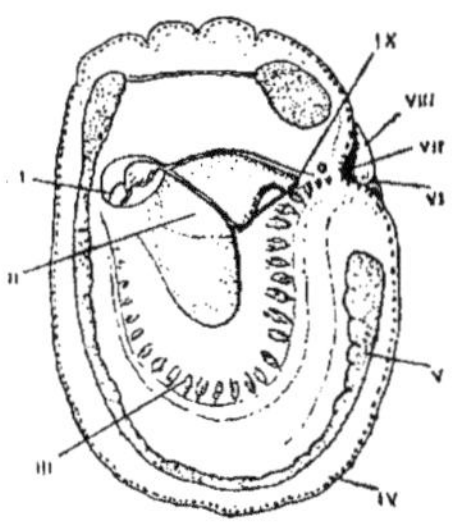

FIG. 87. — *Siphonaria algesiræ*, sans sa coquille, vu dorsalement, les organes de la cavité palléale aperçus par transparence; grossi. — I, cœur; II, rein; III, branchie; IV, bord du manteau; V, muscle « columellaire »; V, anus; VII, orifice pulmonaire, à gauche duquel est la papille osphradiale; VIII, bord inférieur de cet orifice (pavillon respiratoire); IX, orifice du rein.

Chilinidæ DALL. — Masse viscérale et coquille enroulées; tête élargie à tentacules courts et plats; lobe palléal inférieur fort développé mais non modifié; commissure viscérale longue et encore un peu tordue. — *Chilina* GRAY, fleuves de l'Amérique du Sud : *C. puelcha* d'ORBIGNY.

Limnæidæ BRODERIP. — Masse viscérale et coquille spiralées; tentacules aplatis, lobe palléal inférieur nul. — *Limnæa* LINNÉ (fig. 51), coquille entièrement externe : *L. stagnalis* LINNÉ, eaux douces d'Europe. — *Amphipeplea* NILLSSON, manteau fort réfléchi sur la coquille : *A. glutinosa* MÜLLER, Europe.

Planorbidæ Adams. — Lobe palléal inférieur transformé en branchie. — *Planorbis* Guettard, masse viscérale enroulée dans un même plan; branchie non plissée : *P. corneus* Linné, eaux douces d'Europe. — *Pulmobranchia* Pelseneer (fig. 45), spire un peu saillante, branchie plissée. — *Ancylus* Geoffroy, masse viscérale et coquille coniques, branchie unie, tentacules courts, pas de poumon : *A. fluviatilis* Müller, eaux douces d'Europe.

Physidæ Dall. — Lobe palléal inférieur nul; tentacules cylindriques allongés; masse viscérale et coquille enroulées en spirale saillante, sénestre; bords du manteau plus ou moins réfléchis sur la coquille — *Physa* Draparnaud : *P. fontinalis* (Linné), eaux douces d'Europe.

Stylommatophora. — Pulmonés pourvus (sauf *Athoracophorus* et *Vertigo*) de deux paires de tentacules invaginables, dont les postérieurs portent les yeux à leur sommet; orifices mâle et femelle confondus, sauf dans les *Vaginulidæ* et *Oncidiidæ*; pas d'osphradium; une grande glande suprapédieuse (fig. 71, *k*).

Succineidæ Fischer. — Tentacules antérieurs très réduits; orifices mâle et femelle distincts, mais contigus. — *Succinea* Draparnaud : *S. putris* (Linné), Europe.

Athoracophoridæ Fischer. — Pas de tentacules antérieurs, coquille interne. — *Athoracophorus* Gould : *A. bitentaculatus* Quoy et Gaimard, Australie.

Pupidæ Flemming. — Spire allongée, coquille externe à tours de spire nombreux, ouverture généralement étroite, conduit mâle sans vésicules multifides. — *Pupa* Draparnaud, spire obtuse au sommet, enroulement généralement dextre : *P. muscorum* (Linné), Europe. — *Clausilia* Draparnaud, spire aiguë, enroulement sénestre; un clausilium : pièce accessoire élastique fermant l'ouverture de la coquille : *C. plicatula* Draparnaud, Europe. — *Vertigo* Müller, pas de tentacules antérieurs. — *Zospeum* Bourguignat, pas d'yeux. — *Ferussacia* Risso, coquille brillante et mince : *F. subcylindrica* (Linné), Europe. — *Cæcilianella* Férussac, coquille brillante et mince, sans yeux et vivant sous la terre : *C. acicula* (Müller), Europe.

Helicidæ Gray. — Spire peu ou modérément allongée, mâchoire plissée, appareil génital généralement pourvu d'un dard et de vésicules multifides (fig. 48, vi), orifice génital sous le tentacule postérieur droit (fig. 86, ii). — *Helix* Linné, coquille généralement globuleuse ou même aplatie : *H. aspersa* Müller, Europe. — *Bulimus* Scopoli, coquille ovoïde, à bord de l'ouverture épaissi, Amérique du Sud. — *Hemphillia* Binney et Bland, coquille très réduite, quadrangulaire, en partie recouverte par le manteau, Amérique du Nord.

Philomycidæ Fischer. — Pas de coquille, orifice génital près du tentacule droit, manteau de la longueur du corps : *Philomycus* Férussac, Asie et Amérique.

Arionidæ Gray. — Animaux nus; manteau restreint à la partie antérieure et moyenne du corps; orifice respiratoire vers la partie antérieure du manteau, orifice génital près de l'orifice respiratoire. — *Arion* Férussac : *A. empiricorum* Férussac, Europe.

Limacidæ Gray. — Coquille mince, à spire courte, souvent recouverte par le manteau ou interne; mâchoire lisse; conduit mâle sans vésicules multifides; orifice génital sous le tentacule droit. — *Zonites* Montfort, coquille déprimée entièrement externe : *Z. cellarius* Müller, Europe. — *Vitrina* Draparnaud, manteau débordant en avant et sur le côté droit et recouvrant partiellement la coquille, déprimée et très mince : *V. major* Férussac, Europe. — *Parmacella* Cuvier, coquille interne, manteau grand, occupant le centre du corps, orifice pulmonaire au milieu du bord du manteau : *P. calyculata* Sowerby, Europe du sud-ouest. — *Limax* Linné, coquille interne, manteau réduit, situé à la partie antérieure du corps, avec l'orifice pulmonaire vers l'arrière du bord palléal : *L. maximus* Linné, Europe. — *Urocyclus* Gray, coquille interne, mais encore visible par un petit orifice à la partie postérieure du manteau; orifice pulmonaire au milieu du bord palléal, Afrique. — *Orpiella* Gould, une protubérance corniforme à l'extrémité postérieure du pied.

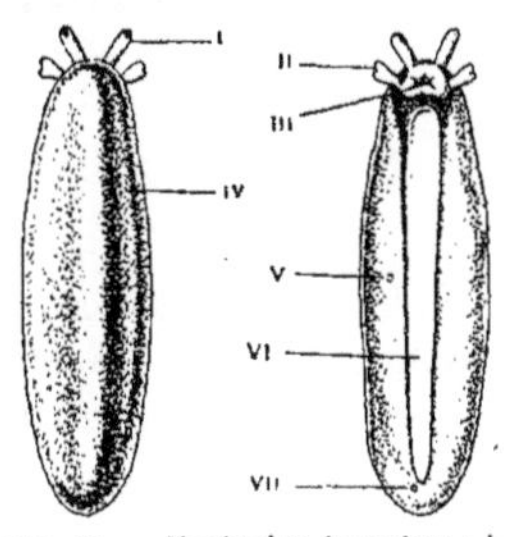

Fig. 88. — *Vaginulus luzonicus* : à gauche, vu dorsalement; à droite, vu ventralement, d'après Souleyet — I, tentacule postérieur; II, tentacule antérieur; III, bouche; IV, manteau; V, orifice génital femelle; VI, pied; VII, anus.

Testacellidæ Gray. — Pharynx protractile, bulbe buccal énorme, pas de mandibule; région cervicale (nuque) très allongée, palpes labiales bien développées. — *Glandina* Schumacher, masse viscérale enroulée, avec une grande coquille spirale : *G. algira* Bruguière, sud de l'Europe. — *Daudebardia* Hartmann, masse viscérale et coquille petites, postérieures, orifice génital entre la tête et l'ouverture pulmonaire : *D. brevipes* Draparnaud, sud de l'Europe. — *Testacella* Cuvier, manteau très petit, tout à fait en arrière, orifice génital auprès du tentacule droit postérieur : *T. haliotoides* Draparnaud, Europe méridionale.

Vaginulidæ Fischer. — Animaux terrestres, nus, sans coquille; orifice femelle à droite, à mi-longueur (fig. 88, v). — *Vaginulus* Férussac, anus postérieur : *V. luzonicus* Souleyet, Philippines. — *Atopos* Simroth, anus voisin de l'orifice femelle (Iles indo-malaises).

Oncidiidæ Philippi. — Animaux nus et sans coquille, marins; à orifice femelle et anus voisins, à l'extrémité postérieure du corps : *Oncidium* Buchanan : *O. celticum* Cuvier, côtes de l'Océan Atlantique. — Le genre *Peronia* Blainville (rivages des mers tropicales orientales) possède des yeux palléaux dorsaux (fig. 54).

SCAPHOPODES — SCAPHOPODA

Mollusques à sexes séparés et à tête assez rudimentaire, où les bords du manteau sont soudés ventralement, de façon à former un tube ouvert antérieurement et postérieurement, renfermant tout le reste du corps et recouvert d'une coquille de même forme. — Type : le Dentale (*Dentalium*).

MORPHOLOGIE. — *Conformation extérieure et téguments.* — La forme générale du corps est allongée, légèrement courbée, à concavité dorsale. Par suite de la soudure ventrale de ses bords latéraux (fig. 91, II), le *manteau* forme une cavité palléale tubuleuse à deux orifices terminaux, dont l'antérieur est le plus grand. Cette cavité palléale est souvent réduite à un étroit canal, dans les portions moyenne et postérieure, par suite de l'extension dans le manteau, du foie, des glandes génitales et même des reins (surtout chez les *Siphonodentalium*).

La partie antérieure du corps ou *région céphalique*, recouverte par le manteau (fig. 90, *p*), est située dorsalement (du côté concave); elle forme une sorte de saillie tubuleuse ou « trompe » non invaginable, à ouverture antérieure, parfois entourée de lobes découpés ou palpes multiples (fig. 90, *a*). Cette trompe présente latéralement deux poches creuses ou « abajoues » (fig. 89, v). En arrière et dorsalement, se trouvent deux lobes tentaculaires symétriques, plus ou moins aplatis (fig. 89, IV), portant un grand nombre de filaments ciliés (captacules), renflés à leur extrémité; ces filaments sont dirigés en avant et peuvent faire saillie au dehors par l'ouverture antérieure du manteau; ils se régénèrent lorsqu'ils sont perdus, d'où résulte les différentes longueurs qu'ils peuvent présenter.

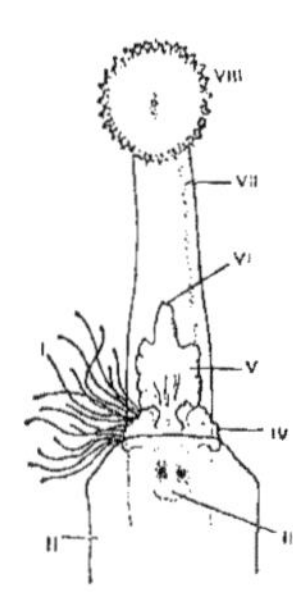

FIG. 89. — Région antérieure de *Siphonodentalium*, vu dorsalement, grossi. — I, captacules; II, manteau; III, emplacement de la radule; IV, lobes tentaculaires (celui de droite dépouillé de ses filaments); V, abajoues; VI, bouche; VII, pied; VIII, disque pédieux terminal, épanoui.

Le *pied* est long, cylindrique, dirigé en avant et peut sortir du manteau par l'ouverture antérieure de celui-ci. Il est terminé par trois lobes : un médian, conique, et deux latéraux, aliformes, parfois plissés longitudinalement; ou bien par un disque rétractile (fig. 89, VIII), à bords papilleux, parfois pourvu d'un tentacule filiforme en son milieu (*Pulsellum*).

Système nerveux et organes des sens. — Le système nerveux comprend quatre paires de centres, plus le stomato-gastrique. Les ganglions cérébraux sont situés au côté dorsal de l'œsophage, accolés l'un à l'autre; ils innervent notamment les lobes tentaculaires. Chacun d'eux est juxtaposé au ganglion pleural correspondant (fig. 90, *n*), qui innerve le manteau. Les ganglions cérébral et pleural sont réunis au centre pédieux par un long connectif commun, qui ne se bifurque qu'à l'entrée dans les premiers ganglions. Les deux centres pédieux sont situés dans le pied (fig. 90, *c*) et accolés l'un à l'autre.

La commissure viscérale naît des centres pleuraux; elle est assez longue et présente postérieurement deux centres viscéraux symétriques (fig. 90, *i*), simples renflements ganglionnaires, de forme mal définie, situés de part et d'autre de l'anus, sous les téguments et réunis par une commissure passant en avant du rectum.

Des ganglions cérébraux naît la commissure labiale infra-œsophagienne, portant de chaque côté un ganglion (*f*), dont sort une branche

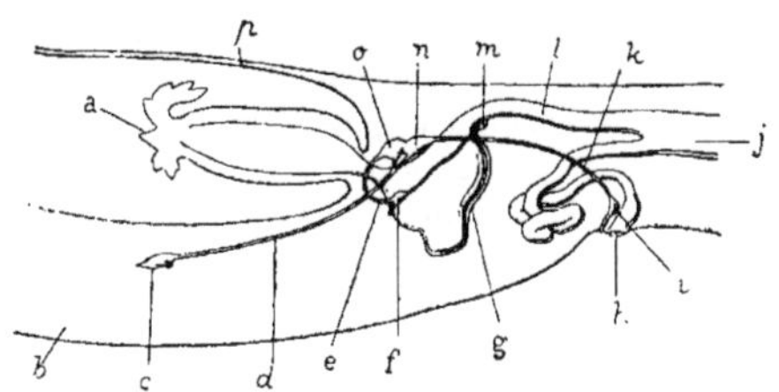

Fig. 90. — Partie moyenne d'un *Dentalium*, vu du côté gauche, grossi. — *a*, bouche; *b*, pied; *c*, ganglion pédieux et otocyste; *d*, connectif pédieux; *e*, commissure labiale; *f*, ganglion de la commissure labiale; *g*, masse buccale; *h*, anus; *i*, ganglion viscéral; *j*, estomac; *k*, commissure viscérale; *l*, œsophage; *m*, ganglion stomato-gastrique, dont la commissure naît du ganglion de la commissure labiale; *n*, ganglion pleural; *o*, ganglion cérébral; *p*, partie antérieure du manteau.

de la commissure stomato-gastrique proprement dite. Celle-ci passe entre le bulbe buccal et l'œsophage (au côté ventral de celui-ci); sur son milieu, se trouvent deux ou quatre ganglions symétriques. De la commissure labiale naît, de chaque côté, un nerf se rendant à l'organe subradulaire, sous lequel il se termine par un petit ganglion.

Les trois *organes sensoriels* différenciés sont : les filaments tentaculaires ou captacules, l'organe subradulaire et les otocystes.

Les tentacules (vraisemblablement organes tactiles et olfactifs) sont dorsaux et ont la forme de lobes aplatis sur lesquels sont insérés un grand nombre d'appendices filiformes; ceux-ci ont l'extrémité renflée et un peu creusée latéralement. Dans chacun de ces « captacules » se trouve un ganglion terminal et un système de cellules ganglionnaires dont les prolongements sont unis à des éléments neuro-épithéliaux situés dans le creux susmentionné.

L'organe subradulaire est une saillie ciliée située au côté ventral de la cavité buccale, en face de la mandibule, et sous laquelle la commissure labiale envoie deux petits cordons terminés, chacun, par un petit ganglion; l'épithélium de cette saillie renferme des terminaisons nerveuses.

Les otocystes sont situés dans le pied, sur la face postérieure des ganglions pédieux; ils reçoivent des nerfs cérébraux et renferment des otoconies.

Système digestif. — La trompe (fig. 89, 90), conduit à la cavité buccale véritable, située dans le tronc, à la base du pied (fig. 90, *g*). Cette cavité présente dans son intérieur, une mâchoire dorsale impaire et une radule ventrale ; le sac de la radule est court, mais ses cartilages et ses muscles sont puissants et forment ainsi une masse buccale volumineuse. L'œsophage est assez court et présente deux grandes poches latérales symétriques, dirigées ventralement, correspondant aux poches œsophagiennes des Chitons et des Aspidobranches.

L'estomac n'est que la portion arquée du canal digestif, dans laquelle vient déboucher le foie (fig. 90, *j*). Celui ci, situé en arrière du tube intestinal, est formé de cæcums rayonnants, réunis en deux lobes, qui s'étendent dans les côtés du manteau et s'ouvrent côte à côte, à droite et à gauche, dans la portion « stomacale » du canal alimentaire. Chez *Siphonodentalium*, la masse principale du foie est située en avant de la glande génitale, et deux longs cæcums parallèles la continuent postérieurement jusqu'à l'extrémité : la symétrie apparente de cet organe n'y existe pas, et tous les cæcums se dirigent, en rayonnant, à gauche où ils débouchent par un seul orifice.

L'intestin est recourbé en avant (fig. 90) et forme quelques anses toutes contenues dans la partie antérieure du corps, près de la masse buccale. Il s'ouvre alors en arrière de la commissure viscérale, sur la ligne médiane, après avoir reçu, du côté droit, une glande anale.

Système circulatoire. — L'appareil circulatoire est excessivement simple dans sa structure ; il ne présente pas de vaisseaux différenciés, pas plus que de ventricule à parois musculaires bien développées. Tout au plus y a-t-il, au voisinage du rectum, une partie plus contractile, sans « vaisseaux » afférents ni efférents, et continue avec le reste des espaces sanguins. Ceux-ci sont des sinus sans endothélium, répartis dans les différentes parties du corps et dont les principaux sont : le péri-anal, le pédieux, le viscéral et les palléaux ; les portions dorsale antérieure et ventrale postérieure de ces derniers, plus limitées, ont l'apparence de vaisseaux..

Il n'y a pas davantage d'appareil respiratoire spécialisé. La respiration s'effectue par la paroi intérieure du manteau, plus particulièrement vers la région ventrale antérieure.

Système excréteur. — Il y a deux reins symétriques ; ils sont situés en avant de la glande génitale, à la face ventrale de la région moyenne du corps et s'étendent un peu latéralement. Ce sont deux sacs à parois plissées, peu étendus en longueur, entre la masse intestinale et l'estomac ; ils n'ont aucune communication l'un avec l'autre et paraissent manquer d'entonnoir péricardique. Ils s'ouvrent au dehors de part et d'autre de l'anus.

Système reproducteur. — Les sexes sont séparés ; la glande génitale impaire médiane est très allongée et occupe toute la portion postérieure et dorsale du corps, sous les muscles rétracteurs. Elle est divisée en lobes transversaux symétriques ; son extrémité antérieure se rétrécit en un conduit infléchi vers la droite et débouche dans le rein de ce côté, comme chez les Aspidobranches.

Développement. — Les œufs, pondus isolés, se segmentent irrégulièrement après la fécondation ; les cellules ectodermiques se multiplient beaucoup plus rapidement que la grosse cellule endodermique assez longtemps unique (fig. 6). Quand celle-ci se segmente, à son tour, il y a invagination des cellules endodermiques qu'elle produit, et formation d'une gastrula à large blastopore. Ce dernier se trouve primitivement à l'extrémité postérieure de l'embryon. Celui-ci s'allonge et acquiert antérieurement une houppe ciliée et, autour d'elle, des cercles ciliés multiples (quatre) parallèles, qui se réduisent à mesure qu'ils deviennent plus saillants, en formant le velum locomoteur (fig. 91, iii).

Le blastopore reste ouvert et se rapproche peu à peu de l'extrémité antérieure, par la face ventrale. Au côté dorsal naissent deux saillies palléales latérales, parallèles et symétriques, s'étendant latéralement vers le côté ventral (fig. 91, ii), où elles finissent par se réunir, en formant autour du corps un manteau tubulaire. La coquille sécrétée par ce manteau, d'abord en forme de coupe, prend, comme celui-là, celle d'un tube, par suite de la soudure de ses bords latéraux. La coquille embryonnaire renflée se voit encore à l'extrémité initiale de certains *Siphonodentalium*.

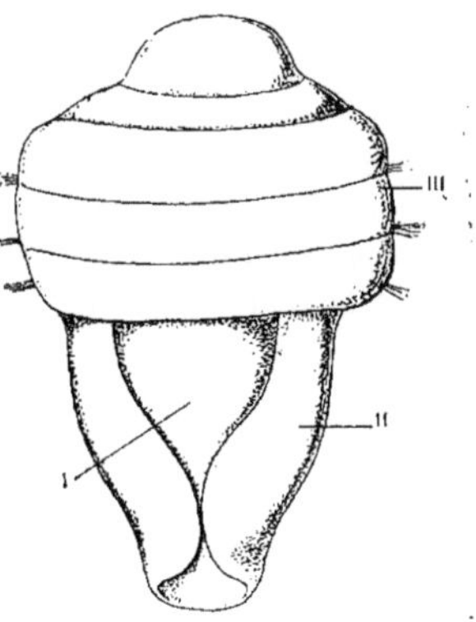

Fig. 91. — Larve de *Dentalium*, âgée d'un jour et demi, vue ventralement, grossie 110 fois, d'après Kovalevsky.— I, pied ; II, lobe gauche du manteau ; III, velum.

A la face ventrale apparaît une saillie, le pied (fig. 91, i), qui s'allonge en avant, et à l'aide duquel l'animal peut ramper après la disparition du voile larvaire. Les ganglions cérébraux naissent par deux invaginations ectodermiques symétriques et profondes, dans le champ vélaire ; les otocystes se forment par invagination à la surface du pied, et les ganglions pédieux, après les otocystes, par des épaississements de l'ectoderme.

La cavité endodermique donne naissance à l'estomac et à l'intestin ; le foie se développe aux dépens de la paroi stomacale. L'anus ne se perce que fort tard. Au bout de cinq à six jours, le velum s'atrophie, l'embryon cesse de nager, et commence à ramper sur le fond.

Éthologie. — Tous les Scaphopodes sont des animaux marins, fouisseurs, laissant généralement sortir du fond où ils se cachent, leur extrémité postérieure.

Ils se nourrissent surtout d'organismes très inférieures : Diatomées, Protozoaires. Il en existe environ une centaine d'espèces actuelles, réparties dans toutes les mers du globe, depuis le littoral jusque vers une profondeur de 4 000 mètres. L'existence des Scaphopodes est connue à partir du Devonien.

Classification. — Les Scaphopodes sont des Mollusques symétriques, fouisseurs, caractérisés par leur manteau dont les bords se sont soudés ventralement sur toute leur longueur, formant un tube ouvert aux deux bouts, renfermant tout le corps et sécrétant une coquille d'une pièce, tubuliforme. Leur tête porte deux houppes de filaments contractiles ;

le pied est allongé et cylindrique. Il y a une radula; mais pas de branchies.

La classe des Scaphopodes est fort homogène ; elle ne renferme que trois genres assez voisin l'un de l'autre. Ces genres sont généralement rangés dans une seule famille :

Dentaliidæ ADAMS. — Leurs caractères sont ceux de la classe elle-même. — *Dentalium* LINNÉ, pied présentant à son extrémité libre deux lobes latéraux aliformes : *D. entalis* LINNÉ, Océan Atlantique et Méditerranée. — *Siphonodentalium* SARS, pied terminé par un disque rétractible concave (fig. 89, VIII) : *S. vitreum* SARS, Océan Atlantique septentrional. — *Pulsellum* STOLICZKA, pied terminé par un disque rétractile pourvu d'un tentacule central : *P. lofotense* SARS, Océan Atlantique septentrional.

LAMELLIBRANCHES — LAMELLIBRANCHIA

OU PÉLÉCYPODES

Mollusques à région céphalique rudimentaire, à manteau divisé en deux lobes symétriques droit et gauche, recouvrant et renfermant entièrement le corps et portant chacun une valve coquillière. — Type : la Moule (*Mytilus*).

MORPHOLOGIE. — *Conformation extérieure et téguments.* — 1° Le *manteau* est formé de deux lobes attachés, dorsalement, au tronc et s'étendant latéralement jusqu'au point de pouvoir se rejoindre au delà du pied. Il est normalement assez mince, ne comprenant, entre ses épithéliums externe et interne, que du tissu conjonctif et peu de fibres musculaires; exceptionnellement, les glandes génitales s'y étendent dans les deux lobes (*Mytilidæ*), ou seulement dans le lobe droit (*Anomiidæ*). Sa surface intérieure peut présenter des modifications glandulaires, dont les principales sont les glandes hypobranchiales, spéciales aux Protobranches, où elles sont situées postérieurement, en dehors des branchies.

Les bords du manteau sont simples (*Nucula* : fig. 100, VII) ou à duplicatures — au nombre de trois, généralement (fig. 92) — dont l'intérieure est rabattue en dedans chez les *Pectinidæ*, sous forme de « voile » (fig. 116). Ils présentent alors des glandes, des taches pigmentées et des organes sensoriels divers : papilles, tentacules, yeux. Les deux lobes ont leurs bords libres, l'un par rapport à l'autre, dans *Nucula*, les *Anomiidæ*, les *Arcidæ* (fig. 115), *Trigoniidæ* et *Pectinidæ* (fig. 116). Dans tout le reste du groupe, ils sont partiellement unis par la concrescence de leurs bords (duplicature interne), localisée en une, deux ou trois places plus ou moins étendues (fig. 92).

Il n'existe qu'un point d'union : dans les *Solenomyidæ* (fig. 114, *a*), *Aviculidæ*, *Ostreidæ*, *Entovalva* (fig. 118), *Scioberetia* (fig. 94), *Mytilidæ*, *Cardilidæ*, *Astartidæ*, *Crassatellidæ*, la plupart des *Lucinidæ*, des Naïades (fig. 119) et certains *Cyrenidæ* (*Pisidium*). Cette soudure se trouve à la partie postérieure et y détermine la formation d'une ouverture située en regard de l'anus (fig. 119, XIV) : c'est l'orifice anal ou exhalant (servant à l'expulsion des fèces, de l'eau respiratoire, etc.); cet orifice est ainsi tout à fait séparé de l'ouverture palléale, par laquelle entre l'eau alimentaire et respiratoire et par où peut faire saillie le pied. De là vient le nom de « biforés », donné aux formes dont le manteau est ainsi constitué (il faut remarquer que, dans beaucoup de

Naïades, cet orifice anal s'est subdivisé en deux, dont le plus antérieur est situé dorsalement [fig. 119, xvii], et dont le plus postérieur — topographiquement — est l'ouverture anale).

Outre cette première soudure, il en existe une seconde dans les *Dreissensiidæ*, *Mutelidæ* et tous les autres Eulamellibranches et Septibranches. Cette deuxième soudure est toujours assez voisine de la première et limite, entre

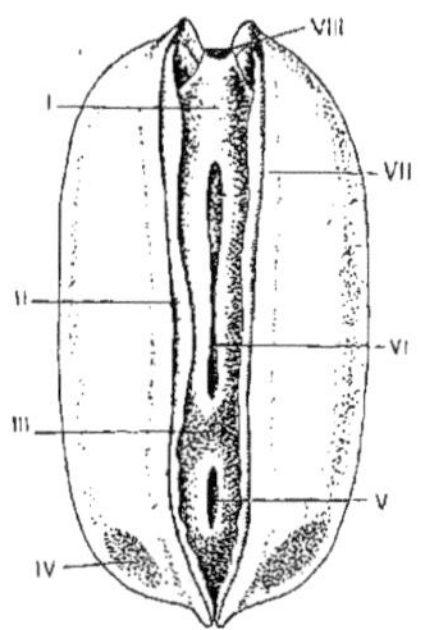

FIG. 92. — *Kellya suborbicularis*, vu ventralement, grossi, d'après DESHAYES. — I, suture palléale antérieure; II, duplicature moyenne du bord du manteau; III, suture palléale postérieure; IV, muscle adducteur postérieur; V, orifice anal; VI, orifice ventral; VII, duplicature externe du manteau; VIII, orifice antérieur.

elles deux, une ouverture presque juxtaposée à l'orifice anal, et, d'autre part, un troisième orifice antérieur (d'où le nom de « triforés »); la deuxième ouverture est appelée « branchiale » ou inhalante, et la troisième « pédieuse ». Cette dernière est généralement grande, en raison inverse de l'étendue de la deuxième soudure et en raison directe du développement du pied, qui y passe quand il fait saillie. Dans *Kellya* cependant, ce n'est pas le troisième orifice antérieur qui sert au passage du pied, mais bien le deuxième, ventral (fig. 92, vi).

Enfin, la deuxième soudure, lorsqu'elle est très allongée, c'est-à-dire quand le pied est aussi devenu rudimentaire, peut présenter un quatrième orifice palléal, entre les ouvertures pédieuse et branchiale : c'est le cas pour *Solen*, *Lutraria*, *Glycimeris*, et divers *Anaticea* tels que *Myochama*, *Chamostrea*, *Cochlodesma*, *Thracia* (fig. 107, *h*), *Pholadomya*, et *Aspergillum*.

Les deux orifices palléaux postérieurs (anal et branchial) ou au moins l'anal (dans certains *Lucinidæ*), sont souvent plus ou moins prolongés sous forme de

FIG. 93. — *Scrobicularia* enfoui dans la vase, vu du côté droit; d'après MEYER et MÖBIUS. I, siphon branchial; II, siphon anal.

tubes musculaires, extensibles hors de la coquille : c'est le cas pour la plupart des Lamellibranches fouisseurs ou perforants. Ces tubes ou « *siphons* » (fig. 107, *i* et *j*; etc.) peuvent être libres (par exemple *Tellinidæ* : fig. 93, *Donacidæ*, *Thracia* : fig. 107, etc.) ou soudés entre eux, partiellement (exemple : *Tapes*) ou presque totalement (*Mactra*, *Mya*, *Pholas*, *Teredo* : fig. 121, v). Le développement des siphons prend parfois une importance considérable, leur volume pouvant atteindre et dépasser celui du reste du corps; il est poussé à l'extrême dans *Teredo* (fig. 121, fig. 122), où ces organes forment la masse principale de l'animal et renferment les branchies.

Les muscles palléaux, qui s'insèrent sur la coquille, forment plusieurs groupes distincts :

A. — Le muscle dit orbiculaire, qui s'étend tout autour des bords de chaque lobe et sert de rétracteur de ces bords;

B. — Une partie spécialisée de ce muscle, au côté postérieur, ayant son origine sur les siphons, dont elle constitue le rétracteur; elle est développée proportionnellement à ceux-ci et interrompt la ligne courbe que forme le muscle orbiculaire (fig. 107, *g*);

C. — Les adducteurs de la coquille, au nombre de deux au plus; l'antérieur, dorsal et antérieur à l'ouverture buccale (fig. 115, ı; fig. 119, ı; etc.), apparaît le premier dans le développement (*Mytilus* : fig. 108, *h*, *Modiolaria*, *Ostrea*, *Pecten*, *Montacuta*, *Cardium*, *Dreissensia*, *Pisidium*, Naïades : fig. 111, *i*); il diminue d'importance chez les *Mytilidæ* adultes (il a même disparu dans *Mytilus latus*), il est fort réduit ou généralement nul chez les *Anomiidæ* et les Pseudolamellibranches, très réduit dans *Teredo* (fig. 122, ı), et nul dans *Ætheria* et *Tridacna* (fig. 120) adultes. — L'adducteur postérieur est ventral et antérieur à l'anus (fig. 119, xııı; etc). Lorsque le muscle antérieur se réduit et disparaît chez l'adulte, le postérieur devient plus central (dans les formes, de différents groupes, dites Monomyaires : fig. 116, fig. 120).

Ces deux muscles adducteurs produisent, par leur contraction, le rapprochement des valves et la fermeture de la coquille; aussi se réduisent-ils en volume quand les valves perdent de leur immobilité (*Galeomma*, *Ephippodonta*, *Scioberetia*); ils sont nuls dans *Aspergillum*. Ces muscles sont généralement perpendiculaires à la surface des valves; cependant ils sont très obliques chez certains Lamellibranches fixés sur un côté : *Anomia*, *Pecten*, Rudistes. Leurs fibres sont attachées sur les cellules épithéliales du manteau qui produisent la substance des « empreintes » musculaires (hypostracum). Ces fibres peuvent souvent constituer, dans chaque adducteur, deux parties distinctes, à aspect différent (fig. 116, x, xı), dont la principale (chez les Monomyaires) est formée de fibres à apparence striée, surtout nette dans les Pseudolamellibranches à contractions rapides : *Pecten*, *Lima* (nageurs).

La force absolue des muscles adducteurs est analogue à celle des muscles des Vertébrés; dans certains cas, ils résistent à la traction d'un poids égal à plusieurs milliers de fois celle de l'animal (sans sa coquille).

D. — Dans les Siphonés, les brides palléales séparant les orifices branchial et pédieux présentent souvent des faisceaux musculaires (croisés), allant du bord d'une valve à celui de l'autre et formant ainsi brides adductrices accessoires (exemple : *Donax*, *Solenocurtus*). Chez les formes à manteau très fermé dites « enfermées » (*Saxicava*), ces muscles existent d'une façon continue, sur tout le long du bord ventral des valves (entre l'orifice branchial et le pédieux).

La *coquille* est formée de deux valves, correspondant chacune à un lobe palléal; la couche intérieure (souvent nacrée et avec des productions pathologiques appelées perles) est produite par toute la face externe du manteau; la partie extérieure, par les bords de ce dernier. Généralement symétriques, les valves sont fort asymétriques dans divers *Arca*, les *Anomiidæ*, *Pecten*, *Ostrea*, *Corbula*, *Chama*, *Pandora*, *Myochama*, etc. Chez un certain nombre de formes assez spécialisées, elles ne se joignent pas parfaitement au bord ventral et sont « bâillantes » : *Pholadidæ*, *Gastrochænidæ*, etc. Elles se joignent au contraire parfaitement au bord dorsal (sauf dans *Chlamydoconcha* et *Scioberetia*,

— à coquille interne), où elles s'engrènent l'une dans l'autre par des dents et fossettes constituant la charnière ; elles sont, en outre, toujours réunies (sauf chez les *Pholadidæ* et *Teredinidæ*), par un ligament de nature chitineuse, externe ou interne (mais toujours interne au début) ; cet organe est la partie non calcifiée de la cuticule palléale, c'est-à-dire de la coquille originellement unique) ; son action combat celle des adducteurs et tend, par conséquent, à faire bâiller la coquille.

Dans quelques cas exceptionnels, les deux valves se soudent dorsalement (quelques *Pinna* et *Unio* adultes) ; mais lors même que les bords du manteau se soudent presque complètement au côté ventral, jamais les deux valves ne se réunissent l'une à l'autre de ce côté et ne forment un tube d'une pièce, comme la coquille des Scaphopodes.

Les bords du manteau (duplicature externe) se rabattent extérieurement sur la coquille, dans les *Galeommidæ* et chez *Entovalva* (parasite interne) ; ils forment même un sac entièrement fermé autour de chaque valve, dans les trois genres : *Ephippodonta*, *Chlamydoconcha* et *Scioberetia*, ainsi que dans une forme vue par Semper sur une Synapte des Philippines.

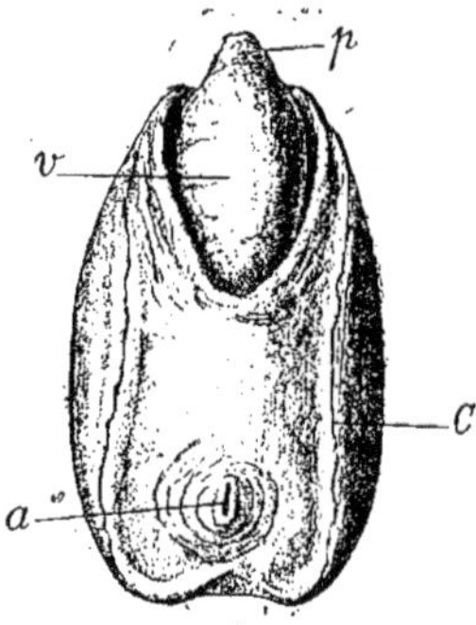

Fig. 94. — *Scioberetia australis*, vu ventralement, grossi 16 fois, d'après Bernard. — *a*, orifice anal du manteau ; C, bord de la coquille, vu au travers du manteau, *p*, pied ; *v*, masse viscérale.

Dans différentes formes, surtout quand la coquille est bâillante et le manteau très fermé et pourvu de siphons, les parties saillantes hors des valves produisent des pièces protectrices accessoires ; celles-ci peuvent être indépendantes de la coquille, comme les pièces dorsales des *Pholas* (de une à cinq) et le tube calcaire des *Teredo* et *Fistulana*, ou bien soudées à la coquille comme le tube de *Aspergillum* (où les valves sont elles-mêmes soudées l'une à l'autre, dorsalement) et de *Pholadidea*. Dans *Teredo*, deux pièces calcaires mobiles (actionnées par des muscles spéciaux) prennent également naissance, symétriquement, à droite et à gauche de l'extrémité libre de la masse siphonale (fig. 121, II) : ce sont les « palettes ».

Les valves présentent généralement sur leur face intérieure l'impression distincte des muscles palléaux (orbiculaire, siphonaux et adducteurs) et des rétracteurs du pied.

2° Le *pied*, comme dans les classes précédentes, est une saillie musculaire de la face ventrale, de forme et de puissance très variables. Dans la masse du pied, s'étendent très habituellement les viscères, au moins le tube digestif, le foie, et les glandes génitales plus superficielles. Quand l'organe est très mobile, des faisceaux musculaires transversaux en joignent les deux faces latérales.

Dans sa conformation primitive, il constitue un cylindre plus ou moins aplati latéralement et terminé par une surface plantaire ventrale (Protobranches : fig. 100, VI ; fig. 114, *d* ; et *Pectunculus*). Mais le plus généralement, l'organe

est terminé ventralement par une carène plus ou moins allongée, avec deux
pointes, antérieure et postérieure (*Trigonia*) ou seulement une pointe antérieure (disposition la plus fréquente : *Cardium*, *Tellina*, Naïades : fig. 119,
IV, etc.). Cette pointe peut s'allonger beaucoup (exemple : *Poromya*, fig. 125,
b) et donner même au pied l'aspect d'un tentacule parfois renflé à son extrémité libre (beaucoup de *Lucinidæ* : fig. 117, III), ou celui d'un long cylindre
dirigé en avant et quelquefois terminé par un renflement sans forme constante
(*Solen*, *Mycetopus*); l'organe peut aussi reprendre secondairement une extrémité élargie de reptation (*Galeom-
midæ*, *Lepton*, certains *Erycina*). Dans
Spondylus, il est terminé par un appendice globuleux, pédonculé. Enfin, le
pied peut se rudimenter, dans les genres
à locomotion restreinte ou nulle : c'est
le cas surtout pour les formes perforantes, dont le manteau se ferme alors
très fort (*Pholas*; *Teredo*, fig. 122, III),
et pour celles qui sont fixées par leur
byssus ou par la coquille elle-même
(*Pecten*, fig. 116, II, *Ostrea*, *Ætheria*, etc.).

Le pied constitue en effet l'organe
locomoteur et sert surtout à fouir dans
le sol meuble et à déplacer lentement
l'animal, par ses contractions et exten-
sions successives, lorsqu'il est appuyé
ou fixé par son extrémité antérieure.
Les mouvements du pied sont dus à sa

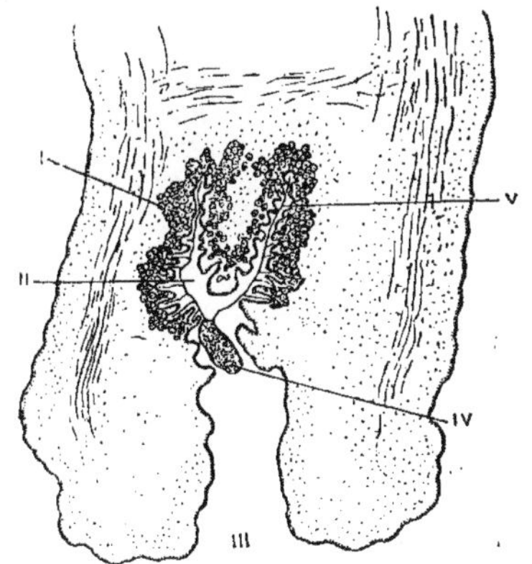

Fig. 95. — Coupe transversale du pied de *Lyonsia*,
passant par l'orifice de la cavité byssogène, grossi
25 fois. — I, glandes byssogènes; II, cavité du byssus;
III, orifice du byssus; IV, byssus; V, racines du byssus.

turgescence, amenée par l'afflux du sang, et à sa rétraction ultérieure par
les muscles rétracteurs.

Le pied ne présente jamais de « pore aquifère » par lequel l'eau entrerait
dans le système circulatoire. Mais il possède très généralement sur la ligne
médiane, plus ou moins en arrière, un orifice (correspondant au pore pédieux
ventral des Gastropodes : fig. 29, I; fig. 30, I) menant dans une cavité « byssogène » (fig. 95, II), où débouche le produit de sécrétion de glandes unicellulaires situées dans le pied. Cette sécrétion passant entre les cellules épithéliales de la cavité byssogène (fig. 96, IV), se durcit au contact de l'eau, sous
forme de fils de conchyoline dont la réunion constitue le byssus (fig. 95, IV).
Celui-ci sert à attacher l'animal; mais cette fixation n'est pas invariable :
Arca, *Mytilus*, *Dreissensia*, etc.), l'ancien byssus pouvant être abandonné
et un nouveau réformé.

L'organe byssogène est fort peu développé dans les Protobranches, qui
manquent de byssus fonctionnel. A son maximum de spécialisation, il montre
une cavité à nombreux plis ou lames intérieures (fig. 95), multipliant la surface
sécrétion, et un épais tronc de byssus s'engageant plus ou moins dans un
sillon semi-cylindrique (fig. 120, c) creusé sur la carène du pied, en avant de

l'orifice du byssus; dans ce sillon se trouvent des glandes muqueuses unicellulaires assez volumineuses.

Les formes où le byssus est surtout bien développé, à l'état adulte, sont : *Anomia*, *Arca* (fig. 115, iv), *Mytilus*, *Pinna*, *Avicula*, *Pecten*, divers Myacés (*Saxicava*), Anatinacés (*Lyonsia*, fig. 95) et Cardiacés (*Tridacna* : fig. 120, c), *Dreissensia*, etc. Chez *Anomia*, le byssus (« ossicule ») revêt un aspect particulier, prend une consistance pierreuse, et fait saillie au côté droit, par un trou de la valve plate de ce côté. Dans divers cas, l'appareil byssogène entre en régression chez l'adulte, par exemple : chez certains *Unio*, où la cavité byssogène se ferme (fig. 119, ix); *Cyclas*, où elle est fort développée avec son byssus chez l'embryon. Dans *Entovalva*, l'appareil byssogène paraît modifié en un organe en forme de ventouse (fig. 118, v).

Les muscles rétracteurs du pied (et de la masse viscérale y contenue) forment normalement quatre paires (deux antérieures, rétracteurs et protracteurs; une moyenne, élévateurs; une postérieure, rétracteurs), à insertions symétriques, vers le bord dorsal des valves et entre les deux adducteurs. Chez les formes les plus primitives, ces muscles sont très étendus dans le sens longitudinal, et forment une série presque continue (certains Protobranches), ailleurs, ce sont surtout les quatre rétracteurs extrêmes qui sont bien développés, les autres étant rudimentaires ou nuls (fig. 117, ix, x). En général, les « Monomyaires » (à adducteur postérieur unique) n'ont conservé que les rétracteurs postérieurs (fig. 120, ix); ceux-ci n'existent même que d'un côté, dans diverses formes fixées par une valve (*Pecten*, où il n'y a que le rétracteur gauche : fig. 116, xii, devenu nul, aussi, dans *P. magellanicus*).

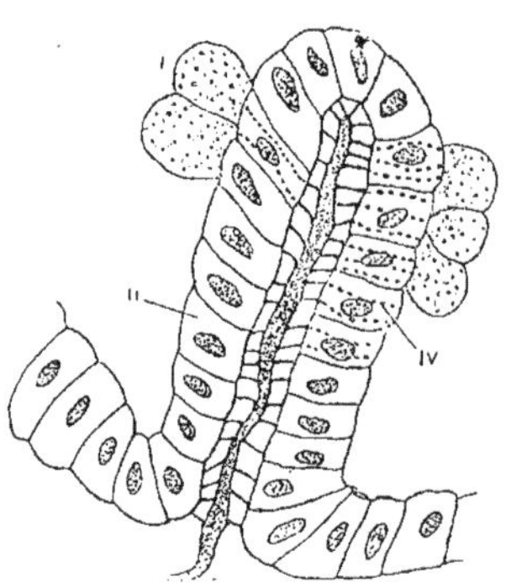

Fig. 96. — Coupe transversale d'un cil de la cavité byssogène de *Modiolaria discors*, grossie 400 fois; d'après Cattie. — I, glandes byssogènes; II, epithelium de la cavité byssogène; III, racines du byssus; IV, sécrétion des cellules byssogènes passant entre les cellules épithéliales.

Quand le pied se réduit comme organe locomoteur et que l'appareil byssogène a pris, en compensation, un grand développement, les muscles rétracteurs (postérieurs surtout) prennent leur origine sur cet appareil, et deviennent ainsi des muscles rétracteurs du byssus.

Système nerveux et organes des sens. — Les différentes paires de ganglions sont toujours assez éloignées l'une de l'autre; elles sont réduites à trois, en général; mais, dans les Protobranches, il y en a encore quatre bien distinctes.

La paire cérébrale est supra-œsophagienne; chaque élément en est accolé à un ganglion pleural dans les Protobranches. Les connectifs pédieux, chez ces derniers, sont donc au nombre de deux de chaque côté : le connectif cérébro-pédieux (fig. 97, xiii) et le pleuro-pédieux (ii); libres sur leur portion initiale, ils sont fusionnés (comme dans les *Atlantidæ* et les Dentales), sur la moitié de leur longueur, vers le centre pédieux, chez les *Nuculidæ* (fig. 97, iii);

·chez les *Solenomya*, ils sont même joints sur presque toute leur étendue. Dans tous les autres Lamellibranches, le centre pleural est intimement fusionné avec le cérébral et il n'y a plus qu'un seul connectif pédieux de chaque côté.

La commissure viscérale, toujours très longue, part des ganglions pleuraux chez les Protobranches (fig. 97, ix), et des centres cérébro-pleuraux, dans tous les autres Lamellibranches ; elle passe assez superficiellement tout autour de la masse viscéro-pédieuse (fig. 119), en dedans des orifices rénaux ; elle présente sur sa partie la plus postérieure une paire de ganglions (fig. 97, vi ; fig. 119, xii).

Chacune des trois paires ganglionnaires principales peut présenter des caractères particuliers, suivant les différentes formes :

1° Les ganglions cérébraux (cérébro-pleuraux) sont situés au-dessus de l'orifice buccal, généralement contre la face postérieure de l'adducteur antérieur (fig. 119, ii), lorsqu'il existe ; chez les *Solenomyidæ* seuls, ils se trouvent plus en arrière. Ils sont accolés l'un à l'autre dans les Protobranches (fig. 97, xvi), séparés partout ailleurs, sauf chez les *Mactra* et *Venus*. Ils innervent les palpes, l'adducteur antérieur, la partie antérieure du manteau, et envoient des fibres aux otocystes (fig. 97, iv ; fig. 119) et aux osphradies.

2° Les ganglions pédieux sont placés, dans la masse pédieuse, plus ou moins loin des cérébraux, toujours accolés l'un à l'autre ; ils sont plus ou moins réduits quand le pied s'atrophie (*Teredo*, fig. 122, iv ; *Ostrea*) ;

3° Les ganglions viscéraux se trouvent situés, chez les Protobranches, assez loin en avant du muscle adducteur postérieur ; ailleurs, contre la face ventrale de ce muscle (fig. 119, xii) (*Thracia* cependant les a en avant : fig. 107, *m*) ; et dans les formes très spécialisées, en arrière de ce muscle : *Pholas* et surtout *Teredo* (fig. 122, vii). Ces centres sont superficiels et ne sont guère recouverts que par l'épithélium tégumentaire ; toutefois, chez *Lima*, ils sont situés assez profondément dans la masse viscérale. Les deux ganglions viscéraux sont originairement séparés : Protobranches (fig. 97, vi), *Anomiidæ*, la plupart des *Arca* et des *Mytilidæ*, *Avicula*, *Ostrea* et certains *Lucinidæ* (*Montacuta*) ; ils sont au contraire juxtaposés dans les *Pectunculus*, *Limopsis*, certains *Arca*, les *Trigoniidæ*, *Modiolaria*, *Pectinidæ*, la généralité des Eulamellibranches et les Septibranches. Ils innervent les branchies, le cœur (par des nerfs récurrents autour de l'adducteur postérieur), la partie postérieure du manteau et les siphons.

Chez quelques Eulamellibranches (*Dreissensia*, *Pholadidæ* et *Teredinidæ*), il

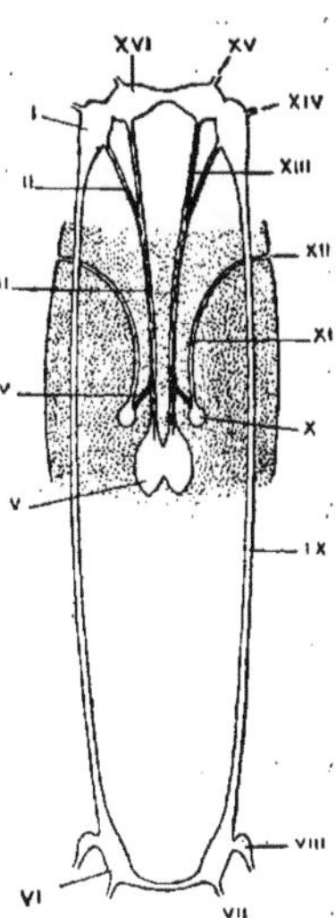

Fig. 97. — Système nerveux de *Nucula*, vu dorsalement, grossi (la partie moyenne du pied est représentée en pointillé). — I, ganglion pleural ; II, connectif pleuro-pédieux ; III, tronc commun des connectifs cérébro et pleuropédieux ; IV, nerf otocystique ; V, ganglion pédieux ; VI, ganglion viscéral ; VII, nerf palléal postérieur ; VIII, osphradium ; IX, commissure viscérale ; X, otocyste ; XI, canal otocystique ; XII, orifice extérieur de l'otocyste ; XIII, connectif cérébro-pédieux ; XIV, nerf palléal antérieur ; XV, nerf des palpes ; XVI, ganglion cérébral.

y a, en avant des ganglions viscéraux accolés, une autre petite masse ganglionnaire distincte, reliée aux deux branches de la commissure viscérale. Dans *Dreissensia*, ce ganglion accessoire donne quelques nerfs, principalement aux viscères.

Enfin, diverses formes d'Eulamellibranches possèdent, vers le milieu de chaque branche de la commissure viscérale, un petit « ganglion médian », centre d'où partent quelques filets nerveux qui innervent particulièrement les glandes génitales (Naïades, *Dreissensia*, *Cardium*, *Lutraria*, *Mya*, *Solen*).

Il n'y a pas de système stomato-gastrique différencié; les deux branches de la commissure viscérale donnent naissance, par leur face médiane, à des filets se rendant au tube digestif.

Organes des sens. — La sensibilité tactile est surtout localisée sur les parties les plus exposées, c'est-à-dire sur les bords du manteau dans lesquels court le nerf circumpalléal résultant de la jonction du nerf palléal antérieur (issu du ganglion cérébro-pleural) et du nerf palléal postérieur (sortant du ganglion viscéral). Ces bords portent très fréquemment des papilles sensorielles ou des tentacules plus ou moins développés, sur tout leur pourtour (*Solenomya*, *Lepton*, *Pecten* : fig. 116, et surtout *Lima*, où ils sont longs, contractiles et disposés en rangs multiples). Quand il y a soudure des bords palléaux, ces papilles sont localisées au côté postérieur, à l'entrée de l'eau respiratoire (fig. 119) ou au bord des siphons, ou autour des deux (formant alors une couronne tentaculaire), exemples : *Cardium*, *Tapes*, *Corbula*, *Poromya* (fig. 125). Parfois, il y a des tentacules isolés très développés : au bord antérieur (jonction des deux lobes), un tentacule médian chez *Lepton* et *Galeomma*, deux symétriques chez les *Solen*; au bord postérieur, deux symétriques : *Solenomya* (fig. 114, c); un latéral droit : *Leda*.

Les palpes labiales ne sont pas des organes tactiles très spécialisés et ont plutôt un rôle accessoire dans l'alimentation qu'un rôle sensoriel.

Organes « olfactifs » : osphradium et organe palléal. — A la naissance de chaque nerf branchial, contre le ganglion viscéral (donc généralement sur le muscle adducteur postérieur), se trouve un ganglion accessoire (fig. 97, viii) au-dessus duquel le tégument est modifié en organe sensoriel, souvent pigmenté (*Arca*); l'organe ainsi constitué correspond à l'osphradium des Gastropodes; sa situation au point d'attache de la branchie rend vraisemblable qu'il sert à l'épreuve du fluide respiratoire. Le ganglion osphradial reçoit des fibres nerveuses venant, non du ganglion viscéral, mais du ganglion cérébral, par la commissure viscérale.

Un organe accessoire de même nature est situé de part et d'autre de l'anus, sur le muscle adducteur postérieur (en arrière, par conséquent, des osphradies), dans beaucoup d'Asiphonés (exemple : *Arcidæ*, *Trigoniidæ*, *Pectinidæ*, *Aviculidæ*); il y montre souvent une tendance à l'asymétrie, l'organe droit étant alors le plus développé. Chez les Siphonés, où les branchies réunies cachent le muscle adducteur, l'organe s'est déplacé le long du nerf palléal postérieur et se trouve à l'extrémité intérieure du siphon inhalant, souvent sur un ganglion (dit « siphonal ») développé en ce point; l'organe est alors une saillie épithéliale en forme de plaque glandulaire et sensorielle (*Leda*, *Donax*, *Pholas*), de lame saillante (*Mactra*, etc.) ou même de houppe (*Tellina*).

Otocystes. — Comme chez la généralité des Mollusques, ils sont situés dans la masse pédieuse, et au voisinage des ganglions pédieux. Dans les Protobranches, ces organes sont de simples enfoncements profonds de l'épithélium superficiel du pied, et ils communiquent avec le dehors par un fin canal qui s'ouvre vers la base antérieure du pied (fig. 97, xi); des corps d'origine étrangère (grains de sable) y jouent le rôle de pierres auditives.

Partout ailleurs, les otocystes sont fermés; ils renferment des pierres multiples (otoconies) chez les Filibranches et Pseudolamellibranches, tandis que les Eulamellibranches et Septibranches y ont une grosse pierre unique (otolithe) : *Saxicava* et les Anatinacés font seuls exception et possèdent dans chaque otocyste un otolithe coexistant avec des otoconies.

La paroi de la capsule auditive est formée de cellules « de soutien » ciliées, alternant avec des cellules sensorielles. Le nerf otocystique (fig. 97, iv) ne naît pas des centres pédieux; il sort du connectif cérébro-pédieux et ses fibres proviennent du ganglion cérébral. Certaines formes fixées à demeure, à l'état adulte, manquent d'otocyste. Il a été observé que divers Lamellibranches (*Anomia*) perçoivent les sons transmis par l'eau.

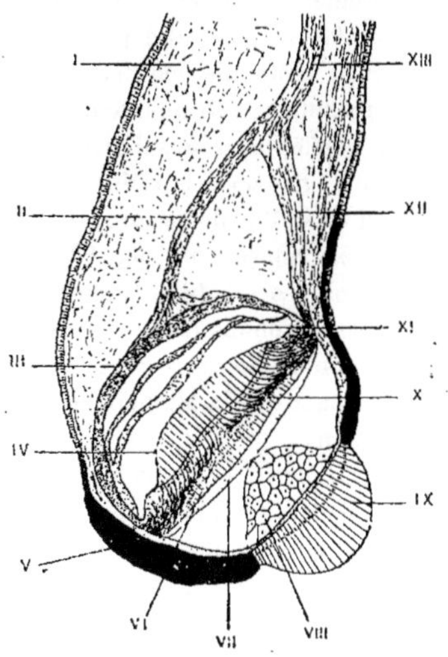

Fig. 98. — Coupe axiale de l'œil de *Pecten pusio*, grossi 100 fois; d'après Rawitz. — I, pédoncule oculaire, côté intérieur; II, nerf optique, rameau intérieur; III, couche pigmentée; IV, bâtonnets; V, épithélium pigmenté; VI, couche de cellules ganglionnaires; VII, septum; VIII, cristallin; IX, cornée externe; X, couche de cellules rétiniennes à bâtonnets; XI, tapetum; XII, rameau externe du nerf optique; XIII, nerf optique.

Yeux. — Il n'existe d'yeux céphaliques chez aucun Lamellibranche adulte, ce qui est dû à la disposition du manteau et de la coquille, qui recouvrent entièrement le reste du corps. Mais, sur les seules parties qui peuvent faire saillie hors de la coquille, c'est-à-dire les bords du manteau et les siphons, il existe souvent des cellules pigmentées dont la présence coïncide avec une grande sensibilité photodermatique (*Tellina*, *Mactra*, *Cardium*, *Venus*, *Solen*, *Pholas*). Par spécialisation, des taches pigmentées de cette nature ont constitué des yeux véritables, sur les bords du manteau; ces organes peuvent présenter deux structures différentes : celle observée chez les *Arcidæ*, et celle qui existe chez *Pecten*.

Dans la plupart des *Arcidæ* (chez *Arca*, sauf *A. diluvii*, et chez *Pectunculus*), ce sont des appareils peu différenciés et réunis en groupe, des yeux à facettes ou composés, dont chaque élément est une cellule pigmentée (ommatidie) à cornée cuticulaire.

Chez les *Pecten* (sauf les espèces abyssales) et les *Spondylus*, ces organes sont d'une structure plus compliquée, et isolés, toujours en plus grand nombre sur le lobe gauche (ou supérieur) du manteau. Chacun d'eux est porté sur un court tentacule de la duplicature interne du manteau (fig. 116, vii) et est formé essentiellement d'un globe oculaire sous-épithélial. La moitié la plus superficielle de sa paroi constitue la rétine, à bâtonnets cuticulaires, de sorte que les éléments rétiniens ont leur extrémité libre dirigée vers l'intérieur du corps (fig. 98, x) ; la moitié profonde de la paroi est pigmentée, ainsi que le pourtour du tentacule oculifère (v). Dans l'intérieur de la cavité oculaire se trouve une couche réfringente qui donne aux yeux des *Pectinidæ* leur brillant éclat. Le nerf optique se subdivise, et une de ses branches contourne la sphère de l'œil pour arriver à la rétine. Entre l'œil et l'épithélium externe cornéen, se trouve un cristallin de nature cellulaire (conjonctive), extra-oculaire et sous-épithélial par conséquent (fig. 98, viii).

Dans quelques *Cardium* (exemple : *C. muticum*), il existe sur les tentacules entourant les siphons (seule partie qui fait saillie hors du fond), des yeux de conformation analogue à celle des organes correspondants de *Pecten*, avec cette différence que le pigment se trouve dans le tissu conjonctif entourant le globe oculaire.

Système digestif. — La bouche est située à la partie antérieure du corps, au côté dorsal de l'origine du pied (fig. 116 ; fig. 119, iii ; fig. 120, *a*, etc.). Chez *Solenomya*, elle est plus en arrière que le muscle adducteur antérieur ; mais dans tous les autres « Dimyaires », elle se trouve au côté ventral de ce muscle. Elle a la forme d'une ouverture transversale, symétrique (sauf chez *Anomia*), resserrée entre deux lèvres antéro-dorsale et postéro-ventrale ; ces lèvres ont les bords simples, sauf dans les *Pectinidæ* où elles sont découpées et ramifiées ; elles sont ordinairement continuées de chaque côté par deux lobes, ou palpes labiales (dont l'externe est le prolongement de la lèvre antérieure) ; les lèvres passent insensiblement aux palpes, comme chez *Arca* (fig. 115, ii), mais le plus généralement, les palpes sont immédiatement beaucoup plus larges que les lèvres.

Ces palpes sont de forme variée, mais le plus souvent triangulaire ; leurs faces en regard sont plissées transversalement et ciliées, de façon à conduire vers l'orifice buccal toutes les particules qui passent à leur portée. Ces organes sont peu développés ou nuls dans divers *Lucinidæ* (*Axinus* : fig. 117 ; *Corbis*), dans *Limopsis* et certains *Cuspidaria*. Ils ont une très grande taille dans les *Tellinidæ*, où ils sont plus grands que les branchies, et chez *Poromya* (palpe antérieure : fig. 123, *a*). Dans les *Nuculidæ*, ils portent en arrière, à leur point de séparation, un prolongement tentaculaire commun, sillonné suivant sa longueur, qui peut faire saillie hors de la coquille et aide aussi à la recherche de la nourriture. Chez *Solenomya*, les deux palpes sont soudées ensemble et portent sur leur arête ventrale commune un sillon continuant l'espace interlabial.

Une premier renflement du tube digestif, ou cavité buccale, existe encore chez les Protobranches (*Nuculidæ*), avec deux poches glandulaires latérales et symétriques, qui s'y ouvrent. Ailleurs, la bouche conduit directement dans l'estomac, par un œsophage assez court (fig. 99, VII; fig. 119), parfois presque nul, rarement musculaire (*Poromyidæ*).

L'estomac est une vaste poche ovoïde ou piriforme, généralement aplatie bilatéralement et s'enfonçant plus ou moins dans la masse viscéro-pédieuse. Les parois en sont minces, sauf chez les Septibranches (carnivores), où elles sont musculaires. L'épithélium stomacal possède un épais revêtement cuticulaire caduc (fig. 99, V) appelé flèche tricuspide, protégeant les cellule sécrétantes de l'estomac. La cavité stomacale présente très généralement un cæcum pylorique; celui-ci a un épithélium élevé, à revêtement ciliaire très dense; il est plus ou moins long (surtout dans les *Donax, Mactra, Solen, Pholas, Teredo*) et s'étend

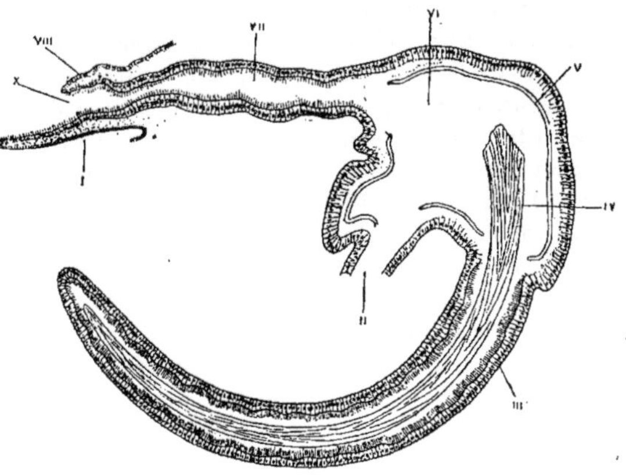

Fig. 99. — Coupe sagittale médiane de la partie antérieure du tube digestif de *Donax*, grossi, d'après BARROIS — I, lèvre inférieure; II, intestin; III, cæcum pylorique; IV, stylet cristallin; V, flèche tricuspide; VI, cavité stomacale; VII, œsophage; VIII, lèvre supérieure; IX, ouverture buccale.

parfois jusque dans le manteau (lobe gauche : *Mytilus latus*; lobe droit : *Anomia*); il est court au contraire, dans certaines formes comme *Trigonia*. Il correspond au cæcum pylorique des Gastropodes (parfois avec stylet cristallin aussi : *Pteroceras*) et des Céphalopodes.

Dans l'intérieur de ce cæcum pylorique, se trouve une production cuticulaire de forme cylindrique (stylet cristallin : fig. 99, IV), continue avec la flèche tricuspide ou revêtement cuticulaire stomacal. Dans un certain nombre de formes, ce cæcum est fusionné avec la partie initiale de l'intestin, avec lequel il communique par une fente étroite : *Arca, Mytilus edulis, Ostrea, Pecten, Lucinidæ (Montacuta), Tellinidæ et Psammobiidæ, Cardium*, Naïades, *Mya, Solenocurtus*, Septibranches. L'extrémité du stylet cristallin, faisant saillie dans l'estomac, y entre en diffluence par l'action des sucs digestifs et forme un ciment qui englobe les particules dures ingérées, de façon à protéger contre elles les parois de l'intestin. Parfois la cavité stomacale offre encore un second cæcum ventral, antérieur (*Mytilus*) ou postérieur (*Pholadidæ* et *Teredinidæ* : fig. 122, V).

Le foie constitue une volumineuse et assez symétrique glande acineuse, à cæcums encore très séparés dans les Protobranches. Il s'étend autour de l'estomac et dans le pied (fig. 107, r; fig. 119, XXV) et est généralement recouvert en arrière et dorsalement, par les glandes génitales. Il débouche ordinairement dans la partie antérieure de l'estomac par deux conduits plus ou moins symétriques; mais dans divers cas, ces conduits sont plus nombreux (*Pecten*). Cette glande (avec la glande génitale superficielle) fait saillie en arborescences dans la cavité palléale, chez certains *Lucinidæ* (*Axinus* : fig. 117, IV; *Montacuta*).

L'intestin naît presque toujours du côté ventral de l'estomac, présentant quelquefois une valvule à sa naissance (*Pinna*); il décrit, dans la masse viscérale et pédieuse, un certain nombre de circonvolutions (de une à douze, parfois toutes d'un seul côté : *Nuculidæ*, à droite), sauf dans *Anomia*, quelques *Arca* et tous les Septibranches, où il est très court. Il est cilié sur toute sa longueur. Le rectum est généralement pourvu d'une gouttière longitudinale; il traverse le ventricule du cœur (fig. 116; fig. 119, XIX; fig. 120), sauf chez *Nucula*, *Arca* et *Anomia*, où il est encore au côté ventral de cet organe : d'autre part, dans *Avicula*, la plupart des *Ostrea* et *Teredo* (fig. 122), il est dorsal au cœur. Il passe toujours au dos du muscle adducteur postérieur et se termine en arrière de celui-ci, sur la ligne médiane (sauf dans les *Pectinidæ*, où l'anus est à gauche de cette ligne; *Ostrea*, etc.). Parfois le rectum est récurrent et entoure presque complètement le muscle adducteur (certains *Pecten*, *Lima*). Dans quelques cas, son extrémité libre porte un appendice érectile (divers *Aviculidæ* et surtout *Pinna*).

Système circulatoire. — Comme chez tous les autres Mollusques, le système circulatoire est parfaitement clos, constitué par de véritables vaisseaux plus ou moins dilatés et des sinus à parois conjonctives propres. Il est entièrement séparé du milieu ambiant ainsi que du péricarde, comme on peut le voir dans les formes à sang rouge : le fluide péricardique y est incolore et, comme chez les autres Lamellibranches, dépourvu de corpuscules sanguins.

Le sang forme souvent près de la moitié du poids du corps. Il renferme des corpuscules nucléés à prolongements (amibocytes) et, dans certains cas, des corpuscules discoïdes, non amiboïdes, chargés d'hémoglobine : divers *Arca* (exemple : *A. tetragona*) et *Solen* (exemple : *S. legumen*). Rouge dans ces dernières formes, il est souvent bleuâtre (dans certains *Veneridæ*, *Cardiidæ*, *Dreissensiidæ*, etc.), à cause de la présence d'hémocyanine.

Outre sa fonction normale, la sang joue un rôle important dans la turgescence des expansions tégumentaires manteau et siphon d'une part, pied d'autre part.

L'organe central de la circulation est situé au côté dorsal, vers la charnière de la coquille, dans l'intérieur du péricarde, sauf chez les *Anomiidæ* adultes où il fait librement saillie dans la cavité palléale, en arrière du muscle adducteur. Ce cœur est toujours formé d'un ventricule médian et de deux oreillettes symétriques (sauf dans quelques rares exceptions comme *Anomia*).

Le *ventricule* est entièrement libre dans le péricarde; cependant, il lui est soudé dorsalement, sur toute sa longueur, chez *Pliodon* et sur une partie, dans *Pandora*. Ses parois sont toujours très musculaires, à faisceaux ou fibres libres et entre-croisés. Ce ventricule peut être différemment situé par rapport au tube digestif : *a*) dorsal au rectum, dans *Nucula*, les *Anomiidæ* et

Arca; *b*) traversé par lui dans la majorité des Lamellibranches ; *c*) situé ventralement à lui, chez *Teredo* (fig. 122, XI) et *Ostrea* (sauf *O. cochlear*) ; un passage à cette dernière disposition s'observe dans *Pinna*, *Perna* et *Avicula*, formant encore chez le premier un mince anneau au dos de l'intestin et n'y étant plus que simplement accolé ventralement, sur toute sa longueur, dans les deux derniers. Chez *Nucula* (fig. 100, XV) et *Arca*, il a l'apparence d'être formé de deux moitiés symétriques : il y est étiré transversalement, avec rétrécissement sur la ligne médiane. Le ventricule ne communique avec les oreillettes que par une fente étroite (fig. 106 *bis*, *o*), pourvue de valvules musculaires qui empêchent le retour du sang dans celles-ci (fig. 103, XI). Dans l'Huître adulte, le ventricule ne bat qu'une vingtaine de fois par minute ; une centaine de fois dans les individus très jeunes.

Les *oreillettes* sont assez épaisses et musculeuses dans les *Nuculidæ* (fig. 100, XII), *Solenomyidæ* et *Anomiidæ*, où elles sont en rapport avec le conduit branchial efférent seulement par l'extrémité antérieure ou basique de celui-ci (ainsi d'ailleurs que chez *Pectunculus*, *Pecten* et quelques autres formes ; c'est la disposition morphologique existant dans les autres Mollusques) : la forme de ces oreillettes y est allongée, avec diamètre maximum vers le ventricule. Ailleurs, les parois sont minces et musculaires ; elles sont alors en rapport avec les branchies, sur une grande longueur du conduit efférent ; leur forme est triangulaire et le diamètre longitudinal maximum s'en trouve vers la branchie.

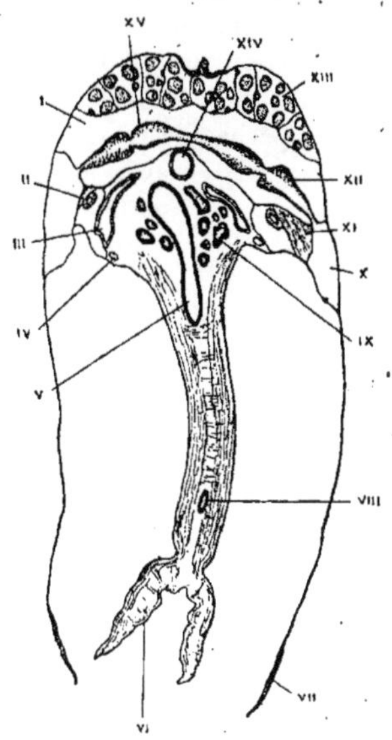

Fig. 100. — Coupe transversale de *Nucula*, passant par le cœur, grossi 12 fois. — I, péricarde ; II, conduit génital ; III, rein ; IV, commissure viscérale ; V, intestin ; VI, pied ; VII, bord du manteau ; VIII, cavité byssogène ; IX, foie ; X, sinus afférent ; XI, muscle rétracteur des palpes ; XII, oreillette ; XIII, ovaire ; XIV, rectum ; XV, ventricule.

Les parois extérieures des oreillettes sont fréquemment recouvertes d'épithélium glandulaire, de couleur brunâtre (glandes péricardiques, voir plus loin : système excréteur). Les deux oreillettes communiquent parfois entre elles, dans l'intérieur du péricarde : chez tous les Pseudolamellibranches notamment, et alors en arrière du ventricule et ventralement à ce viscère et aux aortes (*Aviculidæ*; *Ostreidæ* : fig. 101, I; *Pectinidæ*), ainsi que dans *Pectunculus* et les *Mytilidæ*; en avant et au côté dorsal de l'aorte, chez *Isocardia*.

Aortes. — Dans les formes à complexe circumanal (adducteur postérieur, bords du manteau, et surtout siphons) peu développé, il ne sort du ventricule qu'un seul tronc aortique (comme chez les Amphineures et Gastropodes) : tel est le cas des *Nuculidæ*, *Solenomyidæ*, *Anomiidæ*, *Mytilidæ*, ou bien l'aorte postérieure est encore très petite (*Pectunculus*). Dans les autres formes (chez les Siphonés surtout), il existe deux aortes, antérieure et postérieure, d'importance plus ou moins égale. L'aorte antérieure est dorsale à l'intestin, et la postérieure ventrale (fig. 119) ; la branche pédieuse de l'aorte antérieure passe entre les paires de ganglions cérébraux et pédieux (fig. 119, v). Chez les *Ostrea* (fig. 101, iv), *Vulsella*, *Tridacna* et *Teredo*, par suite du raccourcissement du corps, les deux aortes sont fusionnées.

Les expansions tégumentaires qui constituent le pied et le manteau (avec les siphons qui en dérivent), étant très rétractiles, produisent souvent, par leur rétraction, un reflux de sang artériel vers le cœur : chez les Lamellibranches à pied et siphons développés, des valvules placées à l'origine des aortes empêchent le retour du sang dans le ventricule ; il se trouve souvent aussi un sphincter à la naissance de l'aorte postérieure, et parfois une valvule dans l'artère siphonale.

En outre, des bulbes aortiques très développés existent souvent, séparés du ventricule par une des valvules ci-dessus, principalement sur l'aorte postérieure, ou un bulbe très développé (intra-péricardique) se voit surtout dans beaucoup de Siphonés : *Veneridæ*, *Petricolidæ*, *Tridacnidæ* (fig. 120, k), *Mactridæ*, etc. Sur l'aorte antérieure, un bulbe ou renflement aortique se rencontre chez *Pecten*, les *Mytilidæ* (intra-péricardique), *Anodonta* (extra-péricardique : fig. 119, xxiii) Le sang artériel refluant vers le cœur. lors de la contraction du pied ou du manteau et des siphons, vient alors remplir ces divers bulbes.

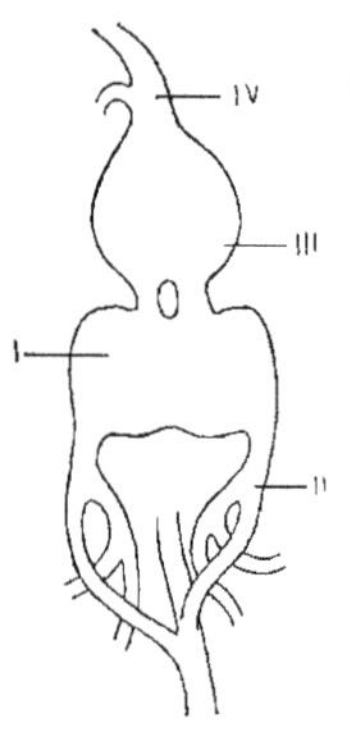

Fig. 101. — Cœur de *Ostrea*, grossi, d'après Poli. — I, oreillettes fusionnées ; II, vaisseau afférent ; III, ventricule ; IV, aorte.

Le fluide sanguin conduit, par les dernières ramifications des troncs artériels, dans les diverses parties de l'organisme, arrive dans des sinus veineux dont les principaux sont : les palléaux, le pédieux et le grand sinus (impair) ventral médian ; ce dernier est situé entre le péricarde et le pied et est séparé du sinus pédieux par la « valvule de Keber » qui se ferme pendant la turgescence du pied. C'est de ce grand sinus médian que le sang veineux va aux conduits afférents des branchies, après avoir, pour la plus grande partie, irrigué les reins ; mais une certaine quantité de sang arrive cependant aux oreillettes sans avoir passé par les branchies ; ce sang vient du manteau (exemple : *Pecten*).

La *branchie* (cténidie) est, de chaque côté une saillie palléale, occupant entre le manteau et la partie postérieure de la masse viscérale, un espace plus ou moins long (s'étendant le plus souvent jusqu'aux palpes labiales) (fig. 115, etc). Elle est formée d'un axe vasculaire sur chaque face duquel est insérée une rangée de filaments creux, aplatis, expansions de l'axe ; ces derniers sont orientés en sens opposé dans les Protobranches, où ils sont très larges, simples et libres (fig. 3). Dans tous les autres Lamellibranches, ces filaments sont plus longs et moins larges ; les deux rangées en sont normalement dirigées parallèlement, vers le côté ventral, et leurs filaments repliés alors sur eux-mêmes, ectaxialement et vers le dos : chaque rangée forme ainsi une lame double de deux feuillets (fig. 102, D, E), laissant dans son intérieur un espace ou

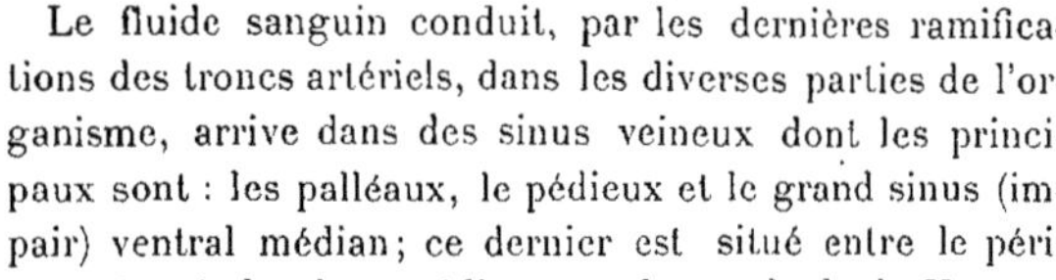

cavité interfoliaire (servant, dans diverses formes, à l'incubation des œufs).

Les filaments successifs sont unis entre eux par des jonctions ciliaires (fig. 104, III), chez les Filibranches où elles sont parfois spécialisées en « disques » dont les cils s'intriquent étroitement. Les deux branches, directe et réfléchie, d'un même filament (et par suite les deux feuillets d'une même lame branchiale) sont réunies par des ponts (jonctions interfoliaires), conjonctifs dans les *Pectinidæ*, vasculaires chez les autres Pseudolamellibranches. Enfin, les différentes parties de l'appareil sont encore bien plus réunies dans les Eulamellibranches, où il y a toujours des jonctions interfilamentaires et interfoliaires, toutes vasculaires. Le sang du conduit afférent arrive alors dans la branchie par des vaisseaux qui cheminent entre les feuillets, avec les filaments desquels ils communiquent de part et d'autre, et qui constituent ainsi les jonctions interfoliaires.

Chaque lame peut être affectée par un plissement transversal très régulier, englobant un certain nombre de filaments : dans tous les Pseudolamellibranches et les plus spécialisés des Eulamellibranches ; chez ces derniers, le plissement est encore peu accentué dans les *Veneridæ*, mais le devient beaucoup plus chez les Cardiacés (*Tridacna* : fig. 120, *f*), Myacés, etc.

La lame branchiale externe, au lieu d'être dirigée ventralement, parallèlement à l'interne (comme dans E, fig. 102), entre celle-ci et le manteau, peut être dirigée dorsalement, soit que la branchie n'ait pas encore de feuillet réfléchi (*Solenomya*, A', fig. 102), soit qu'elle en

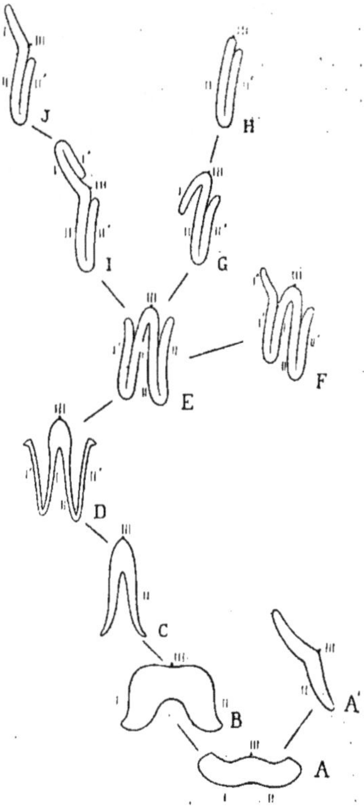

Fig. 102. — Coupes transversales de la branchie droite de divers Lamellibranches. — A, *Leda* ; A', *Solenomya* ; B, *Nucula* ; C, type hypothétique ; D, Filibranche (*Arca*) ; F, Eulamellibranche typique ; F, *Cardium* ; G, *Lasæa* ; H, *Lucina* ; I, *Tellina* ; J, Anatinacé. — I, feuillet direct externe ; I', feuillet réfléchi externe ; I", appendice ; II, feuillet direct interne ; II', feuillet réfléchi interne ; III, axe branchial.

possède un — qu'elle soit elle-même lisse ou plissée : — *Tellina* (lisse), Anatinacés (plissée) (fig. 102, I, J). Cette lame externe peut voir ses dimensions se réduire et son feuillet refléchi disparaître chez tous les Anatinacés (fig. 107, *k*). Enfin, cette lame externe peut être elle-même tout à fait nulle : c'est le cas seulement chez certains *Lucinidæ* (*Lucina, Corbis, Montacuta, Cryptodon*, fig. 102, H) et *Scioberetia*.

Les axes branchiaux sont originairement libres postérieurement (à leur extrémité distale, comme chez les Gastropodes Aspidobranches), et les branchies sans concrescence entre elles, ni avec le manteau, par l'extrémité des filaments réfléchis : cette disposition primitive est celle des Protobranches, *Arcidæ* (fig. 115, vi, etc.), *Trigoniidæ*, *Mytilidæ*, *Pectinidæ* (fig. 116, viii'). Au contraire, les branchies sont unies entre elles, par l'extrémité dorsale des lames internes, dans les *Anomiidæ*; et partout ailleurs, elles sont en outre soudées au manteau par l'extrémité libre du feuillet réfléchi externe : en avant, où la masse viscérale empêche les deux branchies de s'unir l'une à l'autre (fig. 107), l'extrémité libre du feuillet réfléchi interne se joint à la masse

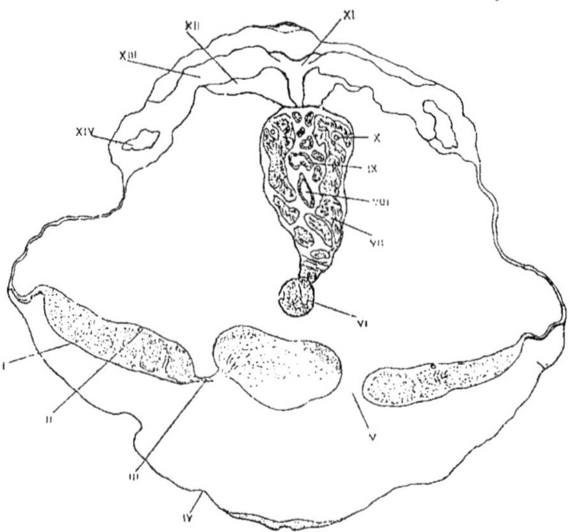

Fig. 103. — Coupe transversale de *Cuspidaria*, passant par le cœur; grossi 12 fois. — I, septum branchial; II, nerf branchial; III, sphincter d'un orifice; IV, manteau; V, orifice; VI, muscle rétracteur postérieur; VII, testicule; VIII, intestin; IX, glande génitale accessoire; X, commissure viscérale; XI, ventricule; XII, péricarde; XIII, oreillette; XIV, rein.

viscéro-pédieuse. Ainsi est formée, par les branchies, une cloison qui s'étend jusqu'à la séparation des deux orifices palléaux postérieurs, anal et branchial (fig. 119, 120, 122, etc), et qui divise par conséquent la cavité palléale en deux chambres : supra-branchiale ou cloacale, et infra-branchiale. L'eau respiratoire entre généralement dans la cavité palléale par le côté postéro-ventral (par l'orifice ou le siphon branchial, s'il est différencié); elle passe alors comme dans un filtre, entre les filaments branchiaux constituant la cloison ci-dessus, et sort par l'orifice anal.

Dans tout un groupe, les Septibranches, cette cloison branchiale perd sa structure normale par suite du développement prédominant de ses éléments contractiles : elle se transforme ainsi en un septum musculaire présentant des orifices qui s'ouvrent ventro-dorsalement (fig. 103, i et v). La respiration s'effectue alors par la surface interne du manteau, sur laquelle les contractions du septum musculaire font passer un puissant courant d'eau.

La paroi extérieure de chaque filament branchial est formée par une couche épithéliale continuant l'épithélium de la surface générale du corps; en certains points, cet épithélium est modifié et porte un revêtement ciliaire puissant : notamment sur les deux arêtes ventrales des filaments, où les cellules dites « de coin », entretiennent le vif courant d'eau à la surface des branchies, par les mouvements de leurs cils (fig. 104, ii). Sur les deux faces du filament, se trouvent aussi des cellules « latérales » ciliées (fig. 104, iii), assurant la jonction ciliaire des filaments successifs entre eux. Chaque filament présente un appareil intérieur de soutien, formé par un épaississement longitudinal pair de son tissu conjonctif sous-épithélial. Cet épaississement est surtout développé au côté interne des feuillets, dans les *Anomiidæ* (fig. 104, i), *Arcidæ* et *Trigoniidæ*, tandis qu'il l'est surtout vers le côté externe (ou ventral des filaments), chez les autres Lamellibranches.

La cavité filamentaire est divisée dans sa longueur par un septum conjonctif, chez les *Anomiidæ* (fig. 104, iv), *Arcidæ* et *Pecten*. Le conduit afférent branchial occupe le côté dorsal de l'axe dans les Protobranches et le sang, dans chaque filament, suit d'abord le côté dorsal, puis le côté ventral, pour gagner ainsi le conduit branchial efférent qui le mène à l'oreillette : de sorte qu'il y a dans chaque filament deux courants opposés; il en est de même dans les filaments étroits

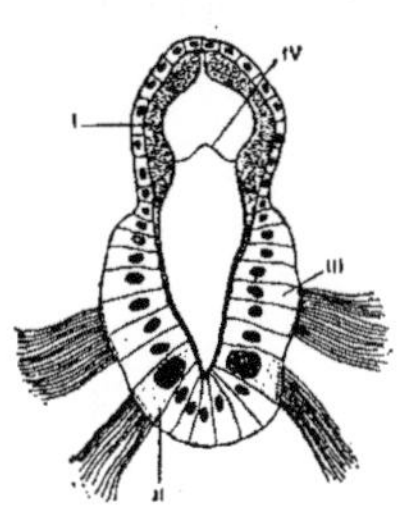

Fig. 104. — Coupe transversale d'un filament branchial de *Anomia*, grossie 400 fois. — I, épaississement conjonctif de soutien ; II, cellules épithéliales « de coin » ; III, cellules latérales ciliées (jonctions ciliaires); IV, septum de la cavité filamentaire.

et encore libres des *Anomiidæ* et *Arcidæ*, de part et d'autre de la cloison qui divise la cavité filamentaire. Mais quand les cavités des filaments sont unies entre elles, au bord libre des feuillets réfléchis, il n'y a plus, pour chaque filament, qu'un courant dans un seul sens, allant du conduit afférent (de position variable) au conduit efférent, commun, des deux lames branchiales.

Dans de rares cas (*Mytilidæ*), il se développe, outre la branchie cténidiale normale, et au côté extérieur de celle-ci, de petites saillies palléales secondaires, sous forme d'organes plissés (« godronnés »), constituant des appareils respiratoires accessoires.

Système excréteur. — Le péricarde est une poche dorsale médiane, située vers la partie postérieure de la masse viscérale et renfermant le cœur (fig. 100, i; fig. 103, xii; fig. 106, viii; fig. 116, xiii; fig. 119, xviii), sauf chez les *Anomiidæ*. Il communique, par deux orifices ventraux symétriques, avec les deux reins (fig. 119, xxi). Ceux-ci sont constitués par deux sacs à paroi sécrétante; ils sont irrigués par le sang veineux qui se rend aux branchies et s'ouvrent chacun dans la cavité palléale, par un orifice placé en dehors de la commissure viscérale (fig. 119, viii).

Ces organes se trouvent symétriquement à la partie postérieure du corps et s'étendent généralement jusqu'au muscle adducteur postérieur, sauf chez les Protobranches. Dans ces derniers (*Solenomya* surtout), ils présentent la conformation la plus simple : chaque rein est un sac plus ou moins cylindrique, à

large lumière, replié sur lui-même de façon à avoir ses deux orifices (péricardique et extérieur) en avant (fig. 106, vi). La paroi de ce sac est sécrétante et
unie sur toute son étendue, et les deux organes sont sans communication l'un
avec l'autre.

Par une spécialisation plus grande, la disposition générale est conservée
(reploiement et formation de deux branches antéro-postérieure et postéro-antérieure), mais les parois ont leur surface de plus en plus augmentée par des
plissements multiples qui donnent au rein son aspect spongieux. La partie
terminale (branche postéro-antérieure) se modifie parfois en conduit, perdant

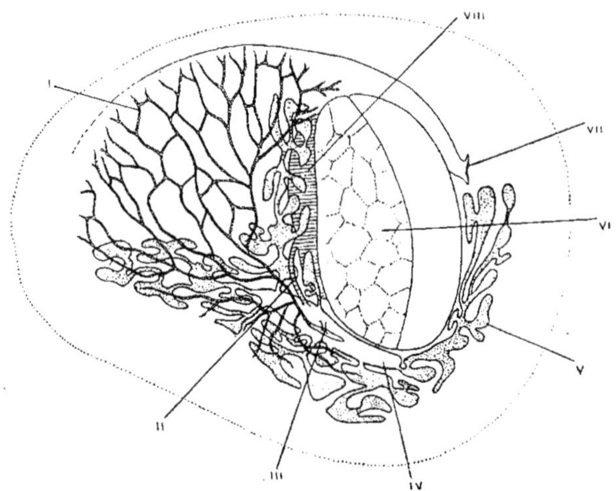

Fig. 105. — Systèmes reproducteur et excréteur d'*Ostrea*; d'après Hoeck. — I, glande génitale; II, conduit réno-
péricardique; III, fente réno-génitale; IV, chambre rénale; V, lobes du rein; VI, adducteur (partie striée); VII,
anus; VIII, péricarde.

son rôle sécréteur et entoure plus ou moins l'autre branche (Naïades,
fig. 119, x). Enfin, les deux reins communiquent plus ou moins largement
entre eux, surtout dans les formes les plus spécialisées : Myacés, Anatinacés,
Pholadidæ, etc. L'organe se ramifie excessivement et s'étend sur toute la surface de la masse viscérale, jusqu'en avant, chez *Ostrea* (fig. 105, v), où il
entoure également l'adducteur postérieur (comme dans *Pholas*). Les reins
s'étendent également fort en avant dans *Mytilus*, la plupart des Anatinacés
(pénétrant alors dans le manteau, de ce côté, chez *Lyonsiella*). Dans les Septibranches, ils sont presque entièrement baignés dans le sinus palléal (fig. 103, xiv).

La sécrétion des reins est expulsée sous forme liquide dans les Lamellibranches les plus archaïques; ailleurs, sous celle de concrétions solides à
couches concentriques, et qui, à l'état normal, ne renferment que de l'urée.

Glandes péricardiques. — La paroi épithéliale du péricarde est aussi différenciée, dans certains endroits, en des *glandes péricardiques* excrétant de
l'acide hippurique : celles-ci sont localisées sur les oreillettes, auxquelles
elles communiquent une teinte brunâtre (*Arcidæ, Mytilidæ, Pectinidæ,*

Ostreidæ) ou auprès des oreillettes (*Aviculidæ*); elles sont moins développées dans les formes plus spécialisées, où elles existent surtout dans *Pholas* et *Saxicava*. On les rencontre encore sur la paroi antérieure du péricarde, et dans des enfoncements de celui-ci à l'intérieur du manteau (Naïades, certains *Lucinidæ, Veneridæ, Tellinidæ, Solen, Pholas, Aspergillum*).

Système reproducteur. — Les sexes sont séparés, sauf chez les Anatinacés et quelques petits groupes isolés : certaines espèces de *Pecten, Ostrea, Cardium*, les *Cyrenidæ*, le genre *Poromya* et les deux formes parasites *Entovalva* et *Scioberetia*. Le dimorphisme sexuel n'est sensible que dans quelques *Unio* (*U. tumidus, U. batavus*), où la femelle est un peu plus large que le mâle. Il n'y a jamais d'organe d'accouplement, ni de glande génitale accessoire, sauf dans *Cuspidaria* mâle (fig. 105, ix).

Les glandes génitales, paires et symétriques, occupent la partie superficielle, généralement la plus postérieure et la plus dorsale, de la masse viscérale, et s'enfoncent souvent aussi dans le pied. Elles s'étendent exceptionnellement à l'intérieur du manteau (dans les deux lobes : *Mytilidæ*; dans le lobe droit seulement : *Anomiidæ*). Dans quelques *Lucinidæ*, elles font (avec le foie) saillie dans la cavité palléale, sous forme d'arborescences (fig. 117, iv). Chaque glande est un organe acineux, à cæcums très ramifiés chez *Ostrea* (fig. 105, i); dans la disposition la plus primitive, elle débouche à l'intérieur du rein correspondant; chez tous les Protobranches, elle s'ouvre encore à l'extrémité tout à fait initiale

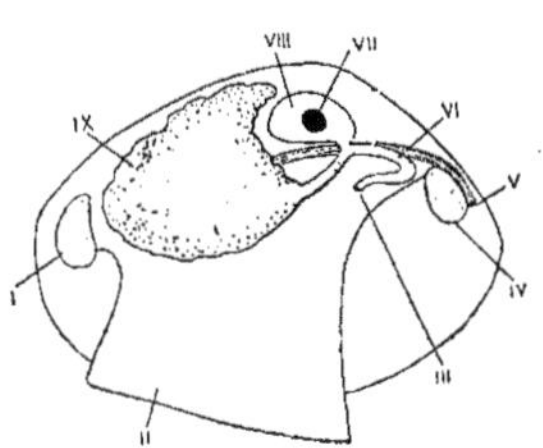

Fig. 106. — Schème de *Nucula*, montrant les rapports des glandes génitales avec le péricarde et les reins. — I, adducteur antérieur; II, pied; III, orifice extérieur du rein; IV, adducteur postérieur; V, anus; VI, rein; VII, ventricule; VIII, péricarde; IX, glande génitale.

du rein, presque dans le péricarde (fig. 106, ix); chez d'autres formes, elle se jette dans le rein plus près de l'orifice extérieur de ce dernier : *Anomiidæ, Pectinidæ* (fig. 116, iii), ou tout près de cet orifice (*Arca*). Ailleurs, la glande génitale débouche avec le rein dans une fente ou cloaque commun : *Ostrea* (fig. 105, iii), *Cyclas* (fig. 106 *bis, g*), certains *Lucinidæ*. Quand il existe une ouverture génitale propre, elle peut être sur une papille commune avec l'orifice rénal (*Mytilus*), ou bien, comme c'est le cas le plus général, dans le voisinage plus ou moins immédiat de ce dernier orifice (fig. 119, xxii) et également au côté extérieur de la commissure viscérale.

L'hermaphroditisme normal se réalise de plusieurs façons différentes :

A. — Chaque glande est hermaphrodite dans toute son étendue, c'est-à-dire uniformément constituée d'acini pouvant produire des ovules et des spermatozoïdes simultanément ou alternativement (*Ostrea edulis, O. plicata*: d'autres *Ostrea* : *O. virginiana* et *O. angulata*, sont dioïques).

B. — Les glandes sont différenciées en deux régions (fig. 106 *bis, q, e*) : mâle (antérieure) et femelle, non séparées l'une de l'autre cependant, et à conduit excréteur commun : *Pecten maximus, P. jacobæus, P. opercularis* (fig. 116, v, vi), *P. glaber, P. irradians, P. flexuosus* (*P. inflexus* et *P. varius* sont dioïques). Cela s'observe encore chez les *Cyrenidæ*, où les parties mâle et femelle ne sont pas contiguës, mais réunies par un canal.

C. — Il existe de chaque côté un testicule et un ovaire entièrement séparés et possédant chacun son conduit propre : Anatinacés et *Poromya*. L'ovaire est situé dorsalement et plus en arrière ; le testicule, en avant, et plus ventralement (fig. 107, c et q). Les orifices génitaux mâle et femelle d'un même côté sont voisins ils débouchent sur une papille commune dans les Anatinacés, où l'ouverture mâle est en dedans de la commissure viscérale, l'ouverture femelle, en dehors, c'est-à-dire dans la position normale et originelle d'un orifice génital. Chez *Poromya*, les deux conduits mâle et femelle s'ouvrent dans un orifice commun, extérieur à la commissure viscérale.

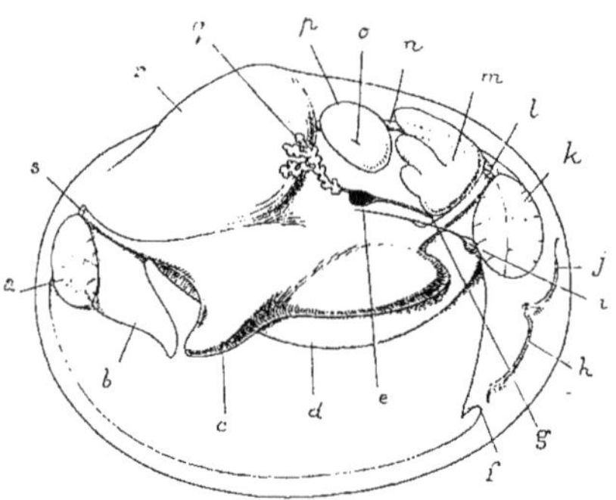

Fig. 106 *bis*. — *Cyclas cornea*, vu du côté gauche, après enlèvement des lobe palléal, branchie et oreillette de ce côté, grossi 9 fois. — *a*, adducteur antérieur ; *b*, palpe ; *c*, pied ; *d*, branchie droite (lame interne) ; *e*, ovaire ; *f*, limite postérieure de l'orifice pédieux du manteau ; *g*, orifice génital ; *h*, siphon branchial ; *i*, ganglion viscéral ; *j*, siphon anal ; *k*, adducteur postérieur ; *l*, rétracteur postérieur ; *m*, rein ; *n*, rectum ; *o*, fente auriculo-ventriculaire ; *p*, ventricule du cœur ; *q*, testicule ; *r*, masse viscérale ; *s*, rétracteur antérieur du pied.

On a observé des Naïades et *Mytilus* accidentellement hermaphrodites et un *Pecten glaber* d'un seul sexe. La couleur blanche éclatante permet toujours

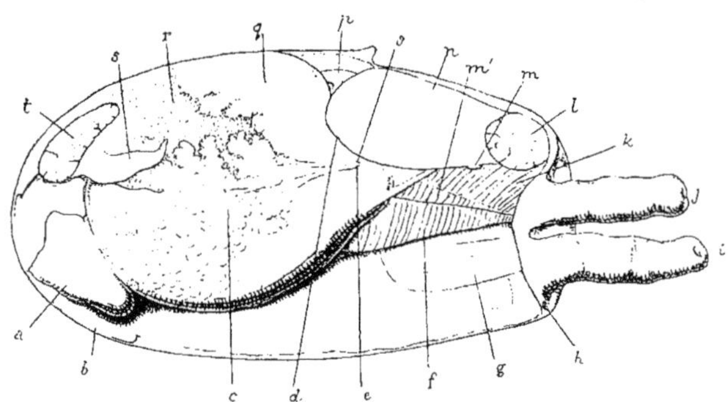

Fig. 107. — *Thracia* vu du côté gauche (manteau et branchie de ce côté enlevés), grossi 3 fois. — *a*, pied ; *b*, orifice pédieux ; *c*, testicule ; *d*, orifice rénal ; *e*, ouverture mâle ; *f*, feuillet réfléchi de la lame branchiale interne ; *g*, rétracteur des siphons ; *h*, quatrième orifice palléal ; *i*, siphon branchial ; *j*, siphon anal ; *k*, feuillet unique de la lame branchiale externe ; *l*, adducteur postérieur ; *m*, ganglion viscéral ; *m'*, feuillet direct de la lame branchiale interne ; *n*, rein ; *o*, ouverture femelle ; *p*, cœur ; *q*, ovaire ; *r*, foie ; *s*, palpes ; *t*, adducteur antérieur.

de reconnaître le testicule d'un hermaphrodite ou d'un mâle ; dans les hermaphrodites, les produits mâles paraissent mûrs les premiers.

Développement. — Il n'y a pas de Lamellibranches vivipares ; mais un certain nombre d'entre eux paraissent l'être, parce qu'ils sont incubateurs : c'est le cas de beaucoup de *Submytilacea*. Les œufs éclosent alors hors des organes génitaux, dans les espaces branchiaux interfoliaires : ordinairement dans les espaces internes, comme chez les *Cyrenidæ*, où il se forme des poches spéciales et où les œufs les plus âgés sont les plus antérieurs; dans les espaces externes, chez les *Unionidæ* de l'ancien continent et de l'Amérique du Nord; chez d'autres, la première partie du développement se passe dans la cavité palléale même, en dehors des branchies (*Ostrea edulis*, *Entovalva*).

Les œufs sont pondus isolés les uns des autres, généralement au printemps ou en été. Leur fécondation a lieu hors de la mère (*Pecten*, *Ostrea* dioïques, *Mytilus*, dans tous lesquels par conséquent, la fécondation artificielle est possible), ou dans la cavité palléale (chambre cloacale ou supra-branchiale) de la mère (*Cardium*, etc.), ou même dans l'oviducte (*Ostrea edulis*). L'ovule provient d'une cellule de l'épithélium ovarien, mais le plus souvent, les cellules voisines contribuent à la formation de son vitellus; il est entouré d'une membrane vitelline souvent assez épaisse (Naïades, Anatinacés, etc.), seulement interrompue au micropyle, ou point d'attache à la paroi ovarienne, par lequel peuvent pénétrer les spermatozoïdes. Cette enveloppe disparaît après les premiers moments de la segmentation, sauf dans les formes incubatrices.

La segmentation est inégale dès la première division; le pôle formatif de l'œuf est à l'opposé du micropyle. Le macromère formé à la première subdivision contribue, pendant quelques segmentations subséquentes, à la production des micromères; ceux-ci recouvrent en partie le macromère chargé de granulations vitellines et longtemps unique. Ultérieurement celui-ci se subdivise pour constituer des cellules endodermiques; mais néanmoins la gastrula se forme presque toujours par épibolie, rarement par invagination, parfois par un mode intermédiaire : épibolie d'abord, par multiplication des petites cellules ectodermiques autour du macromère unique, puis invagination des cellules endodermiques résultant de la division de ce dernier; c'est ainsi que les choses se passent chez les *Ostrea*, *Cyclas* et les Naïades ou *Unionidæ*; dans ces derniers, ainsi que chez *Cyclas*, la cavité de segmentation est alors très grande et l'entéron petit (fig. 110).

Le blastopore resté ouvert dans *Ostrea*, par exemple, se ferme dans les *Cyclas*, Naïades et *Teredo*; mais la bouche se reforme rapidement par une invagination ectodermique, au point de fermeture. L'endoderme donne naissance à l'estomac (avec son foie) et à l'intestin; une invagination ectodermique anale, mettant ce dernier en communication avec le dehors, ne se produit que fort tard et est toujours très courte. Le mésoderme prend origine de bonne heure, aux dépens de cellules endodermiques du bord postérieur du blastopore; les cellules ainsi formées s'enfoncent entre l'endoderme et l'ectoderme, sous forme de deux traînées mésodermiques symétriques.

Le développement des organes, dans ses points essentiels, est conforme à ce qu'il est dans les autres classes; il y a cependant un certain nombre de points particuliers à noter.

La glande coquillière fait son apparition de très bonne heure, en un point à peu près opposé au blastopore; elle est unique comme dans les autres Mo lusques .Pendant son extension, elle donne naissance à une pellicule cuticulaire en forme de selle, qui se calcifie par deux points symétriques, droit et gauche, formant ainsi les deux valves de la coquille ; le développement de ces dernières ne se fait toutefois pas aussi vite que celui des lobes palléaux, sauf chez les *Unionidæ*. Les deux valves restent unies par la partie dorsale médiane de la coquille primitivement unique : cette partie non calcifiée devient le ligament.

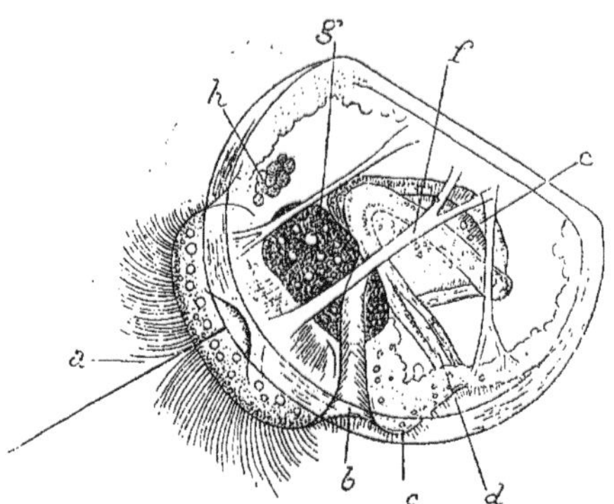

FIG. 108. — Embryon de *Mytilus edulis*, âgé de douze jours, grossi 240 fois ; d'après WILSON. — *a*, velum et flagellum ; *b*, bouche ; *c*, pied ; *d*, rectum ; *e*, estomac ; *f*, rétracteur du velum ; *g*, foie ; *h*, adducteur antérieur.

En avant du blastopore, une saillie circulaire, à bord cilié, constitue le velum, qui sert à la natation de la larve. Celui-ci n'est jamais lobé ; il présente souvent un flagellum central unique, qui fait défaut chez *Pecten* et *Ostrea* (fig. 108, *a*).

Une importante invagination ectodermique se produit dans presque tous les Lamellibranches, vers l'extrémité postérieure du pied : c'est la *cavité byssogène* ; elle existe même dans les formes sans byssus à l'état adulte (*Cyclas*) où le byssus larvaire attache notamment l'embryon à la cavité incubatrice.

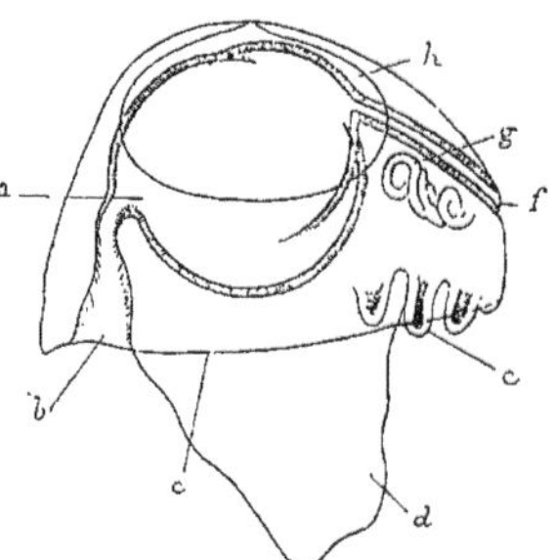

FIG. 109. — Embryon de *Pisidium*, vu du côté gauche, d'après LANKESTER. — *a*, estomac ; *b*, bouche ; *c*, bord du manteau ; *d*, pied ; *e*, filaments branchiaux ; *f*, anus ; *g*, rein ; *h*, coquille.

Au milieu de l'aire vélaire, se forme, par épaississement de l'ectoderme, la paire de ganglions cérébraux ; les centres pédieux naissent de même, entre la bouche et l'anus de la larve. Deux yeux larvaires, avec cristallin, existeraient dans diverses formes, à la base du voile, de chaque côté de l'œsophage. Aux deux côtés des centres pédieux, une invagination de l'ectoderme constitue un otocyste.

Les branchies naissent sous forme de filaments qui se développent un à un, à la partie postérieure, entre le manteau et la masse viscérale, d'arrière en avant (fig. 109, *e*; fig. 115, *b*); ce sont d'abord ceux de la lame interne qui se forment, puis ceux de l'externe ; le reploiement de ces filaments et leur concrescence éventuelle se produit ultérieurement.

Dans la larve trochosphère ou véligère pourvue de sa coquille bivalve, c'est le muscle adducteur antérieur qui se développe le premier (fig. 108, *h*). Deux reins larvaires ont été constatés dans plusieurs groupes ; ils sont constitués d'une partie profonde, en forme de canal cilié, et d'une partie plus superficielle, s'ouvrant extérieurement, au côté postéro-ventral de la région céphalique (*Cyclas, Teredo*) et intérieurement, dans la cavité générale mésodermique.

Au point de vue de l'évolution ultérieure de l'embryon, il faut distinguer deux modes bien différents de développement : 1° le mode direct ou normal; 2° celui qui présente des métamorphoses et des larves parasites.

1° Le développement direct peut être libre; il en est ainsi chez beaucoup de formes marines et chez *Dreissensia*; ou avec incubation dans la lame branchiale interne (*Cyclas, Kellya, Teredo*, etc.). Dans le développement libre, le velum est toujours assez saillant (fig. 108, *a*); au contraire, dans le développement avec incubation, il est réduit et parfois même nul (*Cyclas, Entovalva*). Quand le velum se résorbe, le pied se développe fort, même chez les formes qui deviennent plus tard sédentaires et fixées (*Pecten*, etc.), lorsque celles-ci ne se fixent pas tout de suite.

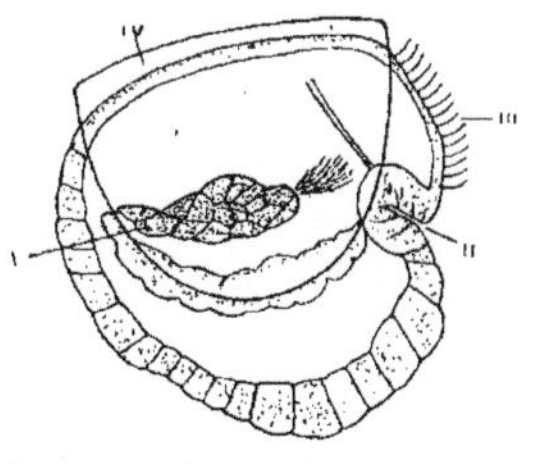

Fig. 110. — Embryon d'*Anodonta*, vu du côté gauche, grossi, d'après GÖTTE. — I, adducteur (antérieur); II, blastopore; III, bouclier cilié postérieur; IV, coquille.

2° Le développement à métamorphoses secondaires, acquises pendant l'ontogénie, est spécial aux *Naïades* ou *Unionidæ* (fig. 111 à 113). Ici, les œufs pondus au printemps ou en été, passent au sortir de l'orifice génital, dans l'espace interfoliaire de la lame branchiale interne, et de là, dans celui de la lame externe, par l'extrémité postérieure de la branchie, où ces deux espaces communiquent (en arrière de l'axe branchial). L'incubation a lieu dans cette lame externe, où l'œuf subit les premières phases de son développement (voir plus haut ce qui est relatif à la segmentation et à l'invagination endodermique, fig. 110, II).

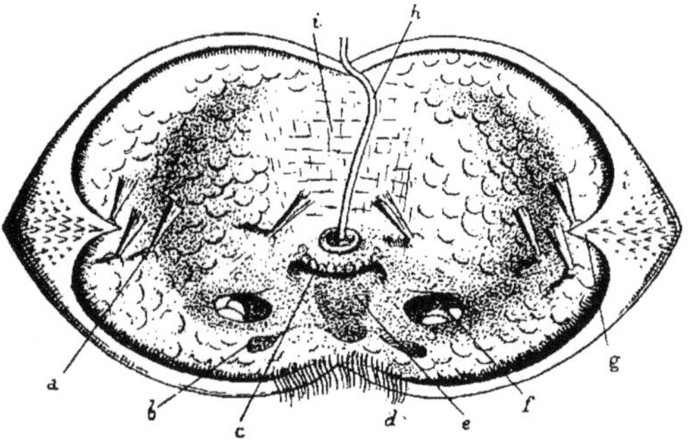

Fig. 111. — « Glochidium » d'*Anodonta*, vu ventralement, grossi, d'après SCHIERHOLTZ. — *a*, bouquet de soies; *b*, ganglions viscéraux; *c*, invagination stomodœale; *d*, bouclier cilié; *e*, entéron (cavité endodermique close); *f*, enfoncements latéraux; *g*, crochet du bord de la valve; *h*, filament de byssus; *i*, adducteur.

La formation de la glande coquillière produit une coquille qui s'étend aussi rapidement que le manteau et qui possède un gros muscle adducteur antérieur (fig. 110, I); en arrière du blastopore, il se produit un disque cilié qui fait tourner l'embryon dans l'œuf (fig. 110, III). Cette première partie du développement dure environ deux mois; les embryons hivernent alors dans la lame branchiale, sans modification sensible de leur conformation.

Leur éclosion a lieu au printemps suivant; ils sortent alors par l'orifice anal ou dorsal (fig. 119, xvii) de la mère, sous forme de *Glochidium* (fig. 111) : ceux-ci sont caractérisés par leur coquille pourvue de crochets au milieu du bord latéral des valves, et par un byssus larvaire (non homologue à celui des autres Lamellibranches : fig. 111, *h*), paraissant sortir du muscle adducteur, mais faisant en réalité le tour de celui-ci et naissant d'une seule cellule glandulaire épithéliale profondément enfoncée au côté dorsal et antérieur de l'adducteur.

Les larves nagent en faisant claquer leurs valves et se fixent sur la branchie ou la nageoire d'un Poisson; elles s'enkystent alors, par suite du développement pathologique de l'épithélium de l'hôte (fig. 112).

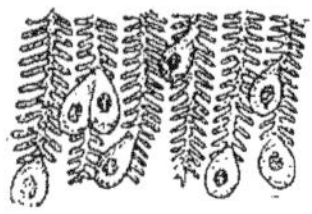

Fig. 112. — Embryons d'*Unio*. au premier jour de leur enkystement, sur les branchies d'une Perche; grossi; d'après Schierholtz.

La vie parasitaire dure de deux à cinq semaines. C'est pendant ce temps que se développent la plupart des organes définitifs de l'adulte qui étaient inutiles durant la vie larvaire (pied, otocystes, branchies, etc.), en général suivant le mode normal, et en grande partie par la prolifération des cellules de deux cavités symétriques, situées en arrière du muscle adducteur du Glochidium (fig. 111, *f*). Certains organes se reforment même à nouveau, par exemple les bords du manteau (fig. 113, *c*), la coquille change de forme, sans que toutefois tombe celle du Glochidium. Le bouclier cilié, le byssus, etc., disparaissent. Le Glochidium se nourrit d'éléments épidermiques de son hôte mangés par les cellules ectodermiques du manteau embryonnaire.

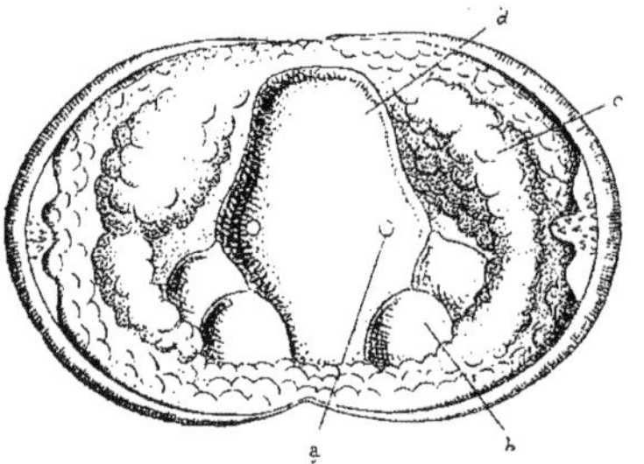

Pendant les premiers temps de la vie parasitaire, la cavité endodermique fermée (archenteron) et la bouche stomodæale se joignent; mais ce n'est qu'à la fin seulement que l'anus se perce, sans qu'il y ait d'invagination ectodermique sensible. Quand le jeune Unionide quitte son hôte, son évolution n'est pas terminée; les branchies croissent lentement, la lame externe se développant seulement à la troisième année; la maturité sexuelle n'est atteinte que vers cinq ans, mais la croissance continue encore plus tard.

Fig. 113. — Embryon d'*Unio*, après huit jours d'enkystement, vu ventralement, grossi, d'après Schierholtz. — *a*, otocyste; *b*, filaments branchiaux; *c*, nouveau manteau; *d*, pied.

Éthologie. — Tous les Lamellibranches sont des animaux aquatiques, en majorité marins; quelques familles seulement habitent les eaux douces. Ils se nourrissent d'organismes microscopiques, principalement de végétaux inférieurs (Diatomées); les Septibranches seuls sont franchement carnivores. Généralement, ce sont des Mollusques fouisseurs, vivant à demi enfoncés dans la vase ou le sable (fig. 95). Beaucoup sont tout à fait sédentaires : fixés par leur byssus, ou, d'une façon plus définitive, par leur coquille même (*Ostrea*,

Spondylus, *Ætheria*, *Myochama*); d'autres sont perforants : dans le bois (*Teredo*), les roches (*Lithodomus*, *Pholas*, *Clavagella*, etc.), les coquilles d'autres Mollusques, etc.; certains d'entre eux sont nidificateurs, à l'aide de leur byssus (*Lima*); *Modiolaria marmorata* vit dans le test d'Ascidies, *Vulsella* dans des Éponges; mais les quelques formes commensales et parasites le sont généralement sur des Échinodermes : *Montacuta* sur des Spatangues, *Scioberetia* dans la poche incubatrice d'une Astérie, *Entovalva* dans l'œsophage d'une Synapte; *Ephippodonta* est commensal d'une Crevette.

Peu d'espèces sont très mobiles : sauteurs, à l'aide du pied (*Tellina*, etc.); rampeurs sur les corps immergés ou à la surface (*Lasæa*, *Cyclas*, etc.); nageurs, surtout les *Pectinidæ* (*Pecten*, *Lima*), par la fermeture rapide de leurs valves, et quelques formes allongées à manteau assez fermé (*Solen*, *Solenomya*) en chassant l'eau par l'ouverture postérieure du manteau. Certaines formes atteignent une taille de 70 centimètres (*Pinna*) et même davantage (certains *Tridacna*).

Les Lamellibranches sont répandus dans toutes les régions de la terre, au nombre de plus de 5000 espèces actuelles dont un millier d'*Unionidæ*; diverses formes marines se rencontrent jusqu'à 5300 mètres de profondeur. On connaît des Lamellibranches fossiles depuis le Silurien.

CLASSIFICATION. — Les Lamellibranches sont des Mollusques à pied ventral, ordinairement fouisseur et sans face plantaire; ils sont caractérisés par la symétrie de leur forme extérieure et de leur organisation intérieure; par leur région céphalique atrophiée, pourvue seulement, de chaque côté, d'une paire de palpes; par le manteau recouvrant entièrement le corps et divisé en deux lobes, droit et gauche, sécrétant chacun une valve coquillière, un ou deux muscles transversaux joignant les deux valves; par la présence, en arrière, sous le manteau, de deux branchies cténidiales latérales et symétriques, à extrémités distales postérieures, et dont les filaments présentent au plus haut degré le phénomène de la concrescence, soit entre eux, soit avec le manteau ou la masse viscérale.

La classe des Lamellibranches comprend cinq ordres : *Protobranchia*, *Filibranchia*, *Pseudolamellibranchia*, *Eulamellibranchia*, *Septibranchia*.

PROTOBRANCHIA

Dans ces Lamellibranches, le manteau présente une glande hypobranchiale en dehors de chaque branchie; le pied a une surface ventrale plantaire et un appareil byssogène fort peu développé; le système nerveux présente un ganglion pleural distinct (fig. 97, 1); les otocystes sont ouverts; le tube digestif a une cavité pharyngienne avec deux sacs glandulaires latéraux; les oreillettes sont musculeuses, et il n'y a qu'une aorte, antérieure; les branchies ont des filaments non réfléchis, disposés en deux rangs dirigés en sens contraire (fig. 5); les reins sont simples, tout entiers glandulaires; les sexes sont séparés, les glandes génitales débouchent dans l'extrémité intérieure des reins (fig. 106, ix).

Nuculidæ Gray. — Palpes libres, très grandes, pourvues d'un appendice postérieur; filaments branchiaux, tous orientés transversalement; coquille à bord dorsal anguleux, pourvu d'une charnière pliodonte. — *Nucula* Lamarck, cœur au côté dorsal du rectum (fig. 100, xv), manteau sans siphons : *N. nucleus* (Linné), Océan Atlantique et Méditerranée. — *Leda* Schumacher, cœur traversé par le rectum, manteau pourvu de deux siphons : *L. commutata* Philippi, Océan Atlantique et Méditerranée.

Solenomyidæ Gray. — Palpes soudées entre elles, de chaque côté; branchie dont les deux rangées de filaments sont dirigées, l'une dorsalement, l'autre ventralement; manteau présentant une longue suture postéro-ventrale (fig. 114, *a*) et un seul orifice postérieur. — *Solenomya* Lamarck, caractères de la famille : *S. togata* Poli, Méditerranée.

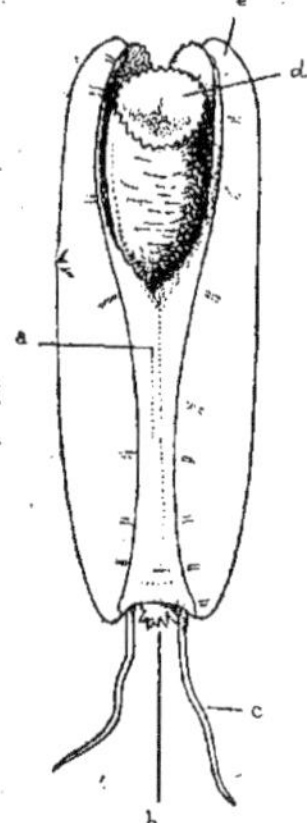

Fig. 114. — *Solenomya togata*, vu ventralement, d'après Deshayes. — *a*, suture palléale; *b*, petits tentacules de l'orifice postérieur; *c*, long tentacule; *d*, extrémité épanouie (face plantaire) du pied; *e*, coquille.

FILIBRANCHIA

Dans ces Lamellibranches, le pied est très généralement pourvu d'un appareil byssogène fort développé; les branchies sont sans plissements transversaux, et leurs filaments, tous parallèles, sont dirigés ventralement, réfléchis et unis entre eux seulement par des jonctions ciliées. Cet ordre comprend trois sous-ordres : *Anomiacea*, *Arcacea* et *Mytilacea*.

Anomiacea. — Animaux asymétriques; muscle adducteur postérieur grand; cœur au dos du rectum et faisant saillie dans la cavité palléale; une aorte; branchies soudées entre elles par les bords réfléchis de leurs lames internes; glandes génitales s'ouvrant dans les reins, celle de droite s'étendant dans le manteau.

Anomiidæ Adams. — Caractères du sous-ordre. — *Anomia* Linné, byssus calcifié passant par un trou de la valve droite : *A. ephippium* Linné, Océan Atlantique et Méditerranée. — *Placuna* Bruguière, byssus atrophié chez l'adulte : *P. placenta* (Linné), Océan Pacifique.

Arcacea. — Animaux symétriques; manteau entièrement ouvert; [muscles adducteurs antérieur et postérieur bien développés; cœur dans le péricarde; deux aortes; branchies libres et sans jonctions interfoliaires; orifices génitaux et rénaux distincts.

Arcidæ Gray. — Bords du manteau portant des yeux palléaux composés; lèvres et palpes sans séparation (fig. 115, ii); coquille à charnière pliodonte. — *Pectunculus* Lamarck, pied à surface plantaire, sans byssus; cœur traversé par le rectum : *P. glycimeris* (LINNÉ), Océan Atlantique et Méditerranée. — *Limopsis* SASSI, pied byssifère, cœur traversé par le rectum : *L. aurita* BROCCHI, Océan Atlantique. — *Arca* LINNÉ, pied byssifère (fig. 115, III et IV), cœur au côté dorsal du rectum : *A. lactea* LINNÉ, Océan Atlantique.

Cardiolidæ. — Famille fossile, exclusivement paléozoïque, qui doit probablement se placer ici. Coquille mince, à bord cardinal droit : *Cardiola* BRODERIP, Silurien et Devonien.

Trigoniidæ FLEMING. — Pied en forme de soc, pointu en avant et en arrière, à bord ventral aigu ; appareil byssogène atrophié et sans byssus ; palpes

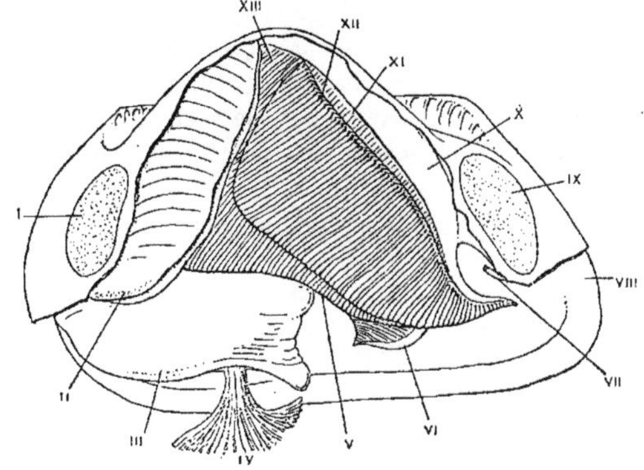

FIG. 115. — *Arca lactea*, vu du côté gauche (le lobe palléal de ce côté, enlevé) grossi, d'après DESHAYES. — I, adducteur antérieur ; II, palpes ; III, pied ; IV, byssus ; V, bord inférieur de la lame interne de la branchie gauche ; VI, branchie droite ; VII, anus ; VIII, manteau ; IX, adducteur postérieur ; X, support branchial ; XI, feuillet direct de la lame branchiale externe ; XII, bord libre du feuillet réfléchi de la lame branchiale externe ; XIII, feuillet direct de la lame branchiale interne.

distinctes des lèvres. — *Trigonia* BRUGUIÈRE : *T. pectinata* LAMARCK, mers d'Australie. Ce genre a été très abondant à l'époque secondaire, surtout dans les mers jurassiques et crétacées.

Mytilacea. — Animaux symétriques ; bords du manteau présentant une seule suture, postérieure ; muscle adducteur antérieur moins développé ; une seule aorte ; branchie à jonctions interfoliaires ; glandes génitales s'étendant dans les deux lobes du manteau et s'ouvrant à côté des reins.

Mytilidæ D'ORBIGNY. — Caractères du sous-ordre. — *Mytilus* LINNÉ, orifice anal sessile : *M. edulis* LINNÉ, Océan Atlantique. — *Modiolaria* LOVÉN, orifice anal à siphon, adducteur antérieur assez fort : *M. marmorata* FORBES, Océan Atlantique et Méditerranée.

PSEUDOLAMELLIBRANCHIA

Dans ces Lamellibranches, le manteau est entièrement ouvert ; le pied est peu développé ; le muscle adducteur postérieur est généralement seul présent ; les oreillettes communiquent entre elles (fig. 101, I) ; les branchies sont plissées et les filaments branchiaux sont pourvus de jonctions interfoliaires conjonctives ou vasculaires ; les glandes génitales débouchent dans les reins ou tout près de leur ouverture.

Aviculidæ SWAINSON. — Appareil byssogène à byssus très fort ; branchies soudées au manteau; orifices rénaux et génitaux voisins. — *Avicula* Klein, cœur accolé à la face ventrale de l'intestin; muscle adducteur postérieur seul présent : *A. tarentina* Lamarck, Océan Atlantique et Méditerranée: c'est une espèce de ce genre, *A. (Meleagrina) margaritifera* Linné, qui fournit les perles. — *Pinna* Linné, cœur encore traversé par l'intestin; un petit adducteur antérieur : *P. pectinata* Linné, Océan Atlantique et Méditerranée. — Les genres *Vulsella* Lamarck, des mers chaudes orientales et *Perna* Bruguière (tropiques) sont voisins des précédents : le premier, toutefois, n'a pas de byssus.

Cette famille est très répandue dans les terrains anciens. — *Avicula*, depuis le Silurien. — *Pterinea* Goldfuss, avec un adducteur antérieur et une échancrure pour le passage du byssus, à la valve droite; éteint (paléozoïque). — *Inoceramus* Sowerby, bord cardinal droit, sans ailettes ou oreillettes, à nombreuses fossettes ligamentaires (du Trias au Crétacé).

Ostreidæ Gray. — Pas de byssus; fixation par la coquille; cœur généralement ventral au rectum; branchies soudées au manteau. — *Ostrea* Linné, pied nul chez l'adulte; fixation par la valve gauche : *O. edulis* Linné, Océan Atlantique, hermaphrodite et cultivée.

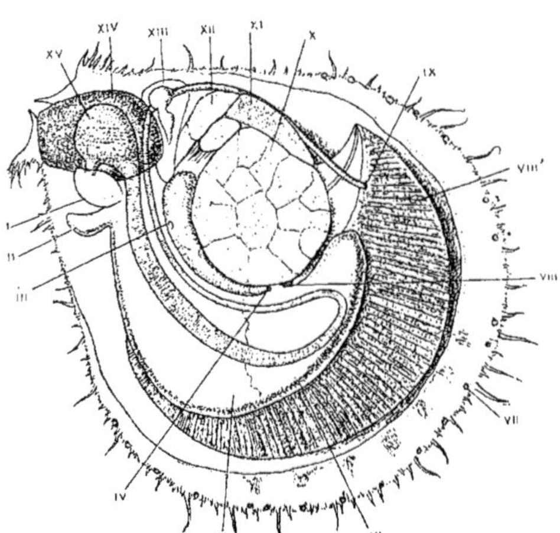

Fig. 116. — *Pecten opercularis*, vu du côté gauche, après l'enlèvement du lobe palléal et de la branchie de ce côté; un peu grossi. — I, palpes; II, pied; III, point où la glande génitale débouche dans le rein; IV, orifice extérieur du rein; V, partie mâle de la glande génitale; VI, partie femelle; VII, œil palléal; VIII, ganglion viscéral; VIII', branchies; IX, anus; X, partie « striée » de l'adducteur; XI, partie lisse du même; XII, rétracteur; XIII, cœur; XIV, foie; XV, estomac.

Pectinidæ Lamarck. — Byssus nul ou peu développé; branchies libres; une duplicature du bord palléal reployée intérieurement (fig. 116); généralement des yeux palléaux (fig. 98). — *Pecten* Lamarck (fig. 116), animal libre, à yeux palléaux, généralement hermaphrodite : *P. opercularis* (Linné), Océan Atlantique et Méditerranée. — *Spondylus* Linné, animal fixé par la valve droite de la coquille; des yeux palléaux; pied à appendice pédonculé : *S. gædéropus* Linné, Méditerranée. — *Lima* Bruguière, animal libre; bords du manteau à longs filaments tentaculaires très nombreux : *L. hians* Gmelin, Océan Atlantique et Méditerranée.

Dimyidæ Fischer. — Animal fixé par une valve et pourvu d'un adducteur antérieur. — *Dimya* Rouault, fossile (tertiaire) et actuel : Antilles.

EULAMELLIBRANCHIA

Dans ces Lamellibranches, il y a toujours une ou plusieurs sutures palléales ; généralement deux muscles adducteurs ; les branchies ont des jonctions interfilamentaires et interfoliaires, toutes vasculaires, les dernières formant, dans l'intérieur des lames, des conduits afférents ; les glandes génitales ont des orifices extérieurs propres.

Cet ordre renferme les sept sous-ordres suivants : *Submytilacea, Tellinacea, Veneracea, Cardiacea, Myacea, Pholadacea et Analinacea.*

Submytilacea. — Manteau généralement bien ouvert, ordinairement à une seule suture et sans siphons (sauf chez *Dreissensia*) ; branchies lisses.

Carditidæ Férussac. — Une seule soudure palléale ; deux lames branchiales ; pied caréné, souvent byssifère ; palpes courtes ; coquille épaisse à côtes rayonnantes. — *Cardita* Bruguière : *C. calyculata* (Linné), Méditerranée.

Astartidæ d'Orbigny et **Crassatellidæ** Gray. — Familles voisines : toutes deux ont une seule soudure palléale et la coquille à côtes concentriques ; mais le ligament, externe chez les premiers, est interne chez les derniers.

Cyprinidæ d'Orbigny. — Deux soudures palléales, c'est-à-dire un orifice anal et un branchial distincts, à orifices papilleux ; pied long et coudé. — *Cyprina* Larmarck, orifice anal saillant ; lame externe de la branchie plus petite que l'autre : *C. islandica* (Linné), Océan Atlantique Nord. — *Isocardia* Lamarck, globuleux, à orifice anal et branchial sessiles, et à lames branchiales sensiblement égales : *I. cor* (Linné), Atlantique et Méditerranée.

Lucinidæ d'Orbigny. — Souvent une seule lame (l'interne) à chaque branchie ; pied ordinairement vermiforme (fig. 117, III), sans byssus ; muscle adducteur antérieur long. — *Lucina* Bruguière, deux sutures palléales ; orifice anal parfois prolongé en siphon ; masse viscérale lisse : *L. lactea* (Linné), Méditerranée. — *Axinus* Sowerby, deux lames branchiales, une seule suture palléale, masse viscérale

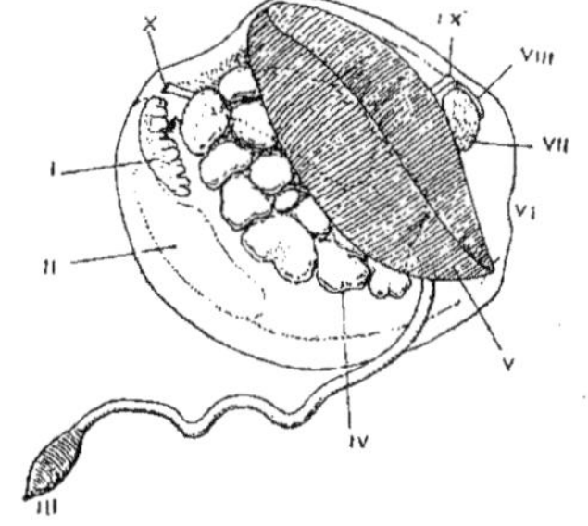

Fig. 117. — *Axinus flexuosus*, vu du côté gauche, grossi. — I, adducteur antérieur ; II, région glandulaire du manteau ; III, extrémité du pied ; IV, saillies des glandes génitales ; V, branchie (lame interne) ; VI, orifice anal ; VII, adducteur postérieur ; VIII, rectum ; IX, rétracteur postérieur du pied ; X, rétracteur antérieur du pied.

arborescente (fig. 117, IV) : *A. flexuosus* Montagu, Océan Atlantique. — *Montacuta* Turton, une lame branchiale, une suture palléale, masse viscérale comme chez *Axinus* : *M. ferruginosa* Montagu, Océan Atlantique. — Les genres voisins *Ungulina* Daudin et *Diplodonta* Bronn ont deux lames branchiales, la masse viscérale unie, le pied vermiforme et respectivement une et deux sutures palléales.

Erycinidæ Deshayes. — Deux lames branchiales ; pied byssifère ou à face ventrale élargie; sexes séparés. — *Kellya* Turton, deux sutures palléales (fig. 92), pied linguiforme : *K. suborbicularis* Montagu, Océan Atlantique. — *Lepton* Turton, une suture palléale, pied à surface reptatoire, bords du manteau pourvus de tentacules : *L. squamosum* Turton, Océan Atlantique. — *Lasæa* Leach, une suture palléale, lame branchiale externe réduite à son feuillet direct (fig. 102, *G*), pied linguiforme, allongé : *L. rubra* Montagu, Océan Atlantique.

Galeommidæ Gray. — Une suture palléale, deux lames branchiales; pied à sillon; manteau réfléchi sur une portion plus ou moins grande de la coquille. — *Galeomma* Turton, coquille bâillante non complètement recouverte, manteau assez ouvert, avec un gros tentacule antérieur impair : *G. Turtoni* Sowerby, Océan Atlantique et Méditerranée. — *Ephippodonta* Tate, coquille interne, Australie. — Les trois genres marins suivants, à coquille interne, sont probablement voisins : *Chlamydoconcha* Dall, sans muscles adducteurs, deux lames branchiales, Californie. — *Scioberetia* Bernard (fig. 94), manteau assez fermé, pied gros à sillon longitudinal; une lame branchiale; hermaphrodite, cap Horn. — *Entovalva* Vœltzkow, manteau assez ouvert, pied à pore postérieur; hermaphrodite et incubateur comme le précédent (fig. 118), parasite interne.

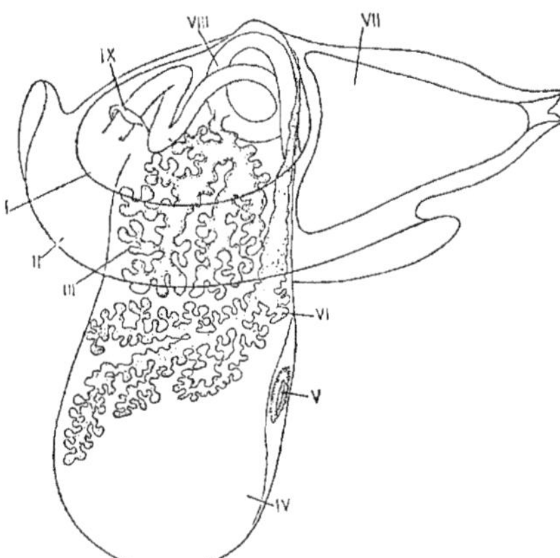

Fig. 118. — *Entovalva*, vu du côté gauche, grossi, d'après Vœltzkow. — I, coquille; II, manteau; III, foie; IV, pied; V, pore; VI, glande hermaphrodite; VII, partie postérieure, incubatrice. du manteau; VIII, intestin; IX, ganglion cérébral.

Cyrenidæ Gray. — Deux lames branchiales; pied non byssifère chez l'adulte; animaux hermaphrodites, incubateurs et fluviatiles. — *Cyclas* Bruguière, deux sutures palléales : *C. cornea* (Linné), Europe (fig. 106 *bis*). — *Pisidium* Pfeiffer, une suture palléale : *P. amnicum* (Linné), Europe.

Unionidæ (Naïades) Fleming. — Orifice pédieux allongé, pas de siphons; pied long, comprimé, sans byssus; animaux d'eau douce, à sexes séparés. — *Anodonta* Lamarck (fig. 119), coquille mince, sans dents à la charnière : *A. cygnæa* (Linné), eaux douces d'Europe. — *Unio* Philippson, coquille épaisse, à charnière dentée, une seule suture palléale, comme chez *Anodonta*: *U. pictorum* (Linné), Europe. — *Mycetopus* d'Orbigny, genre voisin des Anodontes et caractérisé par son pied cylindrique terminé par un renflement (Amérique méridionale). — *Mutela* Scopoli et *Pliodon* Conrad, genres africains, ont deux sutures palléales.

Ætheriidæ Adams. — Cette famille comprend des Lamellibranches fluviatiles, généralement fixés par une valve, sans pied, à une seule suture palléale et à adducteur antérieur très réduit ou nul. — *Ætheria* Lamarck, Afrique.

Dreissensiidæ Gray. — Deux sutures palléales et deux siphons, orifice pédieux court, pied cylindrique à byssus puissant. — *Dreissensia* van Beneden : *D. polymorpha* (Pallas), eaux douces d'Europe.

Tellinacea. — Manteau assez ouvert; siphons bien développés (fig. 95); branchies lisses; pied comprimé, allongé; palpes très grandes.

Tellinidæ Deshayes. — Lame branchiale externe dirigée dorsalement; siphons séparés très allongés. — *Tellina* Linné, asymétrie légère, ligament externe : *T. baltica* Linné, Océan Atlantique. — *Scrobicularia* Schumacher,

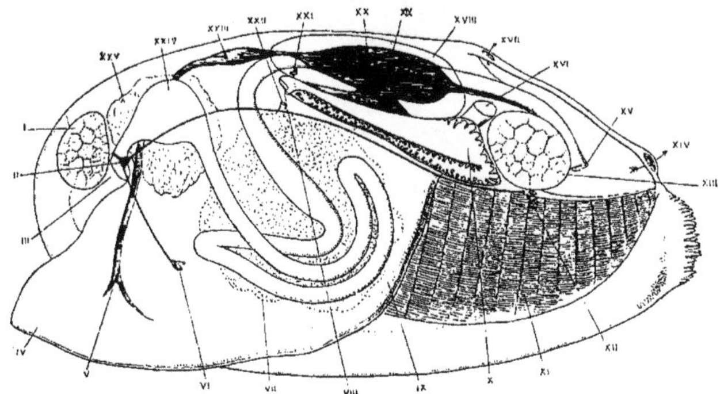

Fig. 119. — *Anodonta*, vu du côté gauche, après enlèvement du manteau et de la branchie de ce côté, schématisé. — I, adducteur antérieur; II, ganglion cérébral; III, bouche; IV, pied; V, artère pédieuse; VI, ganglion pédieux et otocyste; VII, glande génitale; VIII, orifice extérieur du rein; IX, cavité du byssus rudimentaire de *Unio*, rapportée sur la figure de *Anodonta*; X, rein; XI, branchie droite; XII, ganglion viscéral; XIII, adducteur postérieur; XIV, orifice anal; XV, anus; XVI, rétracteur postérieur du pied; XVII, fente palléale dorsale; XVIII, péricarde; XIX, ventricule; XX, oreillette; XXI, orifice réno-péricardique; XXII, orifice génital; XXIII, bulbe artériel; XXIV, estomac; XXV, foie.

ligament à partie interne : *S. piperata* (Gmelin), Atlantique et Méditerranée. Ce genre et différentes autres formes de *Tellinidæ* affectionnent les estuaires.

Donacidæ Fleming. — Lame branchiale externe dirigée ventralement; siphons séparés. — *Donax* Linné, pied grand, aplati; siphon anal le plus long : *D. trunculus* Linné, Océan Atlantique et Méditerranée.

Mactridæ Gray. — Lame branchiale externe dirigée ventralement; pied long, fort et coudé; siphons réunis et plus ou moins entourés d'une gaine « épidermique ». — *Mactra* Linné : *M. stultorum* Linné, Océan Atlantique et Méditerranée.

Veneracea. — Branchies légèrement plissées; pied comprimé, siphons généralement peu allongés.

Veneridæ Gray. — Pied linguiforme; siphons plus ou moins complètement réunis. — *Venus* Linné, palpes très petites, pied allongé, sans byssus : *V. verrucosa* Linné, Océan Atlantique et Méditerranée. — *Tapes* Megerle, palpes allongées, pied pointu, byssifère; siphons partiellement unis : *T. pullaster* Montagu, Océan Atlantique. — *Dosinia* Scopoli, pied large et tronqué, sans

byssus ; siphons longs et soudés sur toute leur longueur : *D. exoleta* LINNÉ
Océan Atlantique et Méditerranée.

. **Petricolidæ** D'ORBIGNY. — Animal perforant, à coquille bâillante et pied
petit. — *Petricola* LAMARCK : *P. lithophaga* LAMARK, Méditerranée.

Cardiacea. — Branchies plissées ; pied cylindroïde, plus ou moins allongé
en général, pas de siphons ; deux adducteurs.

Cardiidæ GRAY. — Pied très long, géniculé, sans byssus fonctionnel : orifices palléaux voisins, à siphons très courts entourés d'un cercle commun de
papilles souvent oculifères. — *Cardium* LINNÉ :
C. edule LINNÉ, Océan Atlantique et Méditerranée.

Tridacnidæ BRODERIP. — Pied court, byssifère ; orifices palléaux écartés ; un seul adducteur (postérieur). — *Tridacna* BRUGUIÈRE (fig.
120) : *T. squamosa* LAMARCK, Océan Indien.

Chamidæ GRAY. — Pied court, sans byssus :
deux adducteurs, coquille fixée, asymétrique :
orifices palléaux écartés. — *Chama* BRUGUIÈRE :
C. gryphoides LINNÉ, Méditerranée. — Les genres fossiles *Diceras* LAMARCK (Jurassique), *Mono-
pleura* MATHERON (Crétacé) et *Caprina* d'ORBI-
GNY (Crétacé) sont voisins.

Rudistidæ BRODERIP. — Famille éteinte qui
doit se placer ici. Ces animaux étaient fixés par
la valve droite, conique et allongée, et dépourvus
de ligament ; les muscles adducteurs n'étaient
pas insérés perpendiculairement à la surface de
séparation des deux valves ; la valve gauche,
non spiralée, présente des apophyses myopho-
res, sur la face externe desquelles s'attachaient

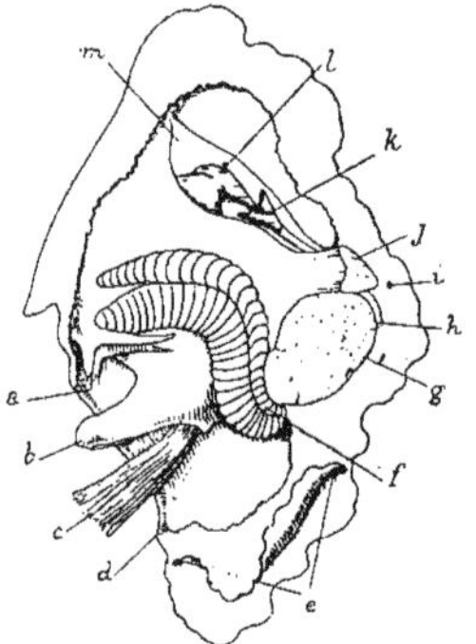

FIG. 120. — *Tridacna*, vu du côté gauche,
le manteau enlevé presque totalement, de
ce côté. — *a*, bouche ; *b*, pied ; *c*, byssus
en avant duquel est le sillon du byssus ;
d, extrémité postérieure de l'ouverture
pédieuse du manteau ; *e*, orifice branchial
du manteau ; *f*, branchie ; *g*, muscle adducteur ; *h*, anus et rectum, supposés
visibles par transparence, au travers du
manteau ; *i*, orifice anal du manteau ;
j, muscle rétracteur postérieur du pied ;
k, bulbe aortique ; *l*, ventricule du cœur ;
m, péricarde.

les muscles : cette valve était mobile seulement dans le sens vertical. — *Hip-
purites* LAMARCK, valve droite avec trois sillons longitudinaux ; du Crétacé.
— *Radiolites* LAMARCK, valve droite sans plis longitudinaux ; du Crétacé.

Myacea. — Branchies très plissées ; pied comprimé, plus ou moins réduit ;
orifice pédieux du manteau généralement petit ; siphons bien développés.

Psammobiidæ DESHAYES. — Siphons séparés et allongés : pied assez grand,
aplati latéralement et pointu. — *Psammobia* LAMARCK : *P. vespertina* CHEMNITZ,
Méditerranée.

Myidæ GRAY. — Siphons allongés, réunis, à gaine chitineuse ; pied réduit,
sans byssus. — *Mya* LINNÉ, pied petit, siphons entourés d'une couronne commune de tentacules : *M. truncata* LINNÉ, Océan Atlantique. — *Lutraria* LA-
MARCK, pied assez grand, un quatrième orifice palléal en arrière du pédicux :
L. oblonga (GMELIN), Océan Atlantique.

Solenidæ LAMARCK. — Pied fort, souvent cylindrique, sans byssus; siphons plus ou moins courts; branchies étroites. — *Solenocurtus* BLAINVILLE, siphons longs, réunis; pied gros, linguiforme : *S. multistriatus* SCACCHI. — *Solen* LINNÉ, orifice anal et branchial sessiles; pied long, cylindrique : *S. vagina* LINNÉ, Océan Atlantique et Méditerranée.

Saxicavidæ GRAY. — Pied petit, byssifère; orifice pédieux très court, siphons presque complètement réunis; branchies prolongées dans le siphon branchial. — *Saxicava* FLEURIAU : *S. rugosa* (LINNÉ), Océan Atlantique.

Gastrochænidæ GRAY. — Pied cylindrique, très petit et sans byssus; manteau très fermé et épais; branchies étroites; coquille bâillante antérieurement. — *Gastrochæna* SPENGLER : *G. dubia* PENNANT, perforant les pierres, Océan Atlantique et Méditerranée.

Pholadacea. — Pied très court, tronqué et discoïde, sans byssus; manteau très fermé; siphons fort longs et unis; coquille bâillante, sans ligament.

Pholadidæ ADAMS. — Organes contenus dans la coquille; une ou plusieurs pièces accessoires. — *Pholas* LINNÉ, pied cylindrique; extrémités terminales des siphons libres sur une petite longueur : *P. dactylus* LINNÉ, Océan Atlantique et Méditerranée. — *Pholadidea* GOODALL, pied rudimentaire, siphons entièrement soudés, coquille allongée, terminée postérieurement par une collerette calcaire entourant la base des siphons : *P. papyracea* TURTON, Océan Atlantique. — *Jouannetia* DESMOULINS, pied rudimentaire, siphons entièrement soudés, coquille globuleuse : *J. Cummingi* SOWERBY, Océan Pacifique.

Teredinidæ FLEMING. — Organes contenus en très grande partie hors de la coquille et dans le siphon branchial; siphons longs, unis, formant une masse siphonale vermiforme, postérieurement pourvue de deux palettes calcaires (fig. 121). — *Teredo* LINNÉ : *T. navalis* LINNÉ, Océan Atlantique et Méditerranée; creuse dans le bois.

FIG. 121. — *Teredo navalis*, vu ventralement. — I, coquille; II, palette; III, siphon anal; IV, siphon branchial; V, masse siphonale, VI, pied.

Anatinacea. — Animaux hermaphrodites; ovaires et testicules à orifices séparés (fig. 107, *e* et *o*); lame branchiale externe dirigée dorsalement et dépourvue de feuillet réfléchi (fig. 102, *J*); manteau souvent très fermé.

Pandoridæ GRAY. — Pied linguiforme, sans byssus; siphons très courts; valves de la coquille asymétriques. — *Pandora* BRUGUIÈRE, libre; pied allongé : *P. inæquivalvis* (LINNÉ), Océan Atlantique et Méditerranée. — *Myochama* STUTCHBURY, fixé par la valve droite, pied petit : *M. anomioides* STUTCHBURY, Australie.

Lyonsiidæ FISCHER. — Pied cylindrique, byssifère; siphons courts. — *Lyonsia* TURTON, papilles aux deux siphons : *L. norvegica* CHEMNITZ, Océan Atlantique et Méditerranée. — *Lyonsiella* SARS, siphon anal sans papilles : *L. abyssicola* SARS, Atlantique boréal.

Anatinidæ Gray. — Pied grêle, aplati, sans byssus; siphons longs; un quatrième orifice palléal. — *Thracia* Blainville, siphons séparés, orifice pédieux allongé : *T. papyracea* Poli (fig. 107), Océan Atlantique et Méditerranée. — *Anatina* Lamarck, siphons réunis, à gaine chitineuse; orifice pédieux

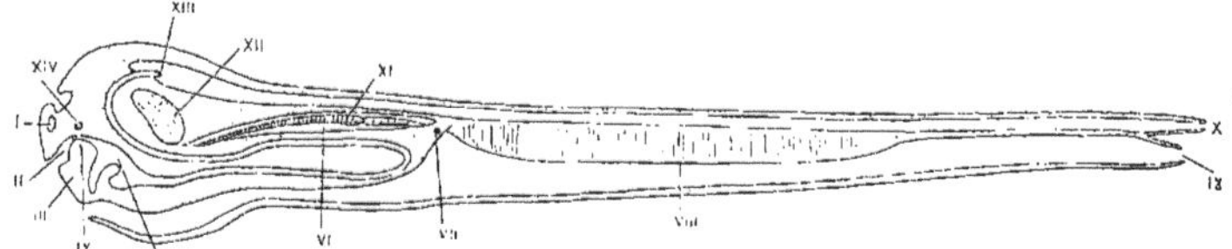

Fig. 122. — *Teredo*, coupe sagittale médiane, en partie d'après Grobben. — I, rudiment d'adducteur antérieur; II, bouche; III, pied; IV, ganglion pédieux; V, estomac; VI, péricarde; VII, ganglion viscéral; VIII, branchie; IX, orifice du siphon branchial; X, ouverture du siphon anal; XI, cœur; XII, adducteur postérieur; XIII, anus; XIV, ganglion cérébral.

étroit, pied très petit, sillonné : *A. subrostrata* Lamarck, Océan Indien. — *Pholadomya* Sowerby, siphons très longs, réunis; pied petit, avec un appendice bifurqué en arrière : *P. candida* Sowerby, Atlantique tropical. Ce genre

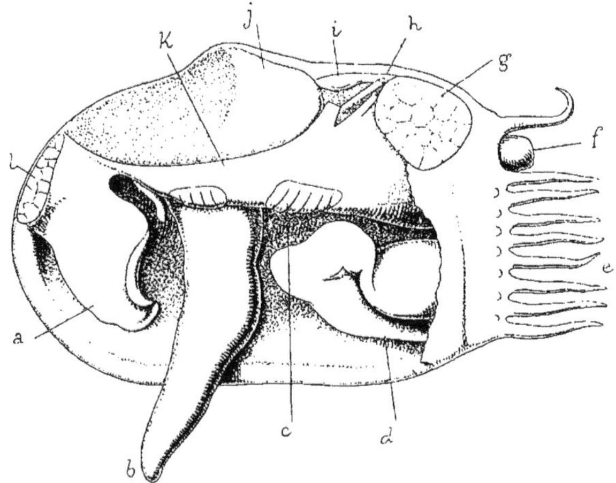

Fig. 123. — *Poromya granulata*, vu du côté gauche, grossi. — *a*, palpe antérieure; *b*, pied; *c*, lamelles; *d*, valvule de l'orifice branchial; *e*, tentacules palléaux; *f*, siphon anal; *g*, adducteur postérieur; *h*, rétracteur postérieur du pied; *i*, cœur; *j*, ovaire; *k*, septum branchial; *l*, adducteur antérieur.

a été très abondant dans les mers secondaires, principalement à l'époque jurassique.

Clavagellidæ d'Orbigny. — Pied très rudimentaire, sans byssus; siphons longs, réunis; valves continuées par un tube calcaire que sécrètent les siphons. — *Clavagella* Lamarck, deux muscles adducteurs assez développés; formes perforantes : *C. balanorum* Scacchi, Méditerranée. — *Aspergillum* Lamarck, adducteur postérieur nul; adducteur antérieur très réduit : *A. javanum* Bruguière. Océan Pacifique.

SEPTIBRANCHIA

Dans ces Lamellibranches, il y a trois sutures palléales, deux siphons plus ou moins allongés et deux muscles adducteurs. Le manteau est assez ouvert. Les branchies sont transformées en un septum musculaire (fig. 103, 1) s'étendant de l'adducteur antérieur à la séparation des deux siphons et entourant le pied, avec lequel il est en continuité (fig. 123, *k*). Ce septum présente des orifices symétriques. Les Septibranches sont tous marins et habitent d'assez grandes profondeurs.

Poromyidæ Dall. — Siphons courts séparés; pied allongé; plusieurs groupes de lamelles séparés par des orifices, sur chaque moitié du septum (fig. 123, *c*); palpes bien développées; hermaphrodites, à ovaires et testicules séparés. — *Poromya* Forbes, deux groupes d'orifices transversaux allongés, séparés par des lamelles, sur chaque moitié du septum : *P. granulata* Nyst, Océan Atlantique et Méditerranée. — *Silenia* Smith, trois groupes d'orifices courts, sur chaque moitié du septum : *S. Sarsi* Smith, sud de l'Atlantique et du Pacifique.

Cuspidariidæ Dall. — Siphons allongés, réunis; pied réduit; palpes rudimentaires ou nulles; septum branchial percé d'orifices isolés, symétriques (fig. 103, v); sexes séparés. — *Cuspidaria* Nardo : *C. cuspidata* Olivi, Océan Atlantique et Méditerranée.

CÉPHALOPODES — CEPHALOPODA

Mollusques symétriques, dont les bords du pied entourent entièrement la tête, sous forme d'appendices péribuccaux et dont l'épipodium forme en arrière de la tête deux lobes libres ou soudés, constituant un entonnoir par lequel sort l'eau de la cavité palléale (fig. 124). — Type : le Poulpe ou Pieuvre (*Octopus vulgaris* LINNÉ).

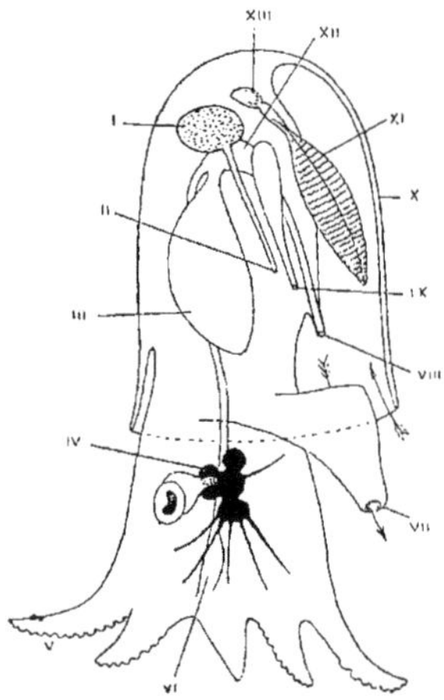

MORPHOLOGIE. — *Conformation extérieure et téguments.* — Par suite du déplacement du pied, dont les bords latéraux entourent la tête et viennent se rejoindre en avant de la bouche, la face ventrale est très raccourcie (fig. 124) et la longueur très réduite; il s'ensuit que les deux extrémités du tube digestif sont très rapprochées et que la cavité palléale s'ouvre immédiatement en arrière de la tête.

La *tête* est fort développée, mais ne présente guère d'autres appendices que ceux formés par le pied qui l'embrasse. Certains Œgopsides (*Taonius Suhmi* et les embryons d'une forme voisine : « embryon de Grenacher ») présentent seuls des yeux pédonculés. Chez *Nautilus*, ces organes sont aussi un peu saillants (fig. 147, *a*), et il y a, en outre, deux tentacules céphaliques de chaque côté, l'un en avant, l'autre en arrière de l'œil.

FIG. 124. — Schème de l'organisation d'un Céphalopode, dans sa position morphologique, vu du côté gauche. — I, glande génitale; II, orifice génital; III, foie; IV, centres nerveux et œil; V, bras; VI, bulbe buccal; VII, entonnoir, VIII, anus; IX, orifice rénal; X, manteau; XI, branchie; XII, estomac; XIII, cœur.

Le *pied* forme, autour de la bouche, une couronne d'appendices peu découpée dans *Nautilus*, beaucoup plus dans les Dibranches, où ces organes constituent quatre ou cinq paires symétriques, généralement assez allongées (fig. 143, 149, 151). Les lobes pédieux péribuccaux de *Nautilus* portent de nombreux tentacules rétractiles dans des gaines (fig. 147 *m*); les appendices ou « bras » des Dibranches portent, à leur face ventrale, des ventouses de structure très spécialisée (fig. 149). Ces bras sont au nombre de huit, de conformation analogue, dans les Octopodes, où ils sont les plus longs, et les Décapodes;

mais ces derniers en possèdent encore deux autres, postérieurement (bras tentaculaires), plus longs et plus grêles que les huit autres. Ces deux bras tentaculaires ne portent généralement de ventouses que vers leur extrémité libre (fig. 148, *g*); en outre, ils sont rétractiles plus ou moins complètement, dans des poches spéciales (entièrement : *Sepia*, *Sepiola*, *Rossia*; en partie : *Loligo*; très peu : la plupart des OEgopsides).

Plusieurs des huit bras proprement dits, ou même tous, peuvent être réunis par une membrane interbranchiale : *Tremoclopus* (les quatre dorsaux), *Histioteuthis* (les six dorsaux) (fig. 150) et surtout *Alloposus* et *Cirroteuthis* (fig. 150), où les huit bras sont réunis sur toute leur longueur par cette membrane. D'autre part, les deux bras dorsaux d'*Argonauta* sont élargis en forme de voile (fig. 151), pouvant s'appliquer contre le manteau et y sécréter une coquille calcaire protectrice. Enfin, dans beaucoup de cas, un bras du mâle est modifié pour servir d'organe d'accouplement, parfois détachable (c'est l'*hectocotyle*, dont nous reparlerons plus loin, à propos du système reproducteur).

On observe une réduction notable des bras, et particulièrement des dorsaux, dans certains *Cranchiidæ* et *Chiroteuthidæ*, et surtout des bras tentaculaires, dans divers OEgopsides, où il n'en reste que des moignons presque nuls : *Leachia*, *Chaunoteuthis*, *Veranya* (adulte, les jeunes ayant encore de petits bras tentaculaires).

Les ventouses sont pédonculées dans les Décapodes, le pédoncule étant axial ou latéral, et sessiles chez les Octopodes (fig. 125). Elles sont groupées le long de la face interne ou buccale des bras, en série généralement double, mais simple chez *Eledone* et *Cirroteuthis* (fig. 150) ; parfois elles se trouvent sur plus de deux rangs : chez *Spirula*, *Gonatus*, *Dosidicus*, *Tritaxeopus*, *Ctenopteryx* (trois paires dorsales), *Sepia*.

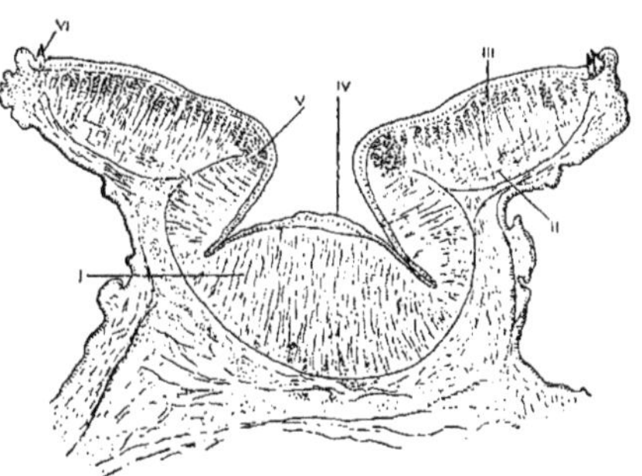

Fig. 125. — Coupe axiale d'une ventouse d'*Argonauta* grossie, d'après Niemiec. — I, fibres musculaires rétractrices du fond ; II, fibres musculaires rayonnantes ; III, fibres musculaires circulaires ; IV, fond de la cavité de la ventouse ; V, sphincter ; VI, denticule du bord.

Chaque ventouse est constituée par une surface d'application annulaire, au milieu de laquelle est une cavité centrale dont la capacité peut augmenter par la rétraction de son fond. Celui-ci est pourvu de fibres musculaires perpendiculaires (fig. 125, ɪ), dont la contraction produit la succion sur la proie ou sur tout autre objet. Des fibres rayonnantes (fig. 125, ɪɪ) augmentent, par leur action, l'adhérence de la surface annulaire, qui est surtout assurée par les propres rugosités cuticulaires de cette dernière, simples petites saillies chez les Octopodes, anneau chitineux complet, pourvu de denticules très saillants, chez les Décapodes. Dans certains de ces derniers, une dent de l'anneau est devenue prépondérante et très grande : la ventouse est ainsi transformée en un organe à crochet; mais chez *Onychoteuthis*, il y a encore

de véritables ventouses, tandis que dans *Veranya*, les ventouses ne sont plus
que la base des crochets, sur le bras de l'adulte. Chez *Cirroteuthis*, il y a sur
chaque bras, outre la rangée de ventouses, des filaments tentaculaires alternant, de chaque côté, avec les ventouses (fig. 150).

L'entonnoir est un épipodium très spécialisé, dont on peut bien reconnaître
la nature dans les embryons (fig. 126, *d'*) : on y voit cet organe situé latéralement et postérieurement, entre le man-
teau et le pied. Originairement, il est
formé de deux lobes latéraux symétriques, se recouvrant (*Nautilus*, fig. 147,
l) ; ailleurs (Dibranches), ces deux lobes se sont soudés, pendant le développement, et ont constitué un tube
complet, faisant saillie hors de la cavité palléale (fig. 124, vii ; fig. 146, *b* ;
fig. 150, i ; fig. 151, i) : par ce tube sont
rejetés l'eau, les excréments, le produit
de la poche à encre et les produits
sexuels. L'entonnoir est souvent pourvu
intérieurement, sur sa face antérieure
ou « dorsale », d'une valvule plus ou

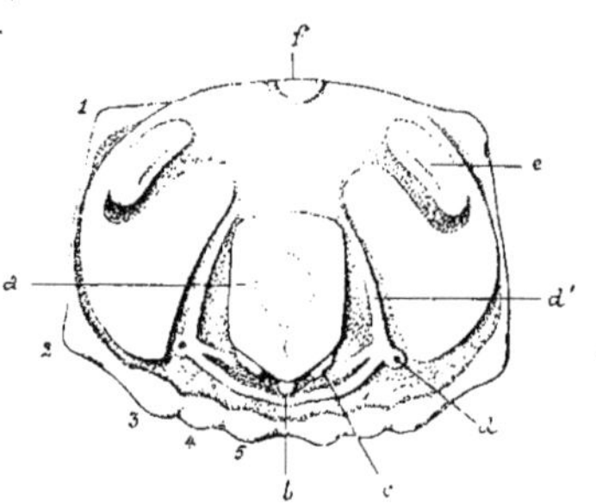

Fig. 126. — Jeune embryon de *Sepia*, sur son vitellus,
vu dorsalement, grossi 10 fois environ ; d'après Vial-
leton : *a*, manteau ; *b*, anus ; *c*, branchie ; *d*, otocyste ;
d', épipodium (entonnoir) ; *e*, œil ; *f*, bouche ; 1, 2, 3,
4, 5, saillies des bords du pied, ou bras.

moins grande : *Nautilidæ* et la plupart des Décapodes ; cet organe manque
dans *Leachia* (Œgopside) et les Octopodes. En outre, la paroi interne de l'entonnoir présente encore, dans les Céphalopodes, une saillie épithéliale de
forme variable, constituant une glande muqueuse (organe de Müller).

Il existe, de chaque côté, des faisceaux musculaires puissants, prenant
origine sur la masse céphalo-pédieuse et sur les bords de l'entonnoir, se
réunissant et s'insérant symétriquement sur les côtés de la coquille : intérieurement chez *Nautilus*, extérieurement chez les Dibranches (sur les bords
de la dernière loge, dans *Spirula*). D'autres faisceaux musculaires différenciés se présentent encore et sont dus surtout à la spécialisation de l'entonnoir.

Le *manteau* constitue un sac en forme de cloche, dont le bord est libre
(fig. 124, x) sur tout son pourtour chez les Décapodes, sauf chez *Sepiola* où
il est soudé à la tête, antérieurement, sur la ligne médiane ; dans les Octopodes,
il est également soudé à la tête, antérieurement et latéralement, de sorte que
l'ouverture palléale y est très réduite, surtout chez *Cirroteuthis* (fig. 150, iii).
En outre, dans *Amphitretus*, le bord du manteau est uni ventralement à l'entonnoir, laissant, de chaque côté, une ouverture dans la cavité palléale ; mais
partout ailleurs, l'entonnoir est indépendant du manteau.

Dans les Décapodes, afin de mieux faire adhérer le manteau à l'entonnoir,
pendant que ce dernier expulse l'eau respiratoire, les bords libres du manteau portent de chaque côté une saillie cartilagineuse qui s'engage dans
un creux correspondant de l'entonnoir ; c'est ce qui constitue l'appareil de
résistance. Chez certains Œgopsides (*Cranchia*, *Leachia*) et chez les Octopodes,

cet appareil est très peu développé ou nul, par suite de son inutilité : *Cirro-leuthis* (fig. 150).

La cavité palléale, ouverte en arrière de la tête (fig. 124), s'étend jusque vers le sommet du dos (sauf dans *Nautilus* et *Spirula*, où elle est moins profonde) : elle renferme les branchies, les orifices anal, rénaux et génitaux (fig. 124, ii, viii, ix, xi; fig. 147, *b, c, e, j*). Dans certaines formes, elle est longitudinalement divisée par une jonction musculaire, naissant de part et d'autre de l'anus, entre le manteau et la masse viscérale; tel est le cas chez les formes très littorales à sac palléal court : *Sepiola*, Octopodes.

Le manteau est un organe très musculaire, qui joue, par ses contractions, un double rôle. Il aide à la respiration, en aspirant et chassant alternativement et régulièrement l'eau, qui pénètre dans la cavité palléale, entre l'entonnoir fermé et le bord du manteau; il joue le même rôle dans la locomotion en expulsant violemment cette eau par l'entonnoir, ce qui produit un brusque mouvement de recul en sens opposé. Le nombre des mouvements respiratoires du manteau est variable et généralement plus grand dans les Décapodes que chez les Octopodes.

Le manteau n'est recouvert par une coquille que chez les Tétrabranches (*Nautilus*), où un petit lobe dorsal antérieur s'étend cependant déjà sur elle; sur la paroi intérieure de cette coquille s'insèrent latéralement et symétriquement les muscles rétracteurs de la tête et du pied. Partout ailleurs, il recouvre la coquille (au moins partiellement : *Spirula*, fig. 148), qui est alors intérieure, souvent rudimentaire (généralité des Décapodes) ou nulle (tous les Octopodes probablement).

La coquille des *Nautilidæ* vivants et fossiles, des *Ammonitidæ*, de *Spirula* et de divers Dibranches fossiles (*Belemnitidæ*, *Spirulirostra*, etc.) est pourvue de cloisons intérieures, perpendiculaires à l'axe d'enroulement; la dernière des loges ainsi formées est seule occupée par l'animal. Cependant celui-ci s'étend jusqu'à la partie initiale de la coquille par un prolongement des téguments palléaux, à travers un tube calcaire ou *siphon*, perforant toutes les cloisons.

Au point où le siphon traverse chaque cloison, il est entouré généralement d'un petit repli de celle-ci (*goulot siphonal*). Les loges traversées par le siphon ne communiquent ni entre elles ni avec le siphon; elles sont remplies de gaz et constituent un appareil hydrostatique.

La coquille multiloculaire externe est droite chez divers *Nautilidæ* paléozoïques (*Orthoceras*); son enroulement est *exogastrique*, c'est-à-dire dirigé vers le dos, dans *Nautilus*; elle s'est enroulée en sens inverse (*endogastrique*) chez *Spirula*, où elle est déjà en grande partie interne (fig. 148, D). Encore partiellement enroulée, ou droite, elle est devenue interne dans certains Dibranches fossiles (*Belemnitidæ*, *Spirulirostra*), où elle constitue le *phragmocône* (fig. 127, i); elle y est alors entourée d'une sécrétion calcaire de la portion réfléchie du manteau. Cette sécrétion calcaire, non homologue à la coquille des autres Mollusques, forme le *rostre* pointu opposé à la tête (fig. 127, ii) et la lame céphalique ou *garde*, du côté antérieur (dorsal) : de sorte qu'il y a, dans la coquille de ces Céphalopodes, quelque chose de plus que dans celle des autres Mollusques.

Chez les Dibranches actuels, à l'exception de *Spirula*, le phragmocône et le rostre de cette coquille interne sont devenus très rudimentaires, par exemple, chez *Sepia*, où la coquille est stratifiée et alvéolaire. Elle est essentiellement constituée par la garde antéro-dorsale, où s'insèrent les muscles rétracteurs de la masse céphalo-pédieuse; la calcification de cette garde ne se fait plus et la coquille reste à l'état de plume ou *gladius* chitineux, dans les Œgo-

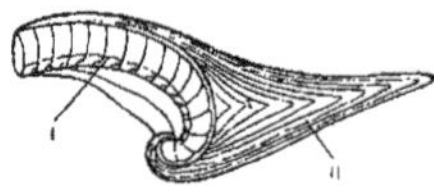

Fig. 127. — Coupe sagittale de *Spirulirostra*, d'après D'Orbigny. — I, phragmocône; II, rostre.

psides, dans les *Loliginidæ* et *Sepiolidæ* : chez ces derniers, elle est même très réduite et ne s'étend plus que sur la moitié antérieure du corps. Dans *Idiosepius*, la coquille est presque nulle : elle manque entièrement chez certains *Sepiolidæ* et formes voisines (*Stoloteuthis*, *Inioteuthis*, *Sepioloidea* et *Sepiadarium*). Chez les Octopodes, il n'y a plus de coquille interne, et les muscles rétracteurs de la tête et de l'entonnoir s'insèrent sur des épaississements conjonctifs (stylets latéraux d'*Octopus*).

La femelle d'*Argonauta* porte une coquille externe secondaire, entourant le manteau et formée, après l'éclosion seulement, par l'extrémité palmée des deux bras dorsaux; l'animal n'est pas fixé à cette coquille.

Dans la plupart des Céphalopodes à coquille interne (Décapodes) et chez *Cirroteuthis* (fig. 150), des expansions latérales symétriques du manteau constituent des nageoires de forme et de situation variées. Ces organes naissent à l'extrémité postérieure du manteau (fig. 128, *b*), sous forme de deux saillies triangulaires ou arrondies; elles y restent, chez l'adulte, dans la majorité des Œgopsides (*Spirula*, fig. 148), en s'étendant toutefois un peu en avant (*Ommatostrephes*, fig. 149), de même que chez *Loligo*; chez *Ctenopteryx*, elles sont pectinées, c'est-à-dire formées d'une mince membrane soutenue par des filaments musculaires. Dans *Sepioteuthis*, elles s'étendent sur toute la longueur du manteau, ainsi que chez *Sepia*, où elles se rétrécissent, de

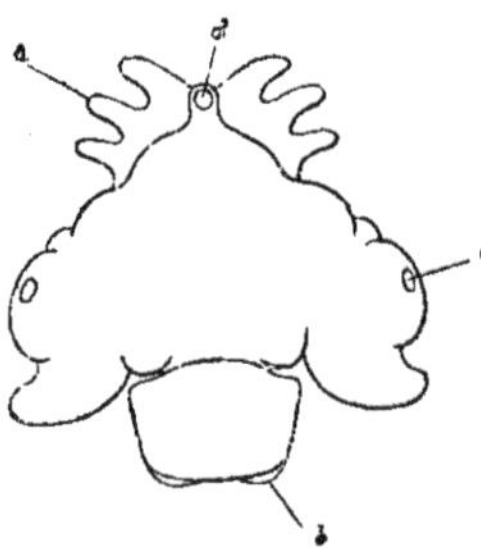

Fig. 128. — Embryon de *Sepia*, vu dorsalement, grossi. — *a*, bras; *b*, nageoire; *c*, œil; *d*, bouche.

façon à avoir une largeur uniforme (fig. 146, *c*). D'autre part, elles quittent l'extrémité postérieure, pour se localiser à mi-corps (*Sepiola*); enfin elles sont presque antérieures chez *Cirroteuthis* (fig. 150, II).

Dans l'épaisseur des téguments, le tissu conjonctif est souvent condensé en un cartilage de structure analogue à celle du cartilage des Vertébrés et caractérisé par les prolongements ramifiés de ses cellules. Il est surtout développé dans la tête, où il entoure complètement le système nerveux central et les otocystes, chez les Dibranches (fig. 129), et y est traversé par l'œsophage. Il présente parfois des expansions partielles antérieures, autour du globe de l'œil (*Sepia*). Chez *Nautilus*, il supporte seulement la partie ventrale des centres

nerveux. Des muscles, notamment les rétracteurs de la tête, prennent origine
sur ce cartilage « crânien ». D'autres pièces cartilagineuses existent encore à
la base des nageoires, en forme de lames allongées
(*Loligo, Sepia,* etc.), à la nuque : cartilage nuchal,
lame médiane plus ou moins épaisse, située en avant,
au dos de la tête, dans tous les Dibranches sans soudure du manteau à la tête (manque donc à *Sepiola* et
aux Octopodes) : les muscles latéraux de l'entonnoir
s'y insèrent. Il s'en trouve aussi à l'extrémité intérieure des rétracteurs de la tête et de l'entonnoir.
Chez les Décapodes, il y a parfois un cartilage découpé, à la base des bras, au côté antérieur (dorsal) de la tête, relié au cartilage crânien (*Sepia*).
Enfin l'appareil de résistance du manteau est

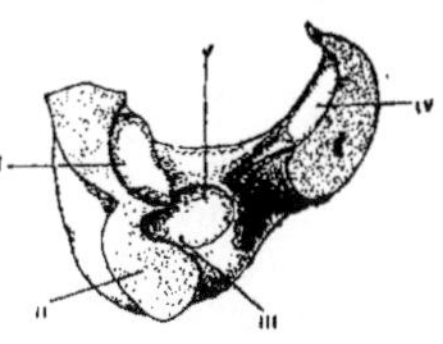

Fig. 129. — Cartilage céphalique de
Loligo, coupé par le plan sagittal,
moitié droite vue du côté gauche.
— I, fossette des centres pédieux ;
II, surface de section ; III, trou du
nerf palléal ; IV, fossette des centres cérébraux ; V, fossette des
ganglions pleuro-viscéraux.

constitué de boutons et de fossettes cartilagineuses sous-épithéliales.

Les téguments renferment aussi, sous l'épithélium, au moins dans les
Dibranches, des chromatophores ou cellules pigmentées extensibles, dont
l'activité produit les changements de coloration si remarquables de ces
animaux. Ces chromatophores sont des cellules d'origine ectodermique,
enfoncées sous l'épithélium et sur lesquelles s'attachent alors des fibres mésodermiques rayonnantes et contractiles. Leur pigment est de couleur différente
suivant les cellules : chez les Décapodes, il est rouge, bleu, jaune, brun.
Toujours en mouvement de trémulation, il peut s'étendre sous l'influence
d'émotions et de sensations, ou bien, par la volonté de l'animal, prendre un
état déterminé de contraction ou d'extension, pour produire une teinte
analogue à celle du fond ou des corps environnants.

Dans ce dernier cas, l'action des chromatophores est directement placée
sous l'influence du système nerveux central, et la section d'un nerf optique
annule les changements volontaires de coloration du côté correspondant. Les
chromatophores sont surtout répandus à la surface antérieure (supérieure
dans la position naturelle), sur le manteau, la tête et la face externe des bras.
Il y a aussi, chez les Décapodes, une couche de cellules miroitantes qui
donnent à ces animaux leur aspect irisé.

On a constaté exceptionnellement, dans *Lepidoteuthis*, forme encore insuffi-
samment connue, mais vraisemblablement Œgopside, que la portion superficielle des téguments forme, au-dessus des chromatophores, des écailles
imbriquées, saillantes et dures, régulièrement disposées.

Enfin, chez certains Œgopsides de la faune pélagique profonde, au moins
chez *Histioteuthis* (fig. 130), *Calliteuthis* et *Histiopsis*, il y a à la surface du corps
des organes lumineux, tous orientés vers l'extrémité céphalique ; ces appareils
sont essentiellement constitués par une couche photogène profonde (fig. 131, *e*)
et par des parties réfringentes superficielles (*d*, *i*).

Les téguments présentent encore, dans plusieurs Dibranches, des cavités
aquifères, sans communication aucune avec le système circulatoire, et s'ouvrant extérieurement par des pores spéciaux. Outre les poches des bras tenta-

culaires des Décapodes, il y a des pores céphaliques sur le dos de la tête et à la base de l'entonnoir (*Philonexis*, fig. 145, III); des poches buccales, à la base intérieure de la couronne des bras, au côté ventral (*Loligo* une poche; *Sepia* deux poches, pouvant jouer un rôle accessoire dans la fécondation); des poches dans le manteau (certains *Sepiidæ* exotiques).

Système nerveux et organes des sens. — Chez tous les Céphalopodes, les

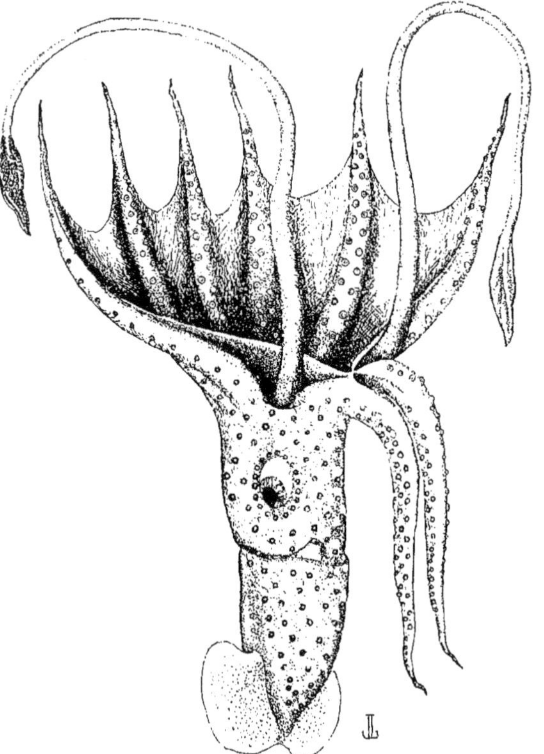

FIG. 130. — *Histioteuthis Bonelliana*, vu du côté droit, un peu ventralement, montrant les organes lumineux répartis sur le manteau, la tête et les bras; d'après JOUBIN.

FIG. 131. — *Histioteuthis Ruppelli*, coupe sagittale d'un appareil lumineux, grossi 20 fois; d'après JOUBIN. — *a*, miroir; *b*, épithélium; *c*, lentille concave-convexe; *d*, lentille biconvexe; *e*, couche photogène; *f*, nerf; *g*, écran noir; *h*, réflecteur; *i*, cône transparent; *j*, chromatophores.

parties essentielles du système nerveux sont centralisées dans la tête, autour de la portion initiale de l'œsophage (fig. 152, 155). Dans les Tétrabranches, la concentration est relativement moindre, chaque paire de centres étant représentée par un demi-anneau ganglionnaire (fig. 152, III, IV, X), un dorsal, cérébral, et deux ventraux, continus avec ce dernier : l'antérieur, pédieux, appuyé sur le cartilage céphalique, et le postérieur, viscéral. L'anneau pédieux innerve l'entonnoir et les appendices péribuccaux; le viscéral donne au manteau et aux viscères des nerfs dont la distribution est analogue à celle qui existe chez les Dibranches; et le cérébral envoie des nerfs aux yeux, otocystes, tentacules, lèvres, etc., et donne aussi une commissure stomato-gastrique, entourant ventralement l'œsophage, immédiatement en arrière du bulbe buccal; cette commissure montre, sur chaque côté, un ganglion pharyngien latéral et un ganglion buccal.

Dans les Dibranches, la masse cérébrale est extérieurement presque indivise, surtout chez les Octopodes (fig. 135); elle se trouve contenue dans la capsule cartilagineuse céphalique (fig. 129), de sorte que beaucoup de nerfs traversent celle-ci, notamment le nerf palléal (fig. 129, II); latéralement, la masse cérébrale donne les gros nerfs optiques, renflés chacun en un énorme ganglion, plus gros que la masse entière du cerveau (fig. 134, c).

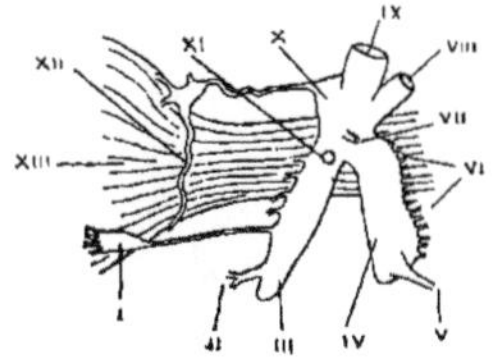

FIG. 132. — Système nerveux central de *Nautilus* femelle, vu du côté gauche; d'après VALENCIENNES. — I, ramification du nerf du lobe ventral inférieur; II, nerf de l'entonnoir; III, ganglion pédieux; IV, ganglion viscéral; V, nerf viscéral; VI, nerfs palléaux; VII, nerfs tentaculaires; VIII, nerf olfactif; IX, nerf optique; X, ganglion cérébral; XI, otocyste; XII, commissure stomato-gastrique; XIII, bulbe buccal.

Le centre cérébral proprement dit, d'apparence extérieurement impair (fig. 134, o), est transversalement divisé, chez les Décapodes, en une petite masse antérieure (fig. 133, n) et une masse principale, postérieure, très écartée de la première dans *Ommatostrephes* (fig. 133, l), moins dans *Sepiola* et *Loligo*, peu dans *Sepia* : ces deux parties sont réunies par deux minces connectifs, parfois fusionnés sur une certaine étendue (fig. 134); chez les Octopodes, ces deux portions des centres cérébraux sont entièrement concentrées, séparées seulement par un simple sillon transversal (fig. 135, a), la masse postérieure présentant elle-même six sillons longitudinaux parallèles. La partie antérieure des centres cérébraux donne naissance à la commissure stomato-gastrique (fig. 133, m; fig. 134, a), et à une paire de connectifs cérébro-brachiaux (fig. 133 et 134).

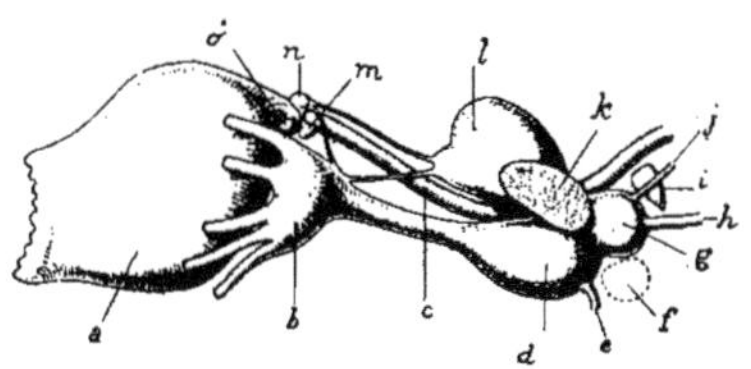

FIG. 133. — Système nerveux central d'*Ommatostrephes*, vu du côté gauche, grossi. — a, bulbe buccal; b, ganglion brachial; c, œsophage; d, ganglion pédieux; e, nerf de l'entonnoir; f, place de l'otocyste; g, ganglions pleuro-viscéraux; h, nerf viscéral; i, glande salivaire dite postérieure; j, nerf palléal; k, nerf optique coupé; l, ganglion cérébral; m, ganglion stomato-gastrique; n, partie antérieure du ganglion cérébral; o, glande salivaire dite antérieure.

La masse nerveuse ventrale ou sous-œsophagienne comprend essentiellement les centres pédieux et viscéraux, étroitement réunis, et seulement séparés sur la ligne médiane pour le passage d'un tronc aortique (comme dans divers Gastropodes), ce tronc passant au dos des ganglions viscéraux et au côté ventral des centres pédieux. Ces derniers sont transversalement segmentés en deux paires : antérieure ou brachiale, et postérieure ou pédieuse proprement dite (fig. 133, b et d). Leur séparation est au maximum dans les Œgopsides (*Ommatostrephes* : fig. 133, 134), dans *Loligo* et *Sepiola*, moindre dans *Sepia*. Chez tous ces Décapodes, les centres brachiaux se divisent antérieurement en dix gros nerfs pour les bras, anastomosés entre eux à la base de ces derniers. Dans les Octopodes, les centres brachiaux et pédieux sont beaucoup plus rapprochés (fig. 135, *e*, *f*), et les premiers ne donnent nécessairement que huit gros nerfs ; ces centres brachiaux s'étendent (avec les bras qu'ils innervent) latéralement autour de l'œsophage, et même, dans les Octopodes, se rapprochent dorsalement, au point d'y être réunis par une mince commissure supra-œsophagienne. Les centres pédieux proprement dits innervent principalement l'entonnoir ; ils envoient néanmoins des fibres aux nerfs brachiaux ; avec les ganglions brachiaux, ils président aux fonctions locomotrices.

Sur les côtés de la masse nerveuse sous-œsophagienne postérieure, sont les centres pleuraux, invisibles extérieurement et dont sortent les gros nerfs palléaux (fig. 154, *m*). Ventralement, sont les centres viscéraux, qui donnent essentiellement les gros nerfs viscéraux, plus ou moins fusionnés à leur naissance (fig. 154, *n*). Des centres secondaires se trouvent sur les nerfs palléaux : ganglions palléaux (ou « étoilés »), sur la paroi intérieure du manteau, vers le bord dorsal (fig. 154, *f*) ; ils sont commissurés au dos de l'œsophage dans les Œgopsides (*Spirula*, *Ommastrephes*, *Onychoteuthis*, *Enoploteuthis*, *Gonatus*, *Veranya*, *Thysanoteuthis*) et *Loligo*. Il y a également des centres secondaires sur les nerfs viscéraux, notamment à la naissance du nerf branchial (fig. 154, *h*).

Le système nerveux stomato-gastrique est composé d'une paire de ganglions accolés, situés sous l'œsophage, immédiatement en arrière du bulbe buccal (fig. 134, *a*) ; ils sont reliés aux centres cérébraux (masse antérieure chez les Décapodes), par un connectif et donnent des nerfs au tube digestif, jusqu'à l'estomac, sur lequel ils forment un gros ganglion (*j*) dont un filet s'anastomose avec un nerf viscéral (fig. 134, *i*).

La structure des centres nerveux est pareille à celle des mêmes organes chez les autres Mollusques : une couche superficielle de cellules ganglionnaires, continue et épaisse, cache les centres ganglionnaires véritables, constitués par la « substance ponctuée » ou reticulum fibrillaire que forment les terminaisons des fibres nerveuses centripètes et les prolongements des cellules ganglionnaires. Ces centres sont reliés entre eux par des connectifs fibrillaires : cérébro-pédieux et

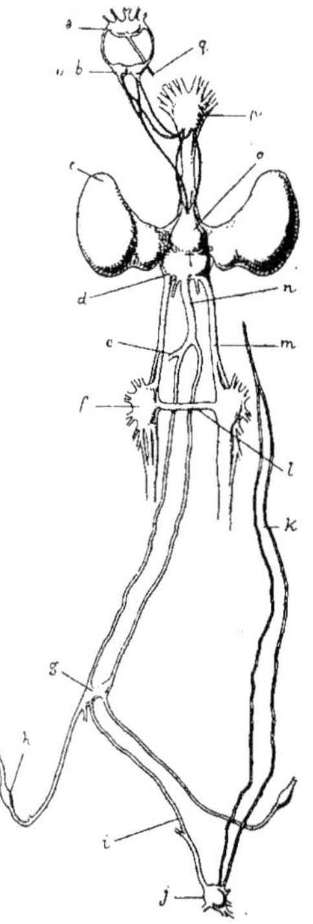

Fig. 134. — Système nerveux central d'*Ommatostrephes*, vu dorsalement, d'après Hancock. — *a*, ganglion stomato-gastrique ; *b*, partie antérieure des ganglions cérébraux ; *c*, ganglion optique ; *d*, ganglion viscéral ; *e*, nerf rectal ; *f*, ganglion palléal (« étoilé ») ; *g*, ganglion commissural des nerfs viscéraux ; *h*, ganglion branchial ; *i*, anastomose viscéro-stomato-gastrique ; *j*, ganglion stomacal ; *k*, nerfs œsophagiens stomatogastriques ; *l*, commissure des ganglions palléaux ; *m*, nerf palléal ; *n*, nerf viscéral ; *o*, ganglion cérébral sous lequel une sonde indique le passage de l'œsophage et du nerf stomato-gastrique, de *q* à *k* ; *p*, ganglion brachial (« patte d'oie ») ; *q*, nerf œsophagien stomatogastrique.

cérébro-brachial, cérébro-pleural, pleuro-pédieux, pleuro-brachial (long) et pleuro-viscéral (court) (fig. 155, *c*, *d*, *g*, *j*).

Organes des sens. — La sensibilité tactile est plus particulièrement localisée dans les bras des Dibranches et les tentacules des Tétrabranches.

Tous les Céphalopodes ont, dans le voisinage de l'œil, au côté ventral de celui-ci, un organe olfactif constitué par une saillie (*Chiroteuthis, Doratopsis, Ctenopteryx*), par un tubercule creusé d'une cavité (*Nautilus*), mais le plus généralement par une simple fossette plus ou moins profonde (la plupart de Dibranches : *Sepia*, fig. 146, *d*). Dans l'épithélium de cet appareil, se trouvent de nombreuses cellules sensorielles ; le nerf qui aboutit à cet organe provient du lobe frontal supérieur du ganglion cérébral (fig. 155, *a*) : il est confondu d'abord avec le nerf optique et paraît sortir de celui-ci à côté d'un petit tubercule situé sur ce nerf (fig. 134), mais il n'en reçoit aucune fibre.

Chez *Nautilus*, la papille interbranchiale (fig. 147, *d*) recouvre une région sensorielle innervée par des fibres du nerf branchial : cette région constitue l'osphradium de la branchie antérieure. La papille postanale (fig. 147, *g*) paraît être la partie correspondante de la paire d'osphradies fusionnés des branchies postérieures. Chez les Dibranches, le ganglion branchial (fig. 134, *h*) occupe une situation analogue à celle du ganglion osphradial des Gastropodes et Lamellibranches, mais il n'est pas recouvert par une région

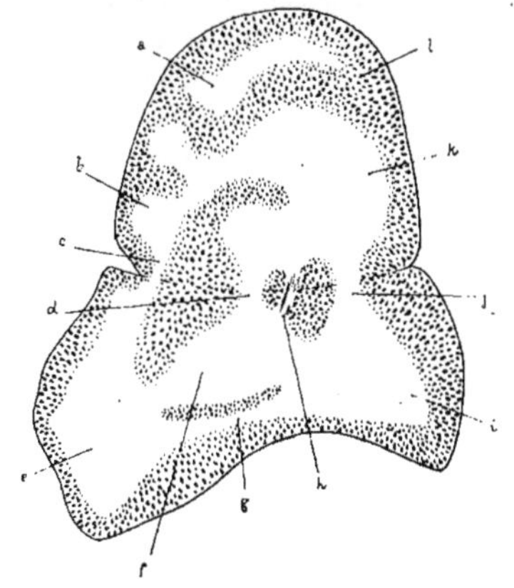

Fig. 135. — Coupe sagittale, un peu latérale, du « cerveau » de *Octopus*, grossi. — *a*, lobe frontal supérieur du ganglion cérébral ; *b*, partie antérieure du ganglion cérébral ; *c*, connectif cérébro-brachial ; *d*, connectif cérébro-pédieux ; *e*, ganglion brachial ; *f*, ganglion pédieux ; *g*, connectif pleuro-brachial ; *h*, nerf otocystique ; *i*, ganglion pleural ; *j*, connectif cérébro-pleural ; *k*, ganglion cérébral, masse principale ; *l*, couche corticale, cellulaire, des centres nerveux.

sensorielle de l'épithélium : l'osphradium y est peut-être rendu inutile par la position de la fossette olfactive vers l'ouverture de la cavité palléale (fig. 146, *d*).

Les *otocystes* sont deux cavités situées, dans *Nautilus*, sur les côtés des centres pédieux (fig. 132, xi) et appuyées sur le cartilage céphalique. Elles sont placées ventralement, entre les ganglions pédieux et viscéraux (fig. 133, *f*), dans les Dibranches, où elles sont entièrement contenues dans le cartilage cranien, accolées l'une à l'autre, et séparées seulement par une cloison. Chaque otocyste renferme de nombreuses otoconies chez *Nautilus*, et un gros otolithe, généralement aplati et pourvu de crêtes, dans les Dibranches (non calcifié chez *Eledone*). La cavité de chaque otocyste est continuée par un petit canal cilié s'enfonçant dans le cartilage et se terminant en cæcum, reste de la communication de l'organe avec le dehors, pendant le développement embryonnaire. Chez les Dibranches, la paroi intérieure des otocystes n'est pas unie, mais présente de fortes saillies, laissant des sillons entre elles (Décapodes). L'épithélium sensoriel est localisé à la partie antérieure de l'organe et constitue une plaque ou tache acoustique, à laquelle aboutit, ainsi qu'à une crête latérale, la partie essentielle du nerf otocystique ; celui-ci naît du ganglion cérébral et traverse obliquement le centre pédieux (fig. 155, *h*).

Les *yeux* sont toujours situés sur les côtés de la tête et généralement sessiles. Dans *Nautilus*, ils sont constitués par une cavité ouverte, à petit orifice (fig. 147, *a*), à paroi intérieure rétinienne, entièrement pigmentée, et sans appareil réfringent. Dans les Dibranches, le globe oculaire est appuyé sur le cartilage céphalique, parfois dans une orbite plus ou moins incomplète, formée par une expansion aliforme du cartilage (*Sepia*), et il présente un très gros ganglion optique (fig. 134, *c*). La cavité ocu-

laire y est fermée, comme chez la majorité des Gastropodes, et présente les mêmes parties essentielles : rétine, cornée, cristallin, plus des parties accessoires qui en font un organe très parfait.

La rétine occupe le fond de la cavité ; ses bâtonnets sont dirigés vers la lumière. La cornée est située entre les deux segments du cristallin cuticulaire (fig. 136, v, vii, xi), susceptible d'accommodation. Au-dessus de ce dernier, des replis successifs des téguments forment un iris contractile (vi) à pupille circulaire (OEgopsides) ou ovale, souvent réniforme (*Loligo*, *Sepia*, Octopodes) ; puis une fausse cornée superficielle (ix), sous laquelle est une « chambre antérieure de l'œil », et dont les bords ne se rejoignent pas dans les OEgopsides,

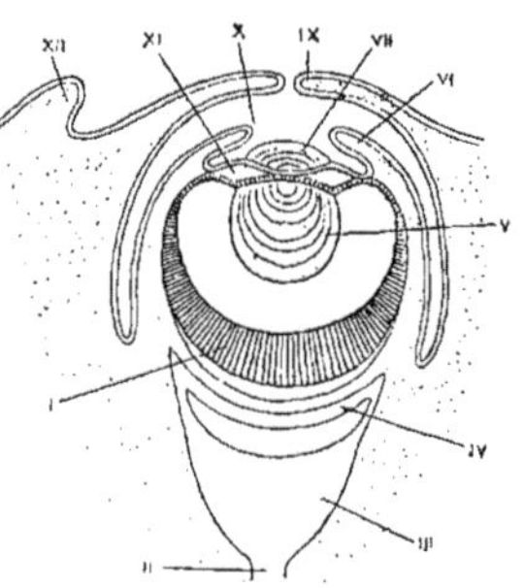

Fig. 136. — Coupe axiale de l'œil d'un OEgopside, d'après GRENACHER. — I, rétine ; II, nerf optique ; III, ganglion optique ; IV, couche nerveuse de la rétine ; V, segment intérieur du cristallin ; VI, iris ; VII, segment extérieur du cristallin ; IX, fausse cornée externe ; X, chambre extérieure de l'œil ; XI, cornée ; XII, paupière.

mais se réunissent chez les autres Décapodes et les Octopodes. Chez ces derniers, la chambre antérieure est donc entièrement close, sauf dans certains cas où elle communique encore avec le dehors par un petit orifice ou « pore lacrymal » (*Sepiola*). Enfin un dernier repli, au-dessus de cette fausse cornée, constitue une paupière transversale (inférieure), plus complètement développée dans les Octopodes, où elle peut, par la contraction de son orifice circulaire (latéral), recouvrir entièrement l'œil.

La rétine est en réalité formée d'une seule couche de cellules recouvertes de leurs rhabdomes ou bâtonnets ; mais ceux-ci sont fort allongés, ce qui donne une grande épaisseur à la rétine. Chaque rhabdome est en relation au moins avec quatre cellules rétiniennes dont les prolongements s'étendent à son intérieur, et chacune de celles-ci est en relation avec deux rhabdomes. Au niveau où les cellules rétiniennes se joignent aux bâtonnets, des cellules forment une couche limitante. Au-dessus de celle-ci, le pigment est réparti dans les cellules rétiniennes, surtout à la partie inférieure et vers l'extrémité supérieure ; dans l'obscurité, toutes les granulations pigmentaires s'amassent à la base.

Le cristallin cuticulaire est produit par les deux faces interne et externe de la cornée : ses deux segments sont formés de couches successives ; l'externe est le moins saillant ; l'interne, correspondant au cristallin des Gastropodes, est beaucoup plus bombé et volumineux, moins cependant que la cavité oculaire ou « chambre postérieure », dont le restant est rempli par un corps vitré assez fluide, comme dans la généralité des Gastropodes.

Chez un petit nombre de formes, il existe, dans les téguments, des organes sensoriels qui paraissent des yeux thermoscopiques ; chez *Chiroteuthis Grimaldii*, ils se trouvent sur la face centrale du corps et à la face dorsale des nageoires. Ces corps sont formés d'un grand chromatophore lenticulaire, très pigmenté, sous lequel il y a une terminaison nerveuse écrasée, entourée de grosses cellulles transparentes (fig. 136 *bis*).

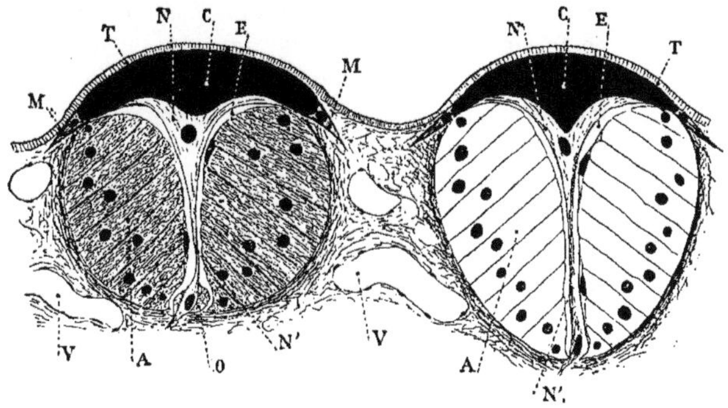

Fig. 136 *bis*. — Coupes demi-schématiques de l'œil thermoscopique de *Chiroteuthis Grimaldii*, grossies environ 150 fois ; d'après Jouʙıɴ. — A gauche, la forme ordinaire, sphérique ; à droite, une forme un peu différente, ovoïde. A, cellules transparentes ; C, chromatophore lenticulaire ; E, espace entre la cellule nerveuse et A, dû aux contractions ; M, fibres musculaires radiées ; N, nerf ; O, cellule nerveuse inférieure ; T, épiderme ; V, vaisseaux.

Système digestif. — Le tube digestif se compose d'une masse buccale avec deux mandibules et une radule, d'un long œsophage, d'un estomac musculaire à cæcum pylorique et d'un intestin court, replié en avant et débouchant sur la ligne médiane, sous l'entonnoir.

L'ouverture buccale, située au milieu des appendices pédieux, est entourée d'une lèvre circulaire garnie de papilles, et, en outre, chez les Dibranches, d'une membrane qui, dans certains Décapodes, est divisée en lobes alternant avec les bras et portant aussi de petites ventouses (divers *Loligo*). La cavité buccale, ou pharynx, a des parois très musculaires : elle est garnie intérieurement de deux puissantes mandibules, dorsale et ventrale, en forme de bec de Perroquet (fig. 157), la ventrale dépassant l'autre. Ces mandibules sont pourvues de lames d'insertion recourbées, sur lesquelles s'attachent de gros muscles formant la masse principale du bulbe buccal. Le bord tranchant de ces mandibules est recouvert d'un dépôt calcaire, dans *Nautilus*.

Comme chez les Amphineures, les Gastropodes et les Scaphopodes, le plancher de la cavité buccale est occupé par la partie antérieure de la radule, sortant d'un cæcum pharyngien. Chaque série transversale de cette radule est formée d'une dent médiane, avec trois dents de chaque côté, placées symétriquement, sauf chez *Nautilus*, qui a quatre dents latérales, chez *Gonatus*, où il n'y en a que deux, et chez *Cirroteuthis*, qui manque de radule. En avant de l'éminence radulaire se voit la *langue*, saillie charnue, à revêtement cuticulaire assez épais et papilleux, correspondant à l'organe subradulaire des autres Mollusques.

Les Octopodes ont deux paires de glandes salivaires; l'antérieure est formée de deux glandes acineuses, aplaties, accolées au côté postérieur du bulbe et pourvues chacune d'un court conduit débouchant au côté de la partie postérieure du pharynx. La paire topographiquement postérieure, ou abdominale (nulle chez *Cirroteuthis*), est constituée par deux glandes beaucoup plus grandes, acineuses mais compactes, formées de tubes contournés et bifurqués, en forme d'amande, situées vers le proventricule œsophagien; leurs conduits s'unissent immédiatement en un conduit médian unique, qui accompagne l'œsophage et s'ouvre au sommet de l'organe subradulaire.

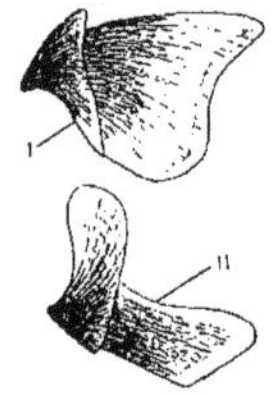

Fig. 137. — Mandibules d'*Eledone*, isolées et vues du côté gauche. — I, mandibule dorsale ou supérieure; II, mandibule ventrale.

Les Décapodes possèdent ces glandes postérieures, mais plus petites et placées plus en avant, contre le cartilage céphalique (fig. 153, *i*); elles ont d'ailleurs la même conformation. Seuls les OEgopsides (*Spirula, Ommatostrephidæ, Onychoteuthis, Gonatus, Veranya*, etc.) ont aussi la paire antérieure des Octopodes, mais proportionnellement peu développée (fig. 153, *o*). Les autres Décapodes ont également, en arrière de la radule, à l'entrée de l'œsophage, une masse glandulaire intrabulbaire impaire, correspondant à l'état embryonnaire des glandes antérieures des Octopodes et des OEgopsides. La paire postérieure des Octopodes a une sécrétion qui digère les albuminoïdes et qui, en outre, est venimeuse pour les animaux mordus par les Poulpes; la paire correspondante de *Sepia* produit aussi un ferment diastatique.

Tous les Dibranches possèdent en outre, en avant de l'organe subradulaire, par conséquent ventralement, une *glande sublinguale* peu volumineuse, formée par le plissement de l'épithélium en cet endroit. *Nautilus* est dépourvu de glandes salivaires postérieures; mais il présente, de chaque côté de la cavité buccale, un orifice par lequel s'ouvre une glande située dans la paroi et correspondant à la glande antérieure des OEgopsides et des Octopodes.

L'œsophage est toujours long; il est insensiblement (*Nautilus*) ou brusquement (Octopodes, moins *Cirroteuthis*) élargi en jabot ou proventricule, mais conserve son diamètre uniforme dans les Décapodes. L'estomac véritable est une poche plus ou moins globuleuse ou allongée, à parois assez musculeuses, située au sommet de la masse viscérale (fig. 124, xii); il a ses deux orifices cardiaque et pylorique en avant. A la partie tout à fait initiale de l'intestin, contre l'estomac, est annexée une poche cæcale à paroi mince, de forme variée : sphérique dans *Nautilus, Rossia, Leachia*, allongée et beaucoup plus volumineuse que l'estomac dans *Loligo*, elle est le plus généralement contournée en spirale (*Spirula*, *Ommatostrephes*, *Sepia*, Octopodes); c'est dans ce cæcum que s'ouvrent les conduits hépatiques.

Le foie est formé de deux glandes symétriques, séparées pendant le développement (*Sepia*), mais généralement fusionnées en partie chez l'adulte. Dans *Nautilus*, où il est encore peu compact, il présente quatre lobes ayant chacun son conduit propre. Dans les Dibranches, il est composé de deux lobes latéraux encore peu réunis vers leur milieu chez *Rossia* et *Sepia*, beaucoup plus dans *Sepiola* et presque entièrement confondus dans *Spirula*, *Onychoteuthis*, *Ommatostrephes*, *Loligo* et les Octopodes (*Argonauta* excepté); dans ce dernier cas, il constitue une masse ovoïde ou globuleuse perforée par l'œsophage. Chez les Dibranches, les conduits hépatiques sont au nombre de deux, longs dans les Décapodes, où ils traversent la masse des reins, courts chez les Octopodes. Dans les premiers, ils sont recouverts de follicules glandulaires dits « pancréatiques », de structure un peu différente de celle du foie. Chez les Octopodes, ces parties sont exclusivement placées à la partie initiale des conduits et presque englobées dans la masse du foie. La digestion s'effectue entièrement dans l'estomac musculaire, sous l'influence de la trypsine sécrétée par le foie et de la diastase produite par ce dernier et par les follicules pancréatiques.

L'intestin est relativement court et à diamètre constant; légèrement flexueux dans *Nautilus* et les Octopodes, il est droit dans les Décapodes; il se termine sur la ligne médiane, vers la partie antérieure de la cavité palléale, par un anus souvent muni de deux valvules latérales. Sauf *Nautilus*, *Cirroteuthis* et deux espèces d'*Octopus*, les Céphalopodes ont une *poche à encre*, cæcum rectal très développé, naissant de très bonne heure au côté dorsal de l'intestin (fig. 145, x) et s'ouvrant dans la partie tout à fait terminale du rectum. Cette poche est formée d'une partie profonde ou glande proprement dite, à cavité cloisonnée, et d'un réservoir, surtout très développé chez les Décapodes, dans lequel la partie glandulaire s'ouvre par un très petit orifice. Cette poche du noir, placée assez superficiellement au côté ventral de la masse viscérale, est trilobée chez certains *Sepiola* (par l'adjonction de deux organes latéraux accessoires), allongée jusqu'à l'extrémité postérieure du corps dans *Sepia*, et englobée dans la partie superficielle du foie chez les Octopodes, sauf *Argonauta*. Les Céphalopodes peuvent à volonté expulser, par l'entonnoir, la sécrétion renfermée dans le réservoir de cette glande anale, et produire ainsi un épais nuage qui les cache.

Système circulatoire. — Le cœur, situé assez superficiellement vers le milieu de la face ventrale, ou un peu en arrière (fig. 124, xiii), est placé dans le péricarde, sauf chez les Octopodes où cette cavité est très réduite. Il est essentiellement composé d'un ventricule médian; les oreillettes, latérales et symétriques, sont de simples renflements contractiles des vaisseaux branchiaux efférents (au nombre de quatre chez *Nautilus*, où il y a quatre branchies, de deux dans les Dibranches). Le ventricule a sa symétrie généralement un peu altérée, sauf dans *Nautilus*, où il est allongé en travers, et dans *Loligo*, où il l'est en long; il est pourvu de valvules à l'entrée des oreillettes et à la naissance des aortes. Celles-ci (fig. 158, ix et xv) sont : une aorte principale ou céphalique, dirigée en avant et portant le sang dans toute la partie antérieure du corps; une autre, postérieure ou abdominale, moins importante, surtout dans les Octopodes, le distribue à la partie postérieure du manteau, y compris le prolongement siphonal de *Nautilus* et les nageoires des différents Dibranches; une petite artère génitale naît aussi de cette dernière, ou séparément.

Dans *Nautilus*, la circulation est partiellement lacunaire, sauf dans les téguments; mais, chez les Dibranches, l'appareil vasculaire est très parfait et les sinus font le plus souvent défaut, le sang passant des artères dans les veines par des vaisseaux capillaires à endothélium. Exceptionnellement, il y a chez les Octopodes un grand sinus veineux, sur le trajet du sang qui retourne aux branchies : il entoure l'œsophage avec les glandes salivaires postérieures, les conduits hépatiques, l'aorte antérieure, etc., et communique par un tronc veineux avec la grande veine cave, qui ramène vers les branchies la plus grande partie du sang du corps. Chez *Nautilus*, la cavité viscérale est un vaste sinus communiquant avec la veine cave par des orifices percés dans la paroi de celle-ci.

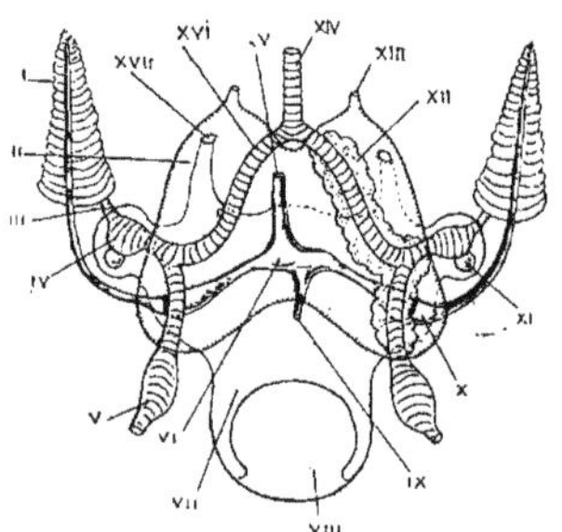

Fig. 138. — Schème des appareils circulatoire et excréteur d'un Décapode, vus ventralement. — I, branchie; II, sac rénal; III, vaisseau afférent; IV, cœur branchial; V, veine abdominale; VI, cœur; VII, péricarde; VIII, glande génitale; IX, aorte postérieure; X, « oreillette »; XI, appendice du cœur branchial; XII, appendices glandulaires de la veine branchiale (= rein); XIII, orifice extérieur du rein; XIV, veine cave; XV, aorte antérieure; XVI, bifurcation de la veine cave; XVII, orifice réno-péricardique.

Cette veine cave, dont le tronc principal est antéro-postérieur, se divise en deux (quatre chez *Nautilus*) troncs branchiaux afférents (fig. 158, xvi), dans chacun desquels débouchent les veines palléale et abdominale (fig. 158, v). Chaque tronc afférent et la portion terminale des veines abdominales sont renfermés dans la cavité des reins et extérieurement recouverts d'un revêtement sécréteur : ainsi se constituent les *corps spongieux* décrits plus loin. A la base des branchies, sauf chez *Nautilus*, le tronc afférent forme un renflement contractile et glandulaire ou *cœur branchial*, pourvu d'un appendice glandulaire ou *glande péricardique*, qui est contenu dans le cœlome (fig. 158, iv et xi); chez les Octopodes, toutefois l'appendice seul s'y trouve renfermé (fig. 139, v). Une grande partie du système veineux est d'ailleurs aussi contractile, notamment la veine cave et ses deux branches afférentes.

La pression du sang dans les artères des Céphalopodes est très élevée et dépasse celle de certains Vertébrés : elle atteint 8 centimètres de mercure chez le Poulpe. Il existe une paire de glandes lymphatiques dans la tête, contre chaque œil : c'est le *corps blanc*, reste d'une partie rudimentée du système nerveux central (*ganglion olfactif* de l'embryon).

Les branchies, symétriques et latérales, naissent postérieurement, entre le manteau et le pied (fig. 126, *c*); elles s'enfoncent ultérieurement jusqu'au fond de la cavité palléale (fig. 124, xi), leur extrémité libre étant dirigée en avant. *Nautilus* (fig. 147, *i*, *k*) possède quatre branchies : il est actuellement le seul représentant des Tétrabranches; tous les autres Céphalopodes n'en ont que deux et constituent le groupe important des Dibranches. Chaque branchie est bipectinée, les deux moitiés étant assez inégales dans certains Dibranches; elle est composée de feuillets en nombre variable suivant les diverses formes; il y en a le moins chez les Octopodes, où le trou branchial axial, séparant les deux rangées de feuillets, est excessivement développé. Chaque feuillet est pourvu de plis transversaux plissés eux-mêmes à leur tour. La surface des branchies n'est pas ciliée, les contractions du manteau suffisant à produire le courant respiratoire.

Les branchies sont libres sur toute leur étendue dans *Nautilus* (fig. 147, *k*). Ailleurs, elles sont fixées, dorsalement, au manteau, par leur bord afférent ; le long de la ligne de fixation se trouve un organe glandulaire spécial, de fonction encore mal définie, dans lequel arrive le sang ayant nourri la branchie et qui se rend au rein

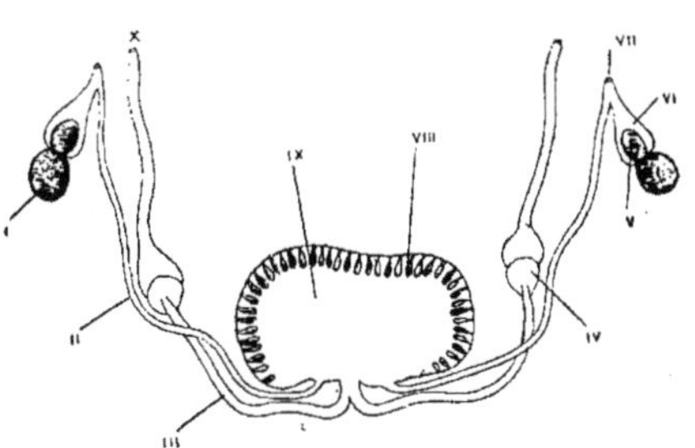

Fig. 139. — Schème du cœlome d'un Octopode femelle, vu ventralement, d'après Brock. — I, cœur branchial ; II, canal dit « aquifère » ; III, oviducte ; IV, glande oviducale ; V, appendice du cœur branchial (glande péricardique) ; VI, capsule de la glande péricardique ; VII, orifice réno-péricardique ; VIII, ovaire ; IX, capsule génitale.

avec le sang veineux palléal, pour revenir respirer dans la branchie avant de retourner au cœur.

Système excréteur. — Le cœlome des Céphalopodes est très étendu. Dans *Nautilus*, il se trouve situé à la partie postérieure de la masse viscérale et s'étend même dorsalement, autour de l'estomac, jusque vers la moitié de l'œsophage; il contient, outre le cœur, la glande génitale et une partie des appendices glandulaires des vaisseaux branchiaux ou glandes péricardiques. Dans les Dibranches, il renferme, chez les Décapodes, le cœur, la glande génitale, les cœurs branchiaux avec leurs appendices glandulaires ou glandes péricardiques (fig. 138, iv, vi, viii, xi); mais, chez les Octopodes, il ne contient plus que les glandes génitales et les appendices des cœurs branchiaux (fig. 139, v et viii).

Dans les Décapodes, le cœlome forme une vaste poche, présentant un étranglement entre la partie postérieure ou *capsule génitale* (fig. 138, vii) et l'antérieure ou péricarde proprement dit, qui possède des annexes latérales pour les cœurs branchiaux (fig. 138, iv). Chez les Octopodes, la partie antérieure n'existe plus, et la capsule génitale est reliée aux capsules des appendices des cœurs branchiaux par de longs canaux (fig. 139, ii) que *Philonexis* et *Argonauta* ont même perdus.

Dans tous les Dibranches, le cœlome communique avec les reins ; mais chez

Nautilus, où ces communications manquent, il s'ouvre directement au dehors par deux orifices symétriques placés à côté des ouvertures des reins postérieurs (fig. 147, *h*). Dans les Décapodes, les orifices réno-péricardiques se trouvent à la partie antérieure du péricarde, à l'extrémité de deux conduits symétriques par lesquels le péricarde débouche dans les reins, non loin des ouvertures extérieures de ceux-ci (fig. 138, xvii). Chez les Octopodes, ce sont les capsules des appendices des cœurs branchiaux qui communiquent avec les reins, par leur extrémité antérieure (fig. 139, vi et vii).

Les capsules rénales, partout assez volumineuses, et à parois minces, sont au nombre de quatre dans *Nautilus*; elles y sont superficielles, ventrales, sans communication entre elles ni avec le péricarde : elles possèdent chacune un orifice extérieur propre, sessile (fig. 147, *e*). Chacune renferme une petite portion des appendices glandulaires des vaisseaux branchiaux afférents (fig. 140, i), appendices formés par des ramifications de ces vaisseaux, recouvertes d'épithélium rénal excréteur. Les appendices situés sur l'autre face de ces vaisseaux, dans le cœlome ou péricarde, sont aussi des organes excréteurs et constituent les glandes péricardiques (fig. 140, iii).

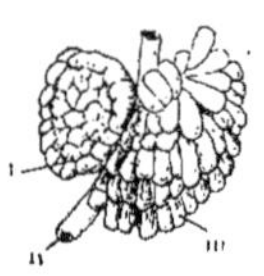

Fig. 140. — Vaisseau branchial afférent de *Nautilus*, avec ses deux appendices glandulaires; d'après Vno-LICK. — I, « corps spongieux » rénal; II, vaisseau; III, glande péricardique.

Dans les Dibranches, il y a deux reins également superficiels et ventraux, accolés sur la ligne médiane, chez les Octopodes, et communiquant plus ou moins complètement (fig. 138, n) dans les Décapodes, sauf *Spirula*. Chez la plupart de ces derniers, ils vont s'étendre dorsalement jusque sous la coquille et sont, dans cette partie, traversés par les conduits hépatiques. Chacun renferme une des deux divisions de la veine cave (fig. 138, xvi) et la partie terminale des veines abdominales ; tous ces troncs vasculaires y sont recouverts d'appendices glandulaires spongieux (fig. 138, xii) constituant la partie sécrétrice des reins et conformés comme dans les parties rénales correspondantes de *Nautilus*. Les orifices extérieurs des poches rénales se trouvent à leur partie antérieure, ventralement et symétriquement de part et d'autre du rectum (fig. 138, xiii), plus (*Sepia*) ou moins (*Ommatostrephes*) en avant, et sur des papilles, dans les Décapodes Myopsides. Les produits d'excrétion des Céphalopodes, dont une partie revêt la forme de concrétions solides,ne renferment pas d'acide urique, mais essentiellement de la guanine.

Les appendices des cœurs branchiaux des Dibranches (fig. 138, xi ; fig. 159, v) correspondent morphologiquement aux glandes péricardiques des autres Mollusques; le revêtement glandulaire du cœur branchial lui-même est excréteur et se comporte physiologiquement comme une glande péricardique.

Système reproducteur. — *Sexes.* — Les sexes sont séparés et le dimorphisme sexuel est parfois très accentué. Les mâles sont habituellement plus élancés (*Loligo media*); ils sont beaucoup plus petits que les femelles, chez *Argonauta*, où ces dernières atteignent quinze fois la longueur du mâle et présentent une coquille externe et un élargissement caractéristique des bras dorsaux (fig. 151, iv), dont les mâles sont dépourvus. D'une façon générale, les mâles se distinguent en outre par l'*hectocotylisation* d'un des bras, curieuse modification en rapport avec l'accouplement. On a fréquemment constaté que les mâles sont moins nombreux que les femelles, c'est-à-dire qu'il y a hyperpolygynie chez la plupart des Céphalopodes : par exemple, dans certains *Loligo*, il n'y a environ que 15 pour 100 de mâles, dans divers *Octopus*, 25 pour 100. Cependant chez des Octopodes à hectocotyle autotome, on a trouvé dans la cavité palléale des femelles, jusqu'à quatre hectocotyles.

Appareil génital. — La glande génitale unique et médiane, ovaire ou testicule, est située à l'extrémité postérieure du corps, dans le cœlome, dont elle n'est qu'une saillie de la paroi (fig. 138, viii; fig. 139, viii). Les conduits génitaux s'ouvrent dans le cœlome, de sorte qu'ils ne sont pas continus avec la glande (fig. 139, iii; fig. 142, ii); ils présentent, sur leur parcours, des glandes accessoires et s'ouvrent dans la cavité palléale, sans organe d'accouplement, à l'extrémité du conduit mâle; mais un bras (deux dans *Spirula*) chez les Dibranches, ou une partie de la couronne péribuccale (*Nautilus*) se modifie en vue de la fécondation.

Les conduits génitaux ne se sont conservés au nombre originel de deux, symétriques et fonctionnels, que chez les femelles de presque tous les Œgopsides (*Thysanoteuthidæ*, *Ommatostrephidæ*, *Onychoteuthidæ*, *Gonatidæ*, etc.) et des Octopodes (*Cirroteuthis* excepté) : les deux oviductes y naissent vers le même point, dans la capsule génitale ou cœlome; les ouvertures génitales y sont plus profondément (postérieurement) situées dans les formes à hectocotyles caducs. Chez *Nautilus*, il existe encore, dans les deux sexes, outre le conduit fonctionnel *de droite*, un rudiment de conduit gauche, pourvu d'un orifice extérieur, mais sans communication avec le cœlome. Enfin, dans tous les Dibranches mâles et dans les femelles des formes non citées plus haut (*Spirula*, Myopsides, *Cirroteuthis*), il n'y a plus qu'un seul conduit génital, *à gauche*.

Les glandes mâles et femelles et leurs conduits sont absolument comparables au point de vue morphologique, mais présentent dans leur conformation spéciale un certain nombre de différences.

Organes femelles. — L'ovaire est simplement la partie de la paroi du cœlome sur laquelle prennent naissance les ovules ; cette partie forme généralement une forte saillie (fig. 158, viii), dans laquelle la paroi s'est invaginée profondément, de façon à constituer une cavité ovarienne, qui communique avec le cœlome par une ouverture rétrécie. Les ovules qui naissent sur la paroi de cette cavité ovarienne ne sont plus des cellules superficielles de cette paroi même : ce sont des cellules émigrées sous ces dernières, et qui, par leur accroissement, font saillie dans la cavité, en soulevant son épithélium. Ces cellules ovulaires s'entourent alors, sous la paroi cœlomique d'un follicule intérieur formé aux dépens des cellules voisines de la cellule œuf et nourri par une vascularisation importante (fig. 141, iii); ce follicule multiplie sa surface de contact avec la substance de l'ovule, en s'y enfonçant intérieurement, suivant l'équateur et les méridiens : il va ainsi y sécréter le vitellus. Ce dernier forme dans l'œuf une partie de plus en plus volumineuse et refoule au pôle aigu, opposé au pédoncule, le protoplasma formatif et le noyau (fig. 141). Quand l'œuf est à maturité, son enveloppe extérieure se rompt : il tombe alors dans la cavité cœlomique capsule ou génitale (fig. 158, vii) et arrive, pourvu d'un chorion à micropyle, dans le conduit génital.

Sur le trajet du conduit, l'œuf traverse un élargissement glandulaire plus ou moins volumineux, situé sur la paroi même de la capsule génitale dans *Nautilus*, à mi-hauteur du conduit dans les Octopodes, et vers l'extrémité libre du conduit chez les Décapodes; cet élargissement est formé de deux portions distinctes dans les Octopodes (fig. 159, iv), et n'a qu'un faible déve-

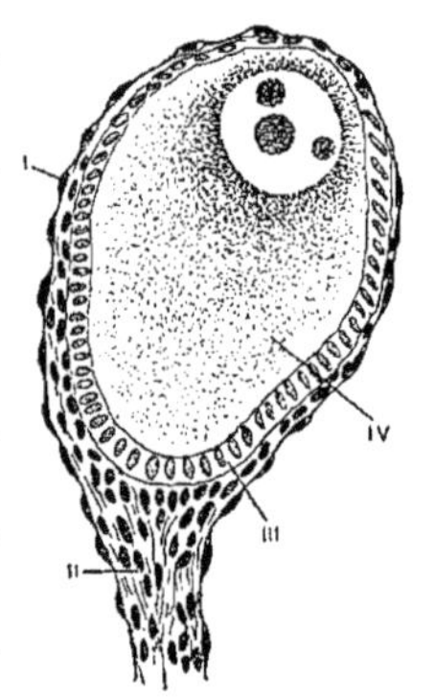

Fig. 141. — Coupe sagittale d'un œuf ovarien d'*Argonauta*, grossi, d'après Brock. — I, épithélium cœlomique II, pédoncule de l'œuf; III, follicule; IV, œuf.

loppement chez *Argonauta* où les œufs pondus sont protégés par la coquille. En outre, sur la paroi intérieure de la cavité palléale, sans rapport immédiat avec les conduits génitaux, se sont différenciées des glandes symétriques, sur le côté palléal chez *Nautilus*, et sur le côté de la masse viscérale, de part et d'autre du rectum, dans les Dibranches; elles manquent cependant chez certains Œgopsides (*Enoploteuthis*, *Cranchia*, *Leachia*), et les Octopodes. Chez les Dibranches, ces glandes débouchent près de l'orifice génital et sont le plus souvent accompagnées d'une seconde paire, plus petite et antérieure (*Sepia*, etc.). Ces deux paires d'organes constituent les *glandes nidamentaires*; ils produisent les enveloppes extérieures des œufs et la substance élastique rapidement durcie au contact de l'eau.

Organes mâles. — Le testicule est la partie spécialisée de la paroi cœlomique sur laquelle se développent les spermatozoïdes (fig. 142, iii); sa conformation est comparable à celle de l'ovaire. Les spermatozoïdes tombent, par un orifice, dans la capsule génitale proprement dite (fig. 142, iv) et passent de là dans le spermiducte (v, ii) qui vient s'ouvrir dans cette capsule.

Sur le spermiducte se trouvent deux poches glandulaires et un réservoir terminal; les poches, au nombre des deux chez les Dibranches, sont la *vésicule séminale* et la *prostate*; *Nautilus* n'a qu'une seule poche; le réservoir est la *poche à spermatophores* ou *poche de Needham* (fig. 142, i, vii et vi). Entre la vésicule séminale et la prostate, le spermiducte présente un petit tube qui s'ouvre dans le cœlome (*Sepia*); de même, la partie profonde du spermiducte peut être divisée en deux canaux s'ouvrant tous deux dans la portion du cœlome qui renferme le testicule (*Philonexis*). Le sperme reste libre dans la portion initiale du spermiducte, jusqu'à la première poche glandulaire, où il commence à s'entourer d'une enveloppe en forme d'étui, ou *spermatophore*. Chez les Dibranches, ces étuis se complètent dans la prostate; puis ces appareils se rangent parallèlement les uns aux autres (fig. 142, vi) dans la poche (poche de Needham); à maturité, ils sortent du conduit génital, passent par l'entonnoir et arrivent au bras hectocotylisé.

Chaque spermatophore est constitué par un étui élastique invaginé en lui-même : la partie la plus profonde de l'invagination constitue le réservoir spermatique, et la partie la plus extérieure, très rétrécie, forme le *connectif*, souvent contourné en spirale. Quand le spermatophore est mûr et expulsé, le connectif s'étend, se dévagine, entraînant dans son intérieur le réservoir qui le fait éclater et qui se déchire lui-même à son tour en laissant échapper les spermatozoïdes qu'il renferme. Ces appareils, habituellement assez petits, atteignent 8 centimètres de longueur dans *Eledone* et jusqu'à 50 centimètres, quand ils sont déroulés, chez les Octopodes à hectocotyle autotome. Dans *Nautilus*, leur structure est plus simple : ils constituent des tubes enroulés sur eux-mêmes et dépassant 30 centimètres de longueur.

L'organe d'accouplement est, dans les Dibranches, un des bras modifié dans sa conformation ou *hectocotylisé*. Ce bras appartient généralement à la quatrième paire chez les Décapodes, à la troisième chez les Octopodes : c'est le quatrième ou ventral de gauche dans la plupart des OEgopsides (*Onychoteuthidæ, Ommatostrephidæ*), chez *Loligo, Sepia* et *Sepiola* ; dans *Rossia*, c'est le quatrième gauche et, partiellement, le quatrième droit ; chez *Idiosepion* et *Spirula*, ce sont les deux bras de la quatrième paire qui sont hectocotylisés (dans une enveloppe commune chez ce dernier) ; enfin, c'est le troisième de gauche chez *Scæurgus* (voisin d'*Octopus*), le troisième de droite dans les *Octopus* et *Eledone*, et le deuxième de droite chez *Cirroteuthis*. La modification du bras hectocotylisé porte sur le sommet dans *Enoploteuthis, Eledone, Octopus* (où l'extrémité prend la forme d'une cuiller) ; sur la base, dans *Sepia* (disparition des ventouses) ; sur toute la longueur dans *Idiosepion, Rossia* (celui de gauche ; celui de droite sur la moitié seulement) et *Loliolus*.

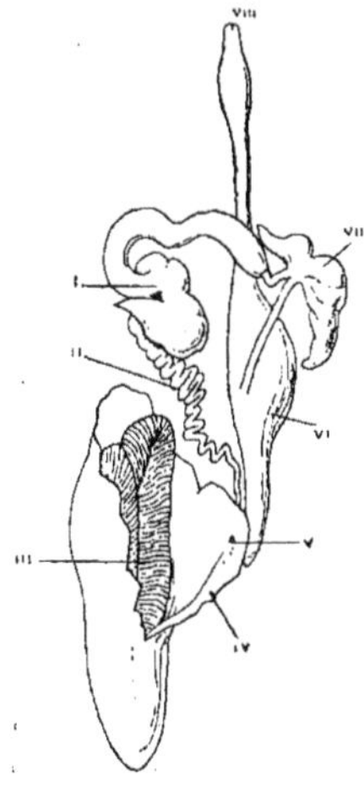

Fig. 142. — Organes génitaux mâles de *Loligo*, vus ventralement, réduits ; d'après Duvernoy. — I, « vésicule séminale » ; II, spermiducte ; III, testicule ; IV, capsule génitale ; V, orifice du spermiducte dans la capsule génitale cœlomique ; VI, sac à spermatophores ; VII, « prostate » ; VIII, orifice génital.

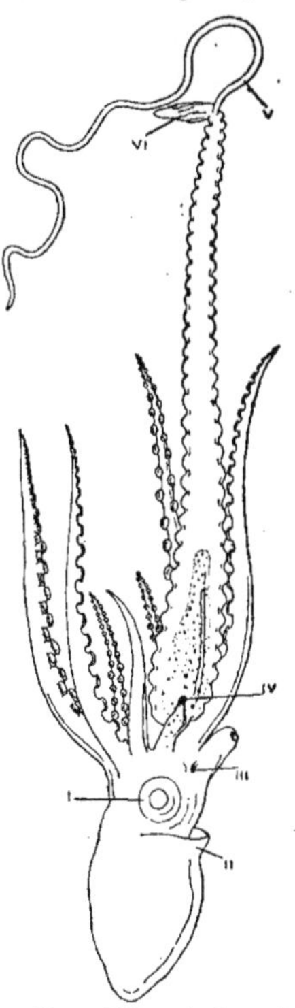

Fig. 143. — *Philonexis Carenai*, mâle, vu du côté droit, avec son hectocotyle déroulé, avant l'autotomie ; d'après Vogt et Verany. — I, œil ; II, manteau ; III, pore aquifère ; IV, orifice extérieur de la capsule ; V, filament ; VI, poche du filament.

Dans les *Philonexidæ* et les *Argonautidæ*, le bras modifié est le troisième de droite chez *Philonexis* (fig. 143) et *Tremoctopus*, et le troisième de gauche chez *Argonauta;* mais ce bras est autotome et constitue un hectocotyle proprement dit ou caduc. Il naît (et se régénère vraisemblablement) dans une capsule ou kyste où il se trouve enroulé; y étant à l'abri de la lumière, il est dépourvu de chromatophores. La membrane de ce kyste se rompt et reste attachée à la face dorsale du bras, où elle forme le sac à spermatophores. Le bras ainsi déroulé est pédonculé et porte à son extrémité une petite poche renfermant un long filament, qui se déroule pour l'accouplement (fig. 143, v, vi). La poche à spermatophores ou capsule de l'hectocotyle (iv) communique avec l'intérieur du bras : celui-ci se continue par la cavité du filament et s'ouvre au dehors à l'extrémité de ce dernier. Quand l'hectocotyle se détache, il est susceptible de se mouvoir pendant assez longtemps; il vient finalement pénétrer dans la cavité palléale d'une femelle, et s'y fixe au voisinage de l'ouverture génitale.

Dans *Nautilus*, il existe une région modifiée, analogue aux bras hectocotylisés : c'est le *spadix*, formé de quatre tentacules intérieurs ventraux de gauche, unis en une saillie pourvue d'une aire glandulaire circulaire.

Dans les Dibranches sans hectocotyle autotome, le bras hectocotylisé du mâle pénètre dans la cavité palléale de la femelle, de façon à introduire les spermatophores dans la portion terminale de l'oviducte (*Octopus*), ou à les fixer au voisinage de son ouverture (*Sepiola, Rossia*); dans *Sepia* et *Loligo*, ces spermatophores sont seulement déposés sur les lobes buccaux ventraux; chez *Nautilus*, sur les lames plissées qui se trouvent au côté ventral de l'ouverture buccale.

La ponte a lieu peu après l'accouplement. Elle est inconnue chez *Nautilus*, où les œufs pondus doivent cependant présenter une épaisse coque, vu que ce genre possède des glandes nidamentaires puissantes. Ailleurs, les œufs ont chacun une enveloppe isolée dans les Octopodes et dans les *Sepia*, où ils sont fixés un à un; ils sont réunis dans des cordons gélatineux plus ou moins longs, uniques ou joints par une extrémité, dans les Œgopsides, *Loligo*, etc. Certains Octopodes sont incubateurs (*Argonauta*, etc.).

Développement. — Le développement de *Nautilus* est encore inconnu. Ce qu'on sait de l'embryogénie des Céphalopodes se rapporte donc exclusivement aux Dibranches.

L'œuf est remarquable, même chez *Nautilus* et *Spirula*, par l'énorme quantité de vitellus nutritif qu'il renferme; son évolution est caractérisée par son incomplète segmentation, l'ectoderme n'arrivant pas à recouvrir le vitellus, de sorte qu'il n'y a pas de blastopore proprement dit, ou qu'il en reste un énorme : toute la surface libre du vitellus. Ce mode de développement n'est toutefois que l'exagération de celui des œufs épiboliques à vitellus abondant (fig. 8); les Dibranches archaïques (*Œgopside* de GRENACHER) ont en effet une moindre quantité de vitellus que les autres, et l'ectoderme s'y étend beaucoup plus.

Le vitellus formatif étant localisé vers le pôle aigu de l'œuf (fig. 141), la segmentation est restreinte à ce point (fig. 144, ii), où elle produit un disque germinatif ou aire embryonnaire. Dans la suite de l'évolution, l'embryon ne recouvre jamais, en effet, la surface entière du vitellus, sur lequel il paraît couché sur sa face ventrale (fig. 145). L'étendue de l'aire embryonnaire et de la surface libre du vitellus sont en raison inverse l'une de l'autre : la masse externe du vitellus est plus petite dans *Loligo* que dans *Sepia* (fig. 146, *f*), plus petite encore chez *Argonauta*, et réduite au minimum chez les Œgospides.

Cette aire embryonnaire forme l'ectoderme. L'endoderme *primitif* naît de la zone périphérique de celui-ci et s'étend sous lui et en dehors : une partie de cet endoderme recouvre le vitellus d'une couche de noyaux épars à la surface de celui-ci, ce qui forme la *membrane périvitelline*. La majeure partie restante de l'endoderme devient le mésoderme.

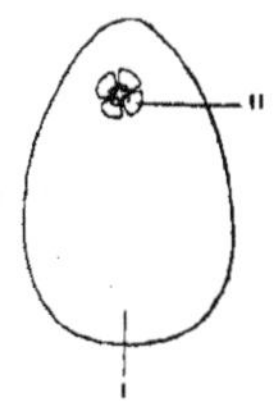

Fig. 144. — Œuf de *Sepia*, commençant à se segmenter, grossi 5 fois, d'après KÖLLIKER. — I, vitellus; II, premières cellules ectodermiques.

La formation de l'endoderme définitif (entéron) n'est donc pas conforme à ce qui se passe dans le reste de l'embranchement, l'endoderme primitif ne pouvant pas se renfermer entièrement dans l'ectoderme et donner naissance à une gastrula. L'endoderme définitif apparaît relativement tard : sous la partie postérieure du manteau, sur la ligne médiane, se forme contre le vitellus une petite fossette ouverte du côté de ce dernier et provenant, comme la membrane périvitelline, de l'endoderme primitif. Cette fossette donne naissance à l'estomac, au foie originairement double et à l'intestin. Une invagination ectodermique stomodæale forme l'œsophage et ses annexes; l'anus se perce par une invagination proctodæale excessivement court. La bouche (fig. 126, *f*; fig. 145, I) prend naissance assez près du pôle nutritif, et d'autant plus près que le vitellus est moins abondant (Céphalopode de GRENACHER).

Le manteau se forme au milieu du disque germinatif, avec la glande coquillière en son centre; mais les bords de cette dernière se réfléchissent en dedans et se rapprochent, formant ainsi une cavité coquillière; celle-ci disparaît sans se fermer, chez les Octo-

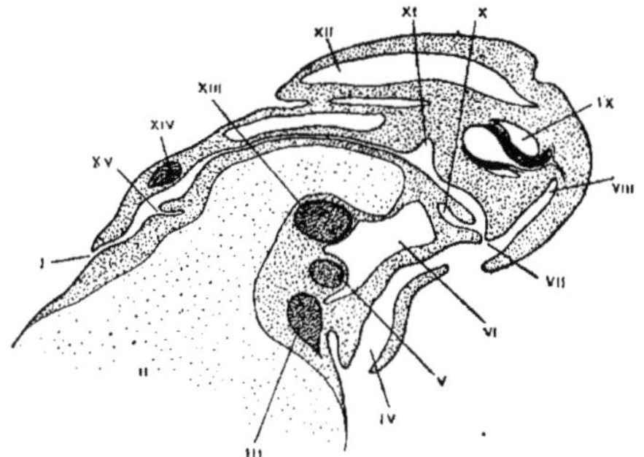

Fig. 145. — Coupe sagittale d'un embryon de *Sepia*, grossi 50 fois. — I, bouche; II, vitellus; III, ganglion pédieux; IV, lumière de l'entonnoir; V, cloison de séparation des otocystes; VI, veine cave; VII, anus; VIII, cavité palléale; IX, péricarde autour du cœur; X, poche à encre; XI, estomac; XII, cavité coquillière; XIII, ganglion viscéral; XIV, ganglion cérébral; XV, glande salivaire.

podes; mais, dans les Décapodes (moins *Spirula*), elle se referme (fig. 145, XII) et s'accroît avec le manteau, en même temps que s'y développe la coquille. En arrière du manteau, entre lui et l'épipodium, se montrent symétriquement les bourgeons des branchies (fig. 126, c), sur lesquels apparaissent les plissements qui produisent les feuillets, lesquels se plissent à leur tour; en même temps, les branchies sont peu à peu recouvertes par le manteau.

La masse céphalique est excessivement volumineuse dans l'embryon (fig. 126

et 128), mais son importance décroît peu à peu ; elle est formée par les côtés antéro-latéraux de l'aire embryonnaire et porte le rudiment d'un œil à chaque coin antérieur (fig. 126, *e*).

Le pied est constitué par les bords latéraux et postérieurs du disque germinatif rapidement découpé en dix saillies (huit dans les Octopodes et l'Œgopside de GRENACHER). Ces lobes, dans la suite du développement, s'avancent peu à peu sur le côté, tout en s'allongeant, et les plus antérieurs arrivent à la bouche (fig. 126, 1 ; fig. 128, *a*), puis se rejoignent en avant de celle-ci, pour l'entourer complètement.

Entre le manteau et le pied, naît de très bonne heure la saillie épipodiale paire, origine de l'entonnoir (fig. 126, *d'*). Les deux lobes postérieurs en deviennent saillants, se replient l'un vers l'autre, état qui existe encore dans *Nautilus* (fig. 147, *l*), puis se soudent entre eux en formant un tube complet.

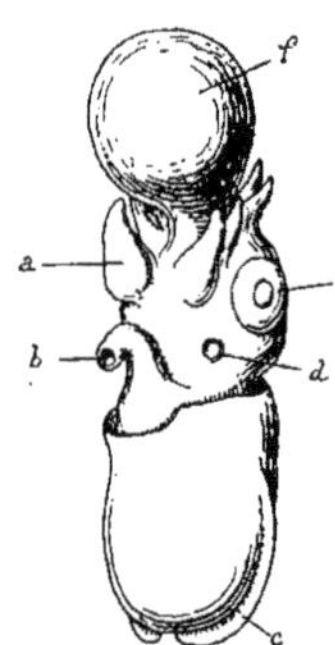

Les centres nerveux se forment isolément, par prolifération de l'ectoderme (ganglions cérébraux, optiques, pédieux, ces derniers donnant naissance aux brachiaux) ; les organes des sens (yeux et otocystes) naissent d'invaginations de l'ectoderme qui se referment ultérieurement. Les otocystes prennent naissance latéralement, en dehors de l'épipodium, sur les côtés du pied (fig. 126, *d*) ; ils se ferment assez tardivement et gardent un rudiment de canal, puis se rapprochent l'un de l'autre jusqu'à se toucher sur la ligne médiane.

Dans le mésoderme, se creuse la cavité cœlomique, dont un reploiement de la paroi produit le cœur (fig. 145, IX) ; la glande génitale se forme aussi d'une partie de la paroi du cœlome.

FIG. 146. — Embryon de *Sepia*, sur le point de sortir de l'œuf, vu obliquement, du côté ventral, grossi — *a*, bras ; *b*, entonnoir ; *c*, nageoire ; *d*, rhinophore ou fossette olfactive ; *e*, œil ; *f*, vitellus.

Pendant l'accroissement de l'embryon, la vésicule vitelline décroît et se trouve résorbée pour la plus grande partie au moment de l'éclosion (fig. 146, *f*) ; cette vésicule est indépendante de l'estomac et ne se trouve en contact avec lui que par une petite étendue, sur la ligne médiane.

ÉTHOLOGIE. — Tous les Céphalopodes sont des Mollusques marins très actifs, pouvant nager rapidement en expulsant, à travers l'entonnoir, l'eau de la cavité palléale. Ils sont au plus haut point carnassiers et atteignent parfois une taille très considérable : certains *Architeuthis* ont 2 mètres et demi de long, sans la tête ; avec la tête et les bras tentaculaires étendus, ils mesurent 12 et jusqu'à 18 mètres). Ils sont répandus dans toutes les mers, au nombre de 400 espèces environ. Certaines formes sont littorales, surtout celles à sac palléal court (Octopodes, *Sepiola* ; ces derniers sont même fouisseurs) ; d'autres sont pélagiques ; quelques-unes seulement, comme *Spirula* et *Bathyteuthis*, tous deux à nageoires peu développées (fig. 148) vivent à de grandes profondeurs, jusque vers 3500 mètres. L'existence géologique du groupe est fort ancienne : des Céphalopodes voisins de *Nautilus*, mais non encore enroulés

(*Orthoceras*), abondent dans les formations paléozoïques les plus anciennes. Mais les Dibranches n'ont apparu qu'à l'époque secondaire, où ils étaient surtout représentés par les *Belemnitidæ*, éteints à la fin de cette période.

CLASSIFICATION. — Les Céphalopodes sont des Mollusques parfaitement symétriques, dont le pied est transformé en appendices péribuccaux entourant complètement la tête; leur épipodium est modifié de façon à constituer, à l'ouverture de la cavité palléale, un tube musculaire exhalant, l'entonnoir. Le système nerveux a toutes ses paires essentielles de ganglions concentrées dans la tête, appuyées sur une pièce cartilagineuse ou contenues à son intérieur. Les organes rénaux sont constitués par le revêtement glandulaire des vaisseaux branchiaux afférents. Le cœlome communique avec le dehors directement ou par la paire de reins (néphridies) et par une seconde paire de néphridies jouant le rôle de conduits génitaux. La glande génitale est située dans le cœlome et sans continuité avec les conduits génitaux; une partie de la couronne pédieuse péribuccale est hectocotylisée, c'est-à-dire modifiée en organe d'accouplement, chez le mâle. Le développement est caractérisé par l'incomplète segmentation de l'œuf.

La classe des Céphalopodes comprend deux ordres : *Tetrabranchia* et *Dibranchia*.

TÉTRABRANCHES — TETRABRANCHIA

Chez ces Céphalopodes, la masse viscérale est protégée par une coquille externe, multiloculaire, siphonée et enroulée dans un même plan, à enroulement dorsal, et dont la dernière loge seule est occupée par l'animal. La tête porte de nombreux appendices pédieux ou tentacules rétractiles (fig. 147, *m*). L'entonnoir est formé de deux moitiés non soudées. Il y a quatre branchies et quatre reins, sans orifices péricardiques ; le péricarde s'ouvre directement au dehors. Le cartilage céphalique est entièrement situé au côté ventral de l'œsophage et ne supporte que la partie ventrale des centres nerveux; les yeux sont ouverts et sans cristallin.

Nautilidæ OWEN. — Coquille entièrement enroulée dans un plan; ouverture large. — *Nautilus* LINNÉ : *N. pompilius* LINNÉ (fig. 147), Océan Pacifique.

Il faut rattacher aux Tétrabranches deux grands groupes de Céphalopodes fossiles, les *Nautiloidea* et les *Ammonitoidea*, qui ont comme *Nautilus* une coquille multiloculaire et siphonée : les seconds se distinguent surtout des premiers par leur loge initiale sphéroïdale, alors que les *Nautiloidea*, ont, comme *Nautilus*, la première loge tronquée et à cicatrice.

Les principaux groupes de *Nautiloidea* sont : les *Orthoceratidæ*, formes droites, à siphon étroit et à ouverture large; les *Endoceratidæ*, formes droites, à siphon large; les *Gomphoceratidæ*, formes droites, à ouverture contractée; les *Nautilidæ*, formes enroulées; les *Lituitidæ*, formes enroulées, à partie terminale déroulée. Tous les *Nautiloidea* sont paléozoïques; seul *Nautilus* a traversé l'époque secondaire et s'est conservé jusqu'aujourd'hui.

Les *Ammonitoidea* comprennent deux groupes : *Retrosiphonata*, à goulots siphonaux dirigés en arrière, et *Prosiphonata*, à goulots dirigés en avant. — Les *Retrosiphonata* (*Goniatitidæ*) appartiennent exclusivement au paléozoïque supérieur (depuis le Devonien) : chez eux les sutures qui représentent les

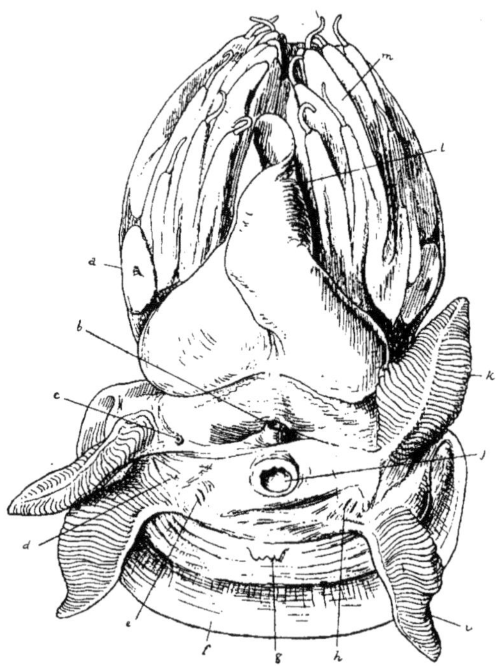

FIG. 147. *Nautilus* mâle, vu ventralement, le manteau rabattu, réduit; d'après KEFERSTEIN. — *a*, œil; *b*, ouverture génitale; *c*, orifice du rein antérieur; *d*, papille interbranchiale; *e*, ouverture du rein postérieur; *f*, bord du manteau; *g*, papille postanale; *h*, orifice extérieur du péricarde; *i*, branchie postérieure; *j*, anus; *k*, branchie antérieure *l*, entonnoir; *m*, appendices tentaculifères.

intersections des cloisons avec le tube coquillier, ne sont formées que d'ondulations simples (lobes et selles). Les *Prosiphonata*, comprenant les nombreuses sous-familles d'*Ammonitidæ*, sont secondaires; les sutures y sont formées de lobes et selles profondément découpés. Outre les formes enroulées dans un plan, il y en a qui sont droites (*Baculites*), enroulées en spirale saillante (*Turrilites*), etc.

DIBRANCHES — DIBRANCHIA

Chez ces Céphalopodes, la masse viscérale est nue et les téguments dorsaux renferment une coquille interne ou atrophiée : seul, *Argonauta* femelle a une coquille entièrement externe, non adhérente, sécrétée par les bras dorsaux. La tête porte huit bras acétabulifères et souvent une cinquième paire plus ou

moins rétractile, entre la troisième et la quatrième (fig. 148, 149). L'entonnoir
forme un tube complet (fig. 150, 1). Il y a deux branchies, et deux reins à
orifices péricardiques (fig. 138). Le cartilage céphalique est traversé par l'œsophage (fig. 129) et renferme tous les centres nerveux; les yeux sont fermés et
pourvus d'un cristallin (fig. 136). Ce animaux possèdent des chromatophores
dans les téguments et ordinairement une poche à encre.

Il y a deux sous-ordres parmi les Dibranches : *Decapoda* et *Octopoda*.

Decapoda. — Outre les quatre paires de bras, il y a, de chaque côté, entre
le troisième et le quatrième, un *bras
tentaculaire* plus ou moins développé, plus ou moins rétractile dans
une poche et ne portant généralement de ventouses qu'à son extrémité libre. Les ventouses sont pédonculées et à anneau corné. Les
huit bras normaux sont plus courts
que le corps. Il y a ordinairement
une coquille interne assez développée et des nageoires latérales (fig.
130, 146, 148, 149). Le cœur est contenu dans le cœlome (fig. 138). Il y a
généralement des glandes nidamentaires.

Belemnitidæ OWEN. — Formes
éteintes, à coquille interne formée
d'un phragmocône droit multiloculaire, entourée d'un rostre postérieur. — *Belemnites* LISTER, Jurassique et Crétacé. — Le genre *Spirulirostra* d'ORBIGNY (fig. 127), à
phragmocône recourbé, est voisin
(Miocène).

Spirulidæ D'ORBIGNY. — Manteau
ne recouvrant pas entièrement la
coquille en arrière (dorsalement et

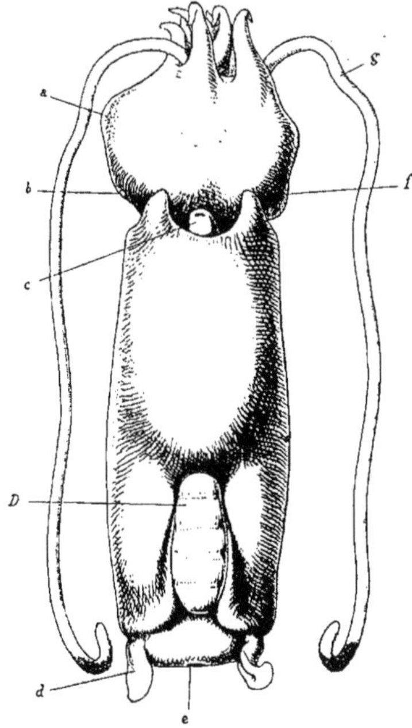

FIG. 148. — *Spirula* femelle, vu ventralement. — *a*, saillie
oculaire; *b*, fossette olfactive; *c*, entonnoir; D, coquille;
d, nageoire, *e*, fossette aborale; *f*, saillie du bord du
manteau; *g*, bras tentaculaire.

ventralement : fig. 148); coquille calcaire, enroulée ventralement, multiloculaire et siphonée. — *Spirula* LAMARCK (fig. 148) : *S. Peroni* Lamarck, Océan
Pacifique.

Ommatostrephidæ STEENSTRUP. — Coquille interne, chitineuse; bras tentaculaires assez courts et gros; ventouses à anneau denté. — *Ommatostrephes*
D'ORBIGNY, nageoires rhomboïdales, simples : *O. sagittatus* (LAMARCK), Océan
Atlantique et Méditerranée (fig. 149). — *Ctenopteryx* APPELLÖF, nageoires
pectinées : *C. fimbriatus* APPELLÖF, Méditerranée. — *Chaunoteuthis* APPELLÖF,
bras tentaculaires atrophiés. — Les gigantesques *Architeuthis* STEENSTRUP

appartiennent à cette famille, ainsi que les genres *Dosidicus* STEENSTRUP et *Bathyteuthis* HOYLE; ce dernier, à nageoires terminales, rudimentaires, et à bras tentaculaires filiformes, est abyssal.

Thysanotheuthidæ KEFERSTEIN. — Nageoires triangulaires s'étendant sur toute la longueur du corps; bras élargis, portant deux rangées de ventouses et des filaments : *Thysanoteuthis* TROSCHEL, Méditerranée.

Onychoteuthidæ GRAY. — Bras tentaculaires longs; ventouses à crochets. — *Onychoteuthis* LICHTENSTEIN, des crochets sur les bras tentaculaires :

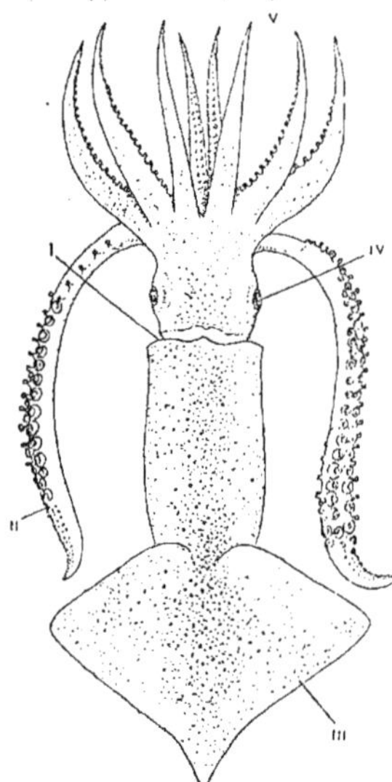

FIG. 149. — *Ommatostrephes sagittatus*, vu dorsalement réduit, d'après VERANY. — I, manteau; II, bras tentaculaires; III, nageoire; IV, œil; V, bras.

O. Lichtensteini FÉRUSSAC, Méditerranée. — *Enoploteuthis* D'ORBIGNY, des crochets sur tous les bras : *E. Oweni* VERANY, Méditerranée. — *Veranya* KROHN, corps très court, à nageoires obtuses; bras tentaculaires atrophiés chez l'adulte : *V. sicula* VERANY, Méditerranée.

Gonatidæ HOYLE. — Radule avec deux dents latérales seulement : *Gonatus* GRAY, Groëland.

Chiroteuthidæ GRAY. — Bras tentaculaires excessivement longs, nageoires arrondies, assez grandes. — *Chiroteuthis* D'ORBIGNY : *C. Veranyi* FÉRUSSAC, Méditerranée. — Les genres *Doratopsis* ROCHEBRUNE et *Calliteuthis* VERRILL sont très voisins.

Cranchiidæ GRAY. — Bras proprement dits très courts, nageoires terminales et petites, yeux saillants. — *Loligopsis* LAMARCK, corps allongé, conique, bras libres : *L. zygæna* VERANY, Méditerranée. — *Histioteuthis* D'ORBIGNY, les six bras dorsaux unis par une membrane; des organes photogènes (fig. 150) : *H. Bonelliana* FÉRUSSAC, Méditerranée. — *Cranchia* LEACH, corps bursiforme, bras sessiles courts. — *Leachia* LESUEUR, bras tentaculaires atrophiés. — *Taonius* STEENSTRUP, yeux pédonculés, bras sessiles courts, corps allongé.

Les familles précédentes forment ensemble le groupe des *Œgopsida*, caractérisé par les yeux à cornée extérieure ouverte (fig. 136) et par l'existence générale de deux oviductes. Les autres familles restantes de Décapodes constituent le groupe des *Myopsida*, à cornée extérieure fermée au-dessus de l'œil et à oviducte impair (gauche).

Sepiolidæ STEENSTRUP. — Corps court, arrondi postérieurement; nageoires arrondies, insérées à mi-longueur du corps. — *Sepiola* LEACH, tête unie au manteau, dorsalement : *S. Rondeleti* LEACH, Océan Atlantique et Méditerranée. — *Rossia* GRAY, tête sans union avec le manteau : *R. macrosoma* DELLE CHIAJE, Méditerranée. — Les genres voisins, *Stololeuthis* VERRILL et *Inioteuthis* VERRILL, sont dépourvus de coquille interne.

Idiosepiidæ Steenstrup. — Corps allongé, nageoires terminales rudimentaires, pas de coquille : *Idiosepius* Steenstrup, à pore muqueux terminal; Océan Indien.

Sepiadariidæ Steenstrup. — Corps court, tête soudée dorsalement au manteau, pas de coquille : *Sepiadarium* Steenstrup, nageoires courtes, postérieures, Océan Pacifique. — *Sepioloidea* d'Orbigny, nageoires presque aussi longues que le corps.

Loliginidæ Leach. — Corps allongé, conique; nageoires rhomboïdales s'étendant sur plus de la moitié postérieure; coquille chitineuse. — *Loligo*

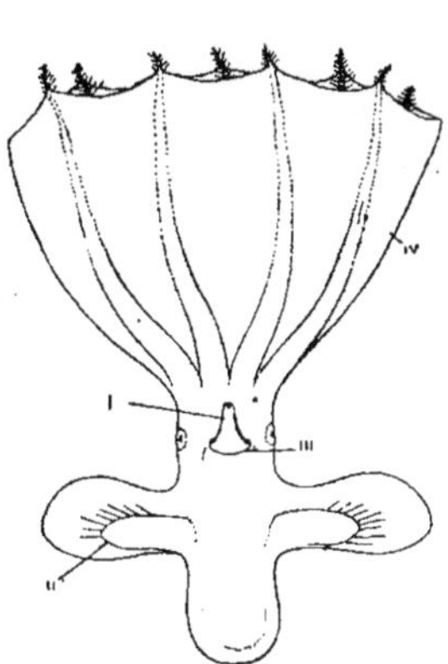

Fig. 150. — *Cirrotheuthis Mülleri*, vu ventralement, réduit. — I, entonnoir; II, nageoire; III, ouverture palléale; IV, ombrelle brachiale.

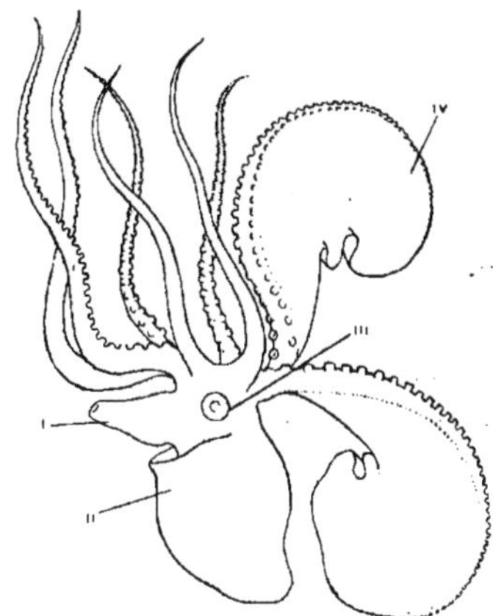

Fig. 151. — *Argonauta* femelle, vu du côté gauche, sans sa coquille, réduite; d'après Verany. — I, entonnoir; II, manteau; III, œil; IV, bras dorsal.

Lamarck, nageoires postérieures, triangulaires : *L. vulgaris* Lamarck, Océan Atlantique et Méditerranée. — *Sepioteuthis* Blainville, nageoires arrondies, occupant toute la longueur du corps : *S. sepioidea* Blainville, Océan Indien. — *Loliolus* Steenstrup.

Sepiidæ d'Orbigny. — Corps aplati, large; nageoires étroites et allongées; coquille interne calcaire. — *Sepia* Linné : *S. officinalis* Linné, Océan Atlantique et Méditerranée.

Octopoda. — Huit bras allongés, plus longs que le corps qui est arrondi postérieurement. Les ventouses sont sessiles. La coquille interne est atrophiée. Le cœur est situé hors du cœlome. Il n'y a pas de glandes nidamentaires.

Cirroteuthidæ Keferstein. — Bras unis par une membrane et portant, de part et d'autre des ventouses, des filaments tentaculaires (fig. 150); radule nulle, des nageoires. — *Cirroteuthis* Eschricht : *C. Mülleri* Eschricht (fig. 150), Océan Atlantique septentrional. — *Amphitretus* Hoyle, entonnoir uni au bord du manteau sur la ligne médiane : *A. pelagicus* Hoyle, Océan Pacifique.

Octopodidæ d'Orbigny. — Bras longs et tous semblables; bras hectocotylisé non caduc; pas de nageoires. — *Octopus* Lamarck, ventouses sur deux rangs : *O. vulgaris* Lamarck, Océan Atlantique et Méditerranée. — *Eledone* Leach, ventouses sur un seul rang : *E. moschata* Lamarck, Méditerranée. — *Alloposus* Verrill, bras unis par une membrane : *A. mollis* Verrill, Atlantique; pélagique.

Argonautidæ Cantraine. — Bras hectocotylisé autotome; bras dorsaux de la femelle élargis à leur extrémité (fig. 151, iv) et sécrétant une coquille

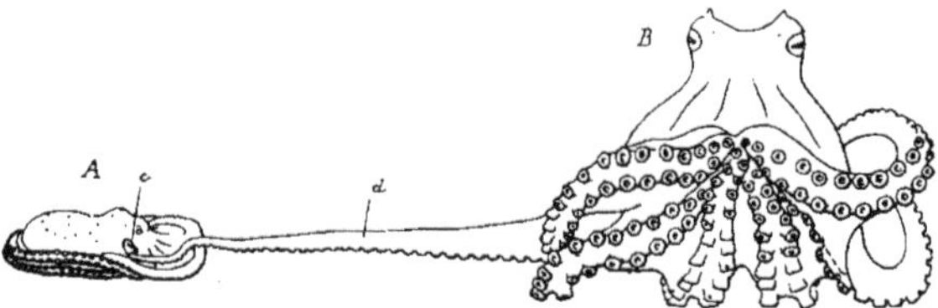

Fig. 152. — Deux *Octopus* accouplés, d'après Racovitza. — A, femelle; B, mâle; c, entonnoir de la femelle d, bras hectocotylisé du mâle entrant dans la cavité palléale de la femelle.

autour du corps; mâles très petits. — *Argonauta* Linné : *A. argo* Linné (fig. 151), Méditerranée.

Philonexidæ d'Orbigny. — Bras hectocotylisé autotome (fig. 143); autres bras pareils, dans les deux sexes; des pores aquifères céphaliques et infundibulaires. — *Philonexis* d'Orbigny, bras libres : *P. Carenai* Verany (fig. 143), Méditerranée. — *Tremoctopus* Delle Chiaje, une membrane unissant les quatre bras dorsaux : *T. violaceus* Delle Chiaje, Méditerranée.

PHYLOGÉNIE DES MOLLUSQUES

Les Mollusques appartiennent à la même grande division du Règne animal que les Chétopodes, les Géphyriens, les Rotifères et les Brachiostomes = Bryozoaires + Brachiopodes). Mais on ne peut déterminer d'une façon précise la souche dont ils proviennent; car, dans la nature actuelle, des formes très voisines de cette souche manquent certainement : celles qui paraissent s'en éloigner le moins et offrir pour les Mollusques archaïques le plus d'affinités, sont les Polychètes errants.

L'organisme souche des Mollusques doit être une forme à pied ventral reptateur et à vaisseau dorsal, présentant encore certaines traces de métamérie dans la multiplicité des paires de cténidies, des communications auriculo-ventriculaires du cœur, des néphridies, etc.

De tous les Mollusques actuels, ce sont les Amphineures Polyplacophores qui se rapprochent le plus de cette forme ancestrale hypothétique, reconstituable d'après les indications de l'anatomie comparée. Les Amphineures représentent, en effet, par les diverses particularités de leur organisation, et notamment par l'absence de toute torsion rapprochant les deux extrémités du tube digestif, les plus archaïques des Mollusques.

Parmi tous les animaux du groupe, les formes qui sont, avec les Amphineures, les moins éloignées de la souche hypothétique, sont les Céphalopodes, qui, comme les Amphineures, ont une cavité génitale continue avec le cœlome (Céphalopodes : fig. 138, et Amphineures Aplacophores : fig. 21) et une paire antérieure de néphridies (Céphalopodes et Amphineures Polyplacophores); cette dernière constitue les conduits génitaux, qui s'ouvrent dans la partie génitale du cœlome primitif. Dans les deux groupes, aussi, manquent les reins larvaires, qui existent dans presque tous les autres Mollusques.

Les autres Mollusques : Gastropodes, Scaphopodes et Lamellibranches, forment un ensemble auquel on peut appliquer le nom de *Prorhipidoglossomorpha*, d'après le nom de leur forme souche commune hypothétique : *Prorhipidoglosse*, symétrique, à anus et à une paire de cténidies postérieurs, à glandes génitales débouchant dans les conduits réno-péricardiques. Tous les *Prorhipidoglossomorpha* sont caractérisés par la discontinuité du cœlome (péricarde) et des glandes génitales, et par l'absence de la paire antérieure de néphridies; leur forme souche commune se rattache à des organismes voisins des Amphineures Polyplacophores.

Parmi les Amphineures, les plus archaïques, comme il a été dit plus haut, sont les Polyplacophores, c'est-à-dire des formes à pied reptateur bien développé. Les Aplacophores sont spécialisés par la rudimentation de leur pied, de leur radule, et par la perte de la coquille et des néphridies antérieures.

Dans les Céphalopodes, les formes les plus archaïques sont celles à branchies, oreillettes et reins multiples, et à coquille extérieure cloisonnée (Nautilides ou Tétrabranches). Les Dibranches sont spécialisés par la perte des branchies, oreillettes et reins antérieurs et par la rudimentation de la coquille; des formes droites à coquille multiloculaire externe, sans rostre ont donné naissance aux premiers Dibranches, parents de *Spirula* et des *Belemnitidæ*, et aux Œgopsides voisins; de ceux-ci proviennent, par spécialisation encore plus grande, les Myopsides et les Octopodes, ces derniers, par la perte des bras tentaculaires et de la coquille.

Les Gastropodes les plus archaïques sont les formes à pied reptateur, présentant encore des rudiments plus ou moins développés de la moitié topographiquement droite du complexe circumanal (*Aspidobranchia*). De ceux-ci dérivent deux branches de descendance : les Pectinibranches à sexes séparés, et les Euthyneures hermaphrodites; parmi ces derniers, les Opisthobranches Tectibranches ont donné naissance : aux Nudibranches, par disparition du manteau, de la coquille et du cténidium; aux Pulmonés, par disparition du cténidium et adaptation à la vie terrestre.

Parmi les Lamellibranches, les plus archaïques sont ceux dont le pied a une surface plantaire comme chez les Gastropodes et certains Scaphopodes (*Solenomya*, fig. 114, *d*; *Pulsellum*, fig. 89, viii) : ce sont les Protobranches, à glandes génitales s'ouvrant dans la partie initiale (péricardique) des reins, à ganglions pleuraux encore distincts et à filaments branchiaux libres et non réfléchis. De ces Protobranches dérivent les Filibranches, à filaments branchiaux réfléchis; ceux-ci ont donné naissance aux Pseudolamellibranches et aux Eulamellibranches, plus spécialisés par la complication du ctenidium. Enfin, parmi les Eulamellibranches, des formes analogues aux *Anatinacea* représentent la souche des Septbranches.

Le tableau suivant montre les relations phylogénétiques des divers groupes de Mollusques entre eux :

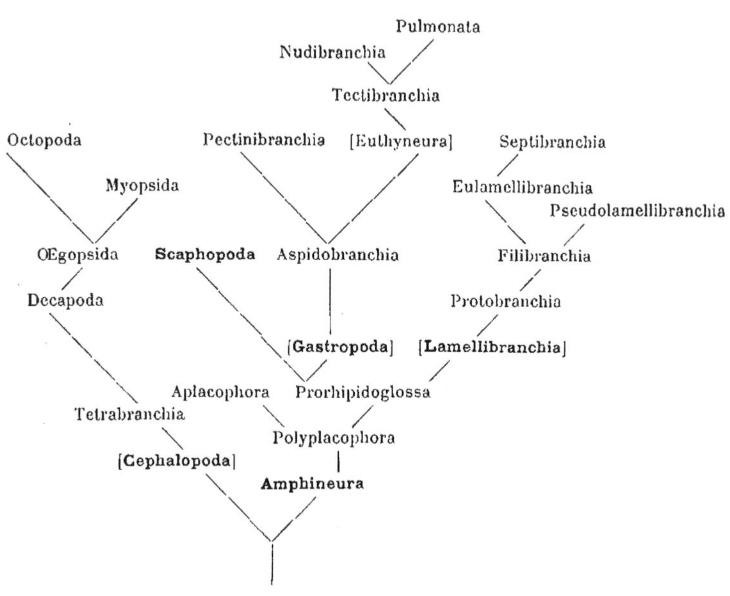

APPENDICE

RHODOPE KÖLLIKER, 1847

Synonymie : Sydonia Shultze

Rhodope Veranyi Kölliker est un petit organisme marin, vermiforme, hermaphrodite, long de quelques millimètres seulement, et que la plupart des Malacologistes n'acceptent pas parmi les Mollusques, tandis que les Zoologistes qui s'occupent spécialement de Turbellariés, se refusent à l'admettre dans ce dernier groupe. Il s'écarte d'ailleurs également de ces deux sortes d'animaux, et semble devoir constituer une division nouvelle parmi les Vers plats.

Morphologie. — *Conformation extérieure et téguments.* — Corps allongé, aminci aux deux extrémités, à face dorsale bombée, à surface unie, sans aucune saillie et entièrement ciliée ; la face dorsale est tachée de rouge. Dans les téguments, sous la couche musculaire, se trouvent de très nombreux spicules calcaires, de forme irrégulière (fig. 153, *d*). Quatre orifices s'observent à la surface du corps : la bouche, à l'extrémité antérieure du corps (*k*) et latéralement, à droite, d'avant en arrière, l'ouverture génitale (*h*), celle du rein et l'anus (*g*).

Système nerveux et organes des sens. — Le système nerveux central (fig. 153, *i*) comprend une grosse masse ganglionnaire supra-œsophagienne et un gros ganglion infraœsophagien relié à cette dernière par un connectif de chaque côté. La masse supra-œsophagienne est essentiellement constituée d'une grosse paire médiane, dite cérébroviscérale et de deux paires latérales, l'antérieure très petite, dite buccale, et la postérieure, dite pédieuse.

Sur la masse cérébro-viscérale reposent les yeux et les otocystes, les uns et les autres au nombre de deux. Les yeux, qui sont en avant des otocystes, sont constitués par un globe à paroi cellulaire, à l'intérieur duquel est un corps réfringent ; la partie profonde ou rétinienne de la paroi oculaire est pigmentée. Chaque otocyste est un corps sphérique, dont l'enveloppe a un revêtement ciliaire intérieur très développé, et à l'intérieur duquel se trouve un otolithe.

Système digestif. — L'ouverture buccale, sous laquelle s'ouvrent des glandes muqueuses, est située à l'extrémité antérieure du corps ; elle mène dans un

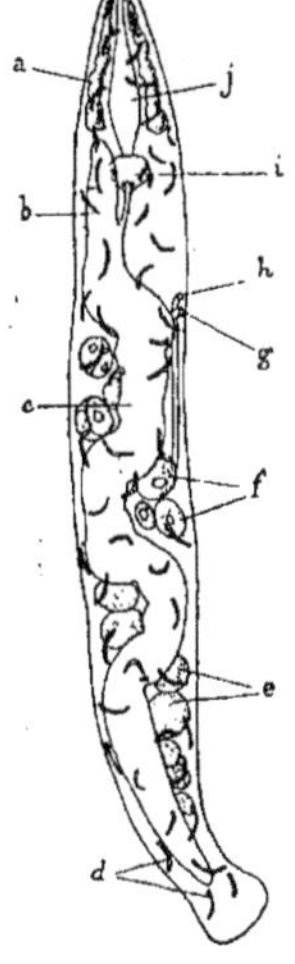

Fig. 153. — *Rhodope Veranyi*, vu dorsalement, grossi 20 fois, d'après von Graff. — *a*, glande salivaire ; *b*, cæcum stomacal antérieur ; *c*, estomac ; *d*, spicules (tous ne sont pas représentés) ; *e*, follicules spermatiques ; *f*, follicules ovariques ; *g*, anus ; *h*, ouverture génitale ; *i*, système nerveux central avec les yeux et les otocystes ; *j*, pharynx ; *k*, bouche.

pharynx sans aucune pièce cornée; en avant de ce dernier débouchent deux glandes salivaires tubuleuses; un œsophage, rétréci et court, y fait suite et conduit dans un vaste estomac sacciforme, presque aussi long que tout le corps (fig. 153, *c*); sa partie antérieure s'étend dorsalement, plus ou moins vers la gauche, sous forme de cæcum. Il n'y a aucune glande stomacale différenciée. Vers le milieu de l'estomac, une gouttière ciliée dorsale mène dans un intestin court et cilié, qui s'ouvre latéralement, au côté droit, en avant du milieu du corps (fig. 153, *g*).

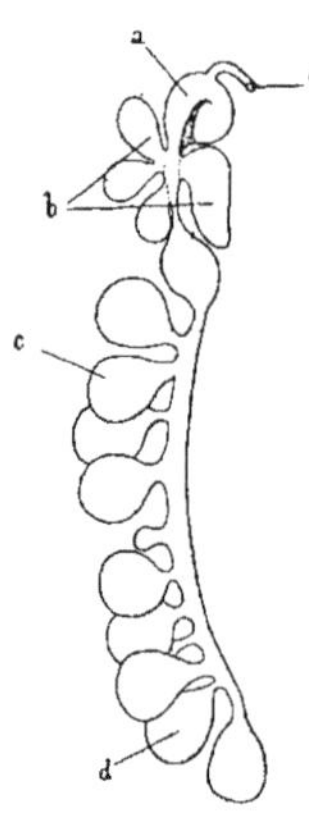

Systèmes circulatoire et excréteur. — L'espace situé entre les organes et l'enveloppe générale du corps est partiellement rempli par un mésenchyme conjonctif. Il n'y a pas d'appareil circulatoire différencié : un fluide, renfermant en suspension des cellules du mésenchyme, remplit les espaces que ce dernier laisse libres. Il n'y a pas de cavité cœlomique distincte du système circulatoire; l'organe excréteur n'a pas d'orifice intérieur : il est constitué par un rein tubuliforme composé de deux canaux principaux, antérieur et postérieur, à paroi épithéliale glandulaire, s'unissant en un conduit unique, cilié; ce dernier débouche au côté droit, devant l'anus. Sur ces canaux excréteurs, se trouvent une quarantaine d'organes ciliés, terminés en cæcum, au fond duquel est une houppe ou flamme ciliée, comme dans les Plathelminthes.

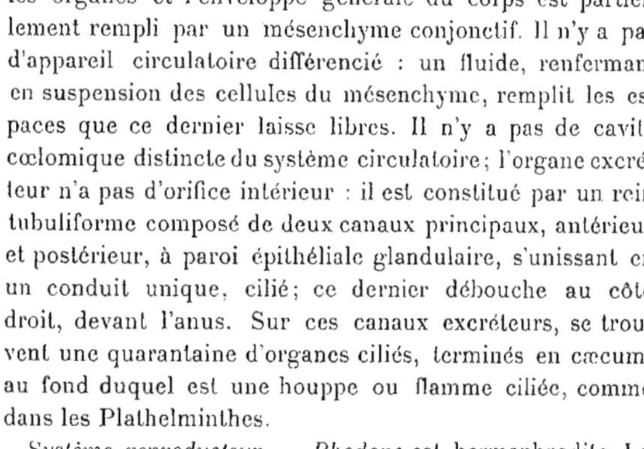

Fig. 154. — *Rhodope Veranyi*, schéma des organes génitaux, d'après Böhmig. — *a*, pénis et sa gaine; *b*, glande albuminipare; *c*, acini femelles; *d*, acini mâles; *e*, ouverture génitale.

Système reproducteur. — *Rhodope* est hermaphrodite. La glande génitale y est située sous l'estomac et divisée en un assez grand nombre de follicules, dont les antérieurs sont femelles et les postérieurs mâles (fig. 153, *e*, *f*). A son extrémité antérieure, le conduit génital qui en naît, présente une glande « albuminipare » multilobée (fig. 154, *b*), puis se renfle en une gaine qui renferme la saillie pénienne (*a*); il débouche enfin au dehors par une ouverture unique située au côté droit, un peu en avant de l'anus.

Développement. — Le développement, encore peu étudié, est direct, sans métamorphoses. Les œufs, déposés en petit nombre dans une glaire, se segmentent totalement. Les cellules formatrices, un peu plus petites que les nutritives, recouvrent l'endoderme formé par ces dernières, et qui devient l'estomac. Le système nerveux se développe aux dépens de l'ectoderme. Le rectum se perce fort tard. Les yeux apparaissent seulement à la fin du développement. Il n'y a pas d'organes larvaires. L'embryon sort de l'œuf le onzième jour, avec la forme de l'adulte, mais il n'a que 0^{mm},6 de longueur.

ÉTHOLOGIE ET CLASSIFICATION. — *Rhodope* est un Ver marin, dont on ne connaît qu'une seule espèce, *R. Veranyi* KÖLLIKER, vivant dans la Méditerranée (Messine, Naples, Trieste), à une faible profondeur, sur des Algues.

INDEX BIBLIOGRAPHIQUE

TRAVAUX GÉNÉRAUX

Bronn und Keferstein, *Die Klassen und Ordnungen des Thierreichs*, Bd. III, 1862-1866. — 2ᵉ édition, par Simroth, Leipzig, 1892-1896 (en cours de publication). — Bibliographie générale anatomique et physiologique.

Korschelt und Heider, *Lehrbuch der vergleichenden Entwicklungsgeschichte der wirbellosen Thiere.* Iéna, 1893. — Bibliographie embryologique.

P. Fischer, *Manuel de conchyliologie.* Paris, 1880-1887. — Genres vivants et fossiles.

TRAVAUX RELATIFS AUX GROUPES

Wiren, *Studien über die Solenogastren.* K. Svensk. Vetensk. Akad. Handlingar, XXIV et XXV, 1892, 1893.

E.-L. Bouvier, *Système nerveux, morphologie générale et classification des Gastéropodes Prosobranches.* Ann. des sc. nat., (7), III, 1887.

P. Pelseneer, *Recherches sur divers Opisthobranches.* Mém. cour. Acad. Belg., LVIII, 1894.

Plate, *Ueber den Bau und die Verwandtschaftsbeziehungen der Solenoconchen.* Zool. Jahrb., Abth. f. Morphol., V, 1892.

P. Pelseneer, *Contribution à l'étude des Lamellibranches.* Arch. de Biol., XI, 1891.

Böhmig, *Zur feineren Anatomie von Rhodope Veranyi Kölliker.* Zeitschr. f. wiss. Zool. LVI, 1893.

TABLE DES MATIÈRES

TABLE ANALYTIQUE

[illegible]

34 100. — PARIS, IMPRIMERIE LAHURE

9, rue de Fleurus, 9